과학을 쉽게 썼는데 무슨 문제라도 있나요

평범한 일상 변화하는 사회 속 유쾌한 과학

과학을 쉽게 썼는데 무슨 문제라도 있나요

글 | 박종현　　　그림 | 마그

북적임 Book

프롤로그

지금은 그 누구도 우리가 살아가는 시대가 과학기술시대라는 걸 부정하지 않습니다. 우리가 입는 옷, 항상 들고 다니는 스마트폰, 중요한 정보를 찾고 자료를 만들 때 사용하는 컴퓨터, 음식을 만들 때 사용하는 전자레인지까지 우리 주변에는 과학기술로 만들어진 물건들이 넘쳐납니다. 심지어는 우리가 살아가고 있는 이 세상과 우리 스스로의 존재 이유에 대한 답변도 과학기술에게서 들을 수 있지요.

하지만 대부분의 사람들은 이들이 어떠한 과학적 원리를 가지고 있는지 잘 알지 못합니다(...). 과학기술이라 하면 대부분 우리의 삶을 편리하게 만들어준 것 정도로만 가볍게 생각하죠. 그러다 보니 과학에 대해서 큰 오해를 갖거나, 심지어는 과학을 잘못 사용해서 인류를 오히려 퇴보의 길로 모는 일도 벌어지고 있습니다.

그렇다면 독자 여러분은 과학에 대해서 얼마나 잘 알고 있을까요? 한 번 테스트를 해 보기 위해 몇 가지 질문을 여쭙겠습니다. 과학기술은 현재

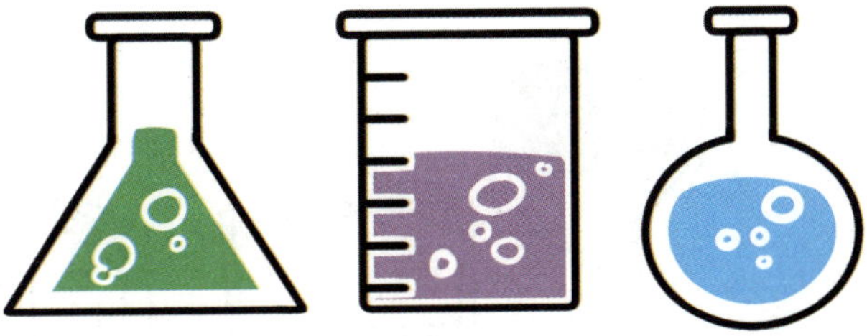

우리의 일상과 사회, 그리고 사람들의 사고방식에 어떠한 영향을 미치고 있을까요? 그리고 과학은 좋은 걸까요, 아니면 나쁜 걸까요? 마지막으로 과학이란 무엇일까요? 아마 이 질문에 쉽사리 답변할 수 있는 분들은 그리 많지 않을 거라 생각합니다. 책을 막 펼치신 여러분도 그러하시다면 잘 찾아오신 겁니다. 이 책을 읽으신다면 위의 질문에 어렵지 않게 답하실 수 있게 될 것입니다. 과학기술시대를 살아가는 진정한 구성원으로 거듭나는 거지요.

이 책은 총 6개의 장으로 구성되어 있습니다. 1장은 과학이 우리가 살아가는 우주와 지구, 그리고 우리들 인류에 대한 비밀을 얼마나 밝혀냈는지에 대한 장입니다. 2장은 과학과 사회가 서로 어떠한 영향을 주고받는지에 대해 설명하는 장입니다. 3장은 과학의 좋은 면과 나쁜 면, 그러니까 양면성에 대한 장입니다. 4장은 우리의 일상을 바꿔놓을 미래 과학기술에 대한 장입니다. 5장은 우리 사람은 어떤 존재인지에 대해 다루는 장입니다. 6장은 과학이란 무엇이고 과학이 아닌 것은 무엇이며 과학은 어떤 특성을 가진 학문인지에 대한 장입니다. 1장부터 6장까지 골고루 모두 읽어도, 일부분만 골라 읽어도 과학기술시대를 살아가는 여러분들에게 좋은 자양분이 될 것입니다.

그런데 제가 저번에는 생명과학 책을 냈다가 이번에는 과학을 전반적으로 다루는 책을 낸 이유를 주변 분들이 꽤 궁금해 하시더라고요. 이건 『생명과학을 쉽게 쓰려고 노력했습니다』 출판 이후로 학교 등 곳곳에서 강연을 했던 게 계기가 됐습니다. 제 강연을 듣는 분들은 주로 학생이다 보니까 저는 학생들이 미래의 과학기술을 이끄는 인재가 되기를 바라며 미래의 생명과학 기술과 관련된 강연을 주로 했는데요. 강연을 하다가 생명과학 이외의 다른 과학기술이 불쑥 튀어나오는 일이 매일 있었습니다. 그것도 상당히 큰 비중으로요.

왜 그랬을까요? 이해를 돕기 위해 잠깐 사례를 하나 들어보겠습니다. 혹시 다보스포럼이라고 아시나요? 다보스포럼은 전 세계 각국의 지도자들이 모여서 세계 경제 문제를 논의하는 자리입니다. 전 세계에서 가장 영향력 있는 국제회의로 알려져 있지요. 2016년 다보스포럼에서는 4차 산업혁명 시대에서 가장 발전하게 될 분야를 하나 꼽았는데요. 바로 헬스케어 산업이었습니다. 이 사실을 들었을 때 문득 드는 생각은 대부분 '의사가 유망직종이 되는 것인가?'일 텐데요. 그렇지 않습니다. IT 기술을 이용하면 환자의 건강상태를 주기적으로 의사에게 전달할 수 있고, 나노기

술을 이용하면 바이오칩을 사람에게 이식해 건강 이상을 빠르게 감지할 수 있으며, 생명공학 기술을 이용하면 유전병을 치료할 수 있고, 데이터 기술을 이용하면 환자들의 데이터를 바탕으로 환자별로 가장 알맞은 치료법을 찾아줄 수 있거든요. 헬스케어 단 하나에 이렇게 수많은 과학기술들이 쓰일 수 있는 거지요(!).

비록 대학교에서는 전공별로 각기 다른 지식을 습득하지만, 실제 과학기술 현장에서는 수많은 과학지식들이 전공 가릴 것 없이 서로 뒤엉키고 섞입니다(...). 우리의 일상과 사회에 영향을 미치는 거의 모든 과학기술들이 이러한 양상을 띠죠. 지식을 폭 넓게 쌓는 게 중요하다, 융합형 인재가 중요하다와 같은 말이 그냥 나온 게 아닙니다. 그리하여 이번 책은 과학기술시대를 살아가는 구성원인 여러분들을 위해 꼭 필요한 알짜배기 과학지식만을 고르고 골라서 읽기 좋은 일상의 언어로 책에 담아보기로 했습니다. 독자 여러분들이 어렵다고 느끼지 않고 쉽고 재미있게 읽을 수 있도록 말이죠.

물론 이 책 한 권만으로 독자 여러분들이 과학에 푹 빠져서 돌연 과학자의 꿈을 꾸게 된다거나(...), 어렵던 과학이 갑자기 재미있게 느껴질 거

라고 생각하지는 않습니다. 이 책 덕분에 과학과 조금이나마 가까워지고, 과학기술시대를 살아가다 잠시 쉬어가는 작은 경험이 된다면 제게는 충분히 의미있을 것 같습니다.

이제 프롤로그를 마무리해야겠군요. 이 책이 만들어지기까지 도움을 주셨던 모든 분들에게 감사드립니다. 그동안 제 책을 즐겁게 읽어 주시고, 강연을 열심히 경청해 주셨던 독자 분들에게도 감사드립니다. 저는 아직 배우는 단계에 놓여 있는 대학원생인 만큼, 앞으로도 더욱 내실을 다져서 여러분들과 과학의 든든한 연결고리가 되겠습니다.

과학 커뮤니케이터

박종현

차 례

2장 너희는 뭐 하는 관계니? 과학과 사회의 아이러니한 관계

3장 과학은 좋은 놈? 나쁜 놈? 과학이 가지는 두 얼굴

6장

과학 넌 도대체 정체가 뭐니?
과학의 발전이 만든 독특한 것들

살면서 한 번쯤은 나는 누구인가, 우리를 둘러싼 세상은 무엇인가에 대한 궁금증에 사로잡혀 본 적이 있으실 겁니다. 사람이라면 어쩔 수 없이 하게 되는 생각이기도 하지요. 과학자들에게도 마찬가지입니다. 비록 과학은 아직 이러한 질문들에 확실한 답을 내리지 못했지만, 연구와 관찰을 통해서 천천히 답을 찾아나가고 있답니다. 언젠가 그 답을 찾게 될 날이 오겠지요?

1장

나는 누구? 여기는 어디?
우리가 살아가는 세상의 정체는?

인류

사람은 어떻게 문명과 국가를 건설했을까?

인류의 역사는 도전 그리고 맞서 싸움의 역사이다.

- 아널드 토인비 (영국의 역사학자) -

인류는 동물일까요? 아니면 동물이랑은 다른 생명체일까요? 사람은 그냥 동물이라고 하기에는 다른 동물과는 묘하게 다른 면이 있습니다. 그래서인지 동물보다는 우월하다고 많이들 말하죠. 게다가 사람들은 오래 전부터 스스로를 만물의 영장이라고 여겼습니다. 오늘날에도 쉽게 받아들여지는 인식 중에 하나이죠. 하지만 생물학 연구는 사람이 만물의 영장이라는 기존의 인식을 완전히 뒤집어 놓았답니다. 사람도 여타 동물들과 다를 게 없는 생물이었던 것이죠.

사람은 호모 사피엔스Homo Sapiens라는 영장류입니다. 영장류에는 사람 외에도 침팬지, 고릴라, 보노보, 오랑우탄 등이 포함되어 있죠. 우리는 침팬지와 고릴라, 보노보, 오랑우탄을 동물이라며 무시하지만 사실은 먼 친척이나 다름없답니다. 원래 영장류는 몇 백만 년 전만 해도 같은 종이었는데요. 각자 다른 방향으로 진화해서 종 분화가 일어나 사람이 탄생하게 된 것이거든요. 사람종도 처음에는 한 종이 아닌 여러 종이었습니다. 그런데 지금은 오직 호모 사피엔스 오직 1종이죠. 이제는 유일한 사람종으로 남아있다 못해, 지구에 상당한 영향력을 미치고 있습니다. 어떻게 우리 호모 사피엔스는 지구에서 살아남아 국가와 문명을 형성할 수 있었을까요? 첫 장에서는 이러한 의문들에 대한 이야기를 해보려 합니다. 이 의문은 최근 들어 생물학자들과 인류학자들 사이에서 활발한 연구가 이루어지고 있는 분야랍니다. 이 책을 읽고 있는 우리들, 집단, 문명, 국가 그리고 인류의 정체성에 대한 근본적인 질문이기 때문이죠.

최초의 인류는 지금으로부터 약 500만 년 전에 등장했습니다. 많은 분들은 인류가 수많은 동물들을 사냥하는 생태계의 최상위 포식자로 살아왔을 거라 생각는데요. 이것은 사실과 다릅니다. 사실 인류는 수많은 동물들 사이에서 그리 독보적인 존재가 아니었거든요. 다른 동물들보다 달리는 속도도 느리고 힘도 약했기 때문입니다. 그래서 사냥감 하나를 잡으려면 여러 명이 돌과 나뭇가지들을 던져 가며 지칠 때까지 쫓아가야 했답

니다. 사냥을 하러 나갔다가 오히려 사자나 하이에나 같은 맹수들에게 사냥을 당해서 먹잇감으로 전락하는 일도 흔했죠. 그래서 인류는 대부분의 시간을 작은 동물들과 곤충들을 잡고 식물을 채집하며 소소하게 살았습니다.

하지만 이것만으로는 식량이 너무 부족했기에 다른 먹이를 찾아야 했습니다. 그래서 다른 맹수들이 잡아먹고 남긴 고기(...)를 먹기도 했답니다. 고기를 다 먹으면 남은 뼈를 쪼개 골수를 먹었지요. 골수는 단백질과 지방이 훌륭한 영양 공급원이었습니다. 2019년 이스라엘에서는 인류가 동굴에 동물의 뼈를 보관해 두었던 흔적이 발견되기도 했죠. 아마 평소에 동굴에 뼈를 보관해 두었다가 필요할 때마다 뼈를 부숴 골수를 먹었을 것으로 추정되고 있습니다. 인류가 석기를 만든 이유 중에 하나도 동물의 뼈를 부수기 위해서였죠.

인류가 하필 많은 것들 중에서 골수를 먹은 이유는 간단합니다. 당시에 골수를 먹는 동물들이 없었거든요. 골수는 딱딱한 뼈에 싸여 있어서 다른 동물들이 쉽게 먹을 수 없는 부위였습니다. 골수를 두고 다른 맹수들과 경쟁할 필요가 없었던 것입니다. 맹수가 사냥하고 남은 자리에는 항상 뼈가 남으니까 그 뼈를 깨서 골수를 먹으면 그만이었던 거죠. 골수를 먹는 것은 당시의 인류가 지능을 바탕으로 생각해 낸, 굶어죽지 않는 최선의 방법이었습니다. 이처럼 생태계에서 사람의 위치는 중간 포식자

골수(뼈 안쪽 부분)

에 더 가까웠습니다.

그럼 이제 여러분은 의문이 생길 겁니다. 이처럼 별 볼일 없던 인류가 도대체 어떻게 최상위 포식자를 거쳐 문명과 국가를 형성할 수 있었을까요? 첫 계기는 바로 도구의 발견입니다. 인류는 손으로 정교한 도구들을 만들 수 있었거든요. 덕분에 뾰족한 석기나 창으로 맹수와 먹잇감을 사냥할 수 있었습니다. 게다가 인류가 만드는 도구들은 시간이 지날수록 다양해지고 정교해졌죠. 여기에 사람들 간의 협동과 전략이 더해지면서 인류의 사냥 효율은 더욱 올라갔습니다. 먹을 수 있는 음식이 점점 많아졌고, 그만큼 집단 내의 인원도 많아졌지요. 증가한 집단 내 인원수는 사자와 호랑이 같은 사나운 맹수의 위협으로부터 스스로를 보호할 수 있게 해 주었습니다. 거대한 짐승을 잡아 풍족한 식사를 즐기는 것도 가능해졌죠.

다양한 물품을 만드는 사람의 손 |

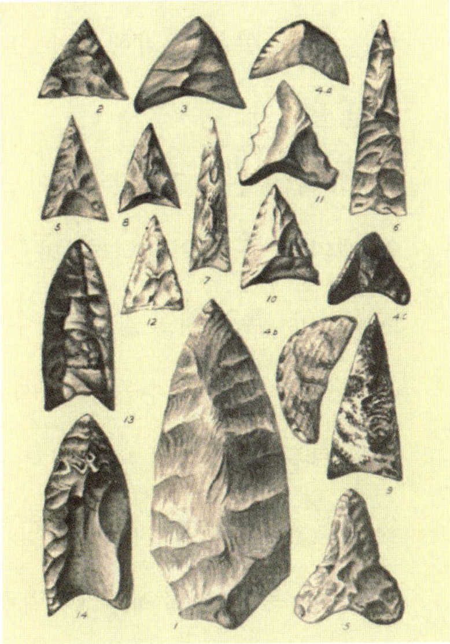

석기 |

일부 학자들은 인류가 정교한 도구를 만들게 되면서 팔의 힘이 더 약해졌다고 주장합니다. 정교한 움직임을 구현할 수 있는 작은 근육이 발달하면서 큰 근육이 퇴화했다는 거죠. 실제로 사람의 손은 다른 동물이 가진 그 어떤 손보다 정교하고 복잡한 움직임이 가능합니다. 대신 팔의 힘은 굉장히 약하죠. 하지만 도구를 이용한다면 충분히 약한 힘을 극복하고 맹수를 물리칠 수 있습니다. 그러므로 강한 힘과 정교함 두 가지 중 한 가지를 고르라면 당연히 정교함을 선택하는 것이 생존에 유리하죠. 사람의 손은 지금까지도 계속 새로운 장치와 도구들을 계속 만들어 내고 있습니다. 현재 우리 주변에 있는 물품들은 사람의 손을 거쳐 만들어진 것이죠. 인류는 팔의 힘을 포기했지만 그로 인해 얻은 것들이 상상할 수 없을 정도로 많답니다.

인류의 발견은 도구뿐이 아닙니다. 인류가 최상위 포식자가 된 결정적인 계기는 따로 있습니다. 바로 불의 발견이죠. 불은 깜깜한 밤에 빛을 밝혀주었고 추운 겨울을 견딜 수 있도록 해 주었습니다. 불만 있으면 사자나 호랑이 같은 맹수들도 쉽게 쫓아낼 수 있었습니다. 이 사실을 잘 알았던 인류들은 맹수의 위협에서 벗어나기 위해 불을 활용했답니다. 사냥감을 잡을 때에도 마찬가지였죠.

인류는 음식을 불에 익혀 먹기도 했습니다. 고기를 불에 익히면 소화시키기 더 편했거든요. 원래 먹을 수 없었던 음식도 불에 익히면 먹을 수 있는 음식으로 탈바꿈했죠. 결정적으로 해로운 세균이나 기생충이 죽었습니다. 불의 제일 중요한 역할은 먹을 수 있는 음식의 수를 늘리고 음식을 더욱 먹기 좋게 해주었던 것입니다. 이처럼 인류는 불의 발견으로 더욱 번성합니다. 뇌가 본격적으로 진화하기 시작한 때도 바로 이때입니다. 뇌가 유지되기 위해서는 매우 높은 에너지가 필요한데요. 불의 발견으로 뇌의 높은 에너지 요구량을 감당할 만큼의 에너지가 충족되기 시작된 것이

죠. 덕분에 인류의 지능은 빠르게 상승했습니다.

현대 인류의 조상인 호모 사피엔스는 사람종 중에서도 두드러지는 특징이 하나 있었는데요. 바로 언어능력입니다. 다양한 종류의 소리를 내고, 이 소리들로 각기 다른 의미를 가진 문장들을 구사할 수 있었거든요. 현재 우리들도 그렇습니다. 호모 사피엔스는 이렇게 뛰어난 언어능력을 바탕으로 수많은 정보를 교류했습니다. 스스로 터득한 생존 기술, 먹잇감이 많이 잡히는 곳 등이 주요 대화 주제 중 하나였죠.

하지만 호모 사피엔스에게 이런 대화주제들보다 더 중요한 대화 주제는 따로 있었습니다. 바로 뒷담화입니다. 이건 이스라엘의 역사학자 유발 하라리Yuval Harari의 책 『사피엔스Sapiens』로 유명해진 사실이기도 하지요. 갑자기 뒷담화라니 생뚱맞고 황당할 수도 있는데요. 이 황당함을 해소하기 위해 여러분들의 대화를 살짝 엿보겠습니다. 우리가 나누는 대화 대부분은 알고 보면 뒷담화거든요. 여러분들은 친구들이랑 만났을 때 주로 어떤 대화를 나누나요? 누구는 이번에 대학교에 합격했다더라, 누구는 전교 1

여러분들은 친구들과 주로 어떤 대화를 나누나요? |

등이라더라, 누구는 승진했다더라처럼 다른 사람들의 이야기가 대화주제의 핵심이죠. 과학 전공자들끼리 만나도 과학 이야기는 잘 하지 않습니다(...). 지난주부터 생명과학과의 누구랑 누가 사귀기 시작했다더라와 같은 사람 이야기가 주가 됩니다. 여기에 약간의 상상(?)과 살이 붙여지기도 하죠. 이런 대화가 오가고 나면 서로 대화를 나눴던 사람들은 집단 내 관계와 인물들에 대한 이해도를 높일 수 있습니다. 특히 뒷담화는 그 사람의 나쁜 점에 대해 이야기하는 경우가 더 많기에 집단 내에 도움이 되지 않는 사람을 걸러내는 데에도 도움이 되지요. 뒷담화가 집단의 결속력을 높이고 안정된 집단을 형성할 수 있게 해주었던 겁니다. 이러한 결속력은 무리끼리 협동해서 사냥전략을 짜고 도우며 살아가는 데 큰 도움이 되었습니다.

하지만 네안데르탈인, 호모 에렉투스, 데니소바인은 달랐습니다. 이들은 다양한 소리를 낼 수 없었거든요. 그러므로 집단의 결속력도 호모 사피엔스보다 현저히 떨어졌죠. 결국 이들은 수백 명의 결속된 집단으로 밀고 들어오는 호모 사피엔스에게 서식지와 식량을 빼앗겼습니다. 하지만 호모 사피엔스는 이들의 서식지와 식량을 빼앗는 것으로 그치지 않았죠. 학살도 저질렀습니다. 학살을 저지른 이유는 단순합니다. 네안데르탈인, 호모 에렉투스, 데니소바인 등은 호모 사피엔스와 함께 어울리기에는 겉모습이나 특성이 달랐거든요(!). 다소 충격적이지만 현생 인류만 봐도 피부색이 다른 사람이나 외부인을 배척하고 경계하는 경향이 있죠. 심지어는 다른 민족이라고 학살을 저지르는 일도 있었는걸요. 충분히 가능성이 있는 이야기입니다. 결국 지구에는 오직 호모 사피엔스 1종의 사람종만이 지구상에 남게 됩니다.

호모 사피엔스는 뒷담화의 힘(?)으로 집단을 이루며 빠르게 전 세계로 퍼져나갑니다. 하지만 뒷담화로 모일 수 있는 집단의 규모는 많지 않습니다. 사람 1명이 평소에 대화를 나누는 친구의 수는 아무리 많아 봐야 몇 백 명을 넘기지 못하니까요. 지금이야 메신저, SNS 등의 발전으로 늘어났지만 과거에는 마땅한 연락수단이 없었거든요. 이러한 관점에서 보면 국가의 등장은 꽤 흥미롭습니다. 아시다시피 국가의 인구는 아무리 적어야 수 만 명입니다. 많으면 수 억 명에 달하죠. 그렇다면 인류는 어떻게 거대한 규모의 국가를 형성할 수 있었을까요?

인류학자들은 종교와 신화 같은 보이지 않는 것들이 국가를 만들었다고 보고 있습니다. 서로 만날 수는 없어도 공동의 신화나 종교를 믿는 사람들이 모여 만들어진 게 국가라는 거죠. 우리나라의 예를 들어볼까요? 조선은 고조선을 계승한 국가입니다. 조선은 한반도 최초의 국가인 고조선을 계승함으로서 민족 통합을 이뤘습니다. 고려시대에 신라와 백제의 부흥을 내걸며 반란을 일으킨 인물들이 많았다는 점과 비교되죠. 현대 한국인들의 민족적 일체감은 단군왕검이 건국한 고조선이 기반입니다. 단군왕검 신화가 실제 사실이든 아니든 우리는 모두 이 이야기를 알고 있습니다. 우리는 모두 단군왕검의 후손이라는 인식도 있지요. 한국인들은 한민족, 한국의 문화와 역사, 한국어 같이 보이지 않는 무언가를 따르고 믿는 것만으로 서로에게 더 친밀감을 느끼고 협력합니다.

이것은 지구상의 생물들 중 오직 사람에게만 있는 독특한 특징입니다. 호모 사피엔스는 몇 백 명이든 몇 만 명이든 서로 믿음을 형성하고 협력할 수 있는 동물입니다. 호모 사피엔스가 지구의 생태계를 정복하고 국가를 건설할 수 있었던 힘은 바로 여기에서 나왔던 것입니다.

외계생명체

과연 지구 밖에도 생명체가 존재할까?

지구 밖 외계인들의 문명이
인류보다 수십억 년 앞선 기술을 보유하고 있을 수도 있다.
- 스티븐 호킹 (영국의 물리학자) -

우주는 우리의 두뇌로는 감히 그 크기를 가늠할 수 없을 정도로 거대합니다. 우주의 기준에서 보면 우리에게는 거대한 지구조차도 아주 작은 먼지에 불과하죠. 그럼에도 이 지구에는 무수히 많은 생명체들이 살아가고 있습니다. 특히 사람은 지구에서 문명과 사회를 구축했고 수많은 이념과 사상을 만들고 서로 어울리고 갈등하기도 하며 살아왔습니다. 하지만 정작 이러한 지구를 품고 있는 광활한 우주는 우리 사람들이 쉽사리 갈 수 없는 곳입니다.

보이저1호가 촬영한 지구 I

과학자들과 사람들의 의문은 여기에서부터 시작됩니다. 우주에서 생명체가 살 수 있는 곳은 오직 지구 하나뿐일까요? 우주의 거대한 크기를 생각하면 지구 하

| 케플러186F 상상도

나 뿐은 아닐 것 같은데요. 과학자들은 이 의문을 해소하기 위해 오래 전부터 지구 밖에 있는 생명체들을 찾아 왔습니다. 하지만 아쉽게도 지금까지 과학자들은 사람처럼 지능을 가진 외계인은 말할 것도 없고 외계생명체를 발견하지 못했습니다. 그나마 성과는 생명체가 서식할 가능성이 있는 지구와 유사한 환경의 행성을 꽤 발견했다는 건데요. 2014년에 케플러 우주망원경이 발견한 케플러186F가 대표적입니다. 케플러186F는 지구와 크기와 온도가 비슷하고 물이 흐르며 기후도 안정적이라는 사실이 밝혀졌답니다. 지구에서 워낙 멀어 관찰이 어려워서 실제로 생명체가 서식하는지는 알 수 없지만요.

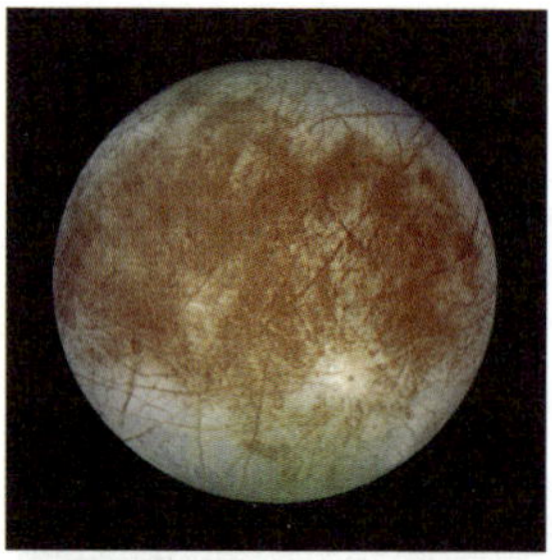

| 유로파

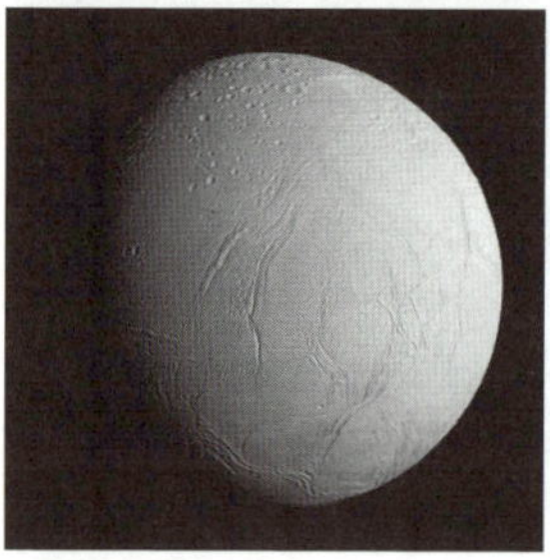

| 엔셀라두스

태양계의 행성이나 위성에서 생명체를 발견하려는 시도도 활발합니다. 목성의 위성인 유로파Europa와 토성의 위성인 엔셀라두스Enceladus 그리고 화성이 대표적이죠. 특히 화성은 과거에는 물이 풍부했던 행성이었다가 지금과 같은 행성이 되었을 것으로 보고 있습니다. 오래 전에 화성에 물이 흘렀던 흔적이 발견되었거든요. 물 뿐만이 아닙니다. 화성의 온도는 지구와 비슷하기도 합니다. 이처럼 화성은 생명체가 살 만한 조건이 어느 정도 갖춰져 있어서 오래 전부터 많은 관심

을 받아 왔습니다. 동식물 정도까지는 아니더라도 세균 같은 단순한 생명체가 있을 수 있고, 만약 없더라도 과거에 생명체가 살았을 수도 있어서 많은 연구가 진행되고 있답니다.

그렇다면 만약 외계생명체가 있다면 어떻게 생겼을까요? 아시다시피 우리 인류는 외계생명체를 단 한 번도 본 적이 없습니다. 그래서 우리는 외계생명체가 어떠한 구조와 형태를 가졌는지 전혀 알 수 없죠. 지금으로써는 다양한 가능성을 생각해 보아야 합니다. 어쩌면 꽤 많은 외계생명체들이 우리가 생명체라고 생각하는 기준에서 한참 벗어나 있을 수도 있죠. 현재까지는 오직 지구만이 생명체가 살 수 있는 곳으로 알려져 있다 보니 많은 사람들은 지구와 다른 환경의 행성에서는 생명체가 절대 살 수 없을 것이라고 생각하기 쉬운데요. 지구와는 전혀 다른 환경의 행성에 전혀 다른 형태의 생명체가 있을 가능성도 배제할 수 없답니다.

지구에 서식하는 생명체만 봐도 대장균과 효모균 같은 세균들은 산소를 필요로 하지 않습니다. 산소에 노출되면 바로 죽는 세균들도 있습니다.

게다가 해저 깊은 곳에는 황산염을 먹이로 삼는 독특한 세균들이 서식합니다. 이 세균들은 심지어 다른 생명체들에게 해로운 독성물질인 황화수소를 배출하죠. 지구의 생명체들도 이렇게나 다른데 외계생명체가 우리랑 비슷하다고 예상하기엔 무리가 있죠. 어쩌면 유전물질로 DNA가 아닌 다른 물질을 사용한다거나, 구성하는 물질이 우리랑은 완전히 다를지도 모를 일입니다. 미국의 영화 트랜스포머에 나오는 로봇들처럼 온 몸이 금속으로 이루어져 있을 수도 있죠.

조금 더 흥미로운 이야기를 해 볼까요? 사실 사람들이 외계생명체에 호기심을 갖는 가장 큰 이유는 외계인에 대한 호기심 때문이라고 해도 과언이 아닌데요. 외계생명체가 존재할 것으로 예상되는 행성의 수는 많겠으나 사람 이상의 지능과 과학기술을 갖춘 외계인이 있을 것으로 추정되는 행성의 수는 아주 적을 것으로 보입니다. 생명체가 서식하는 행성에도 대부분 사람과 같이 지능을 가진 생명체는 없을 거라는 거죠. 당장 지구만 봐도 인류가 등장하기까지 40억 년이 걸렸습니다. 지구상 생명체의 역사 40억년 중 인류가 지구상에 존재한 시기는 고작 500만년밖에 되지 않습니다. 40억년 중에서 500만년은 너무 짧은 시간이죠. 게다가 인류는 이 짧은 시간의 대부분을 원시인으로 보냈습니다(...). 인류가 우주의 존재를 알게 된 것도 얼마 되지 않습니다. 우주는커녕 신대륙을 발견하기 위해 지구 이곳저곳을 항해하던 시절이 불과 몇 백 년 전이죠.

그렇지만 상상의 나래를 좀 더 펼쳐볼까요? 어쩌면 우주를 비행해 지구로 올 수준의 고지능 외계인이 있을 수도 있으니까요. 이 정도라면 우리가 외계인을 지구에서도 충분히 만날 수도 있겠다는 생각이 들지요. 하지

만 인류는 이런 외계인을 만난 적이 없습니다. 왜일까요? 단순히 외계인이 우주에 없어서라고 단정하기는 어렵습니다. 어쩌면 외계인들이 일부러 모습을 감추고 있을 수도 있으니까요. 외계인들 기준에서 낮은 수준의 과학기술을 갖춘 지구인들이 외계인들의 과학기술을 접하게 된다면 올바르지 않은 용도로 사용할 수도 있다고 생각한 것이죠. 실제로 우리 인류는 과학기술을 잘못 사용해 스스로를 위기로 몰고 간 적이 몇 번 있습니다. 만약 이것이 사실이라면 외계인들은 인류가 어느 정도 발달된 문명과 사상, 그리고 과학기술 수준을 갖출 때까지 묵묵히 관찰하며 기다리고 있을 것입니다.

지구에 자신들이 방문했다가는 외계 세균이나 바이러스가 지구에 유입될 수 있어서 지구에 오지 않는 것일 수도 있습니다. 외계 세균이나 바이러스는 지구상의 생명체들에게는 처음이기에 잘못되면 지구상의 생명체들이 멸종할 수도 있거든요. 이런 걱정은 우리 인류가 외계생명체를 찾을 때 실제로 했던 걱정이기도 하답니다. 엔셀라두스에 탐사선을 보냈던 과학자들은 탐사선에 딸려 온 지구의 세균과 바이러스가 혹시 있을지도 모를 엔셀라두스의 생명체들을 위협할 것을 우려했거든요. 그래서 탐사선이 수명이 다할 때 일부러 토성에 떨어뜨렸죠.

어쩌면 고지능 외계인들이 우리 지구를 침략할 수도 있지 않을까요? 공상 과학 영화에서는 이런 일이 매우 빈번히 일어나는데요. 실제로 그럴 일은 없을 것으로 보고 있습니다. 미국의 천문학자 칼 세이건Carl Sagan은 지구를 침략 대상으로 삼을 정도로 포악한 외계인이라면 우주를 비행할 정도의 과학기술 수준을 갖추기 전에 자기들끼리 서로 침략하고 다툼을 거듭하다가 자멸했을 것이라고 주장했습니다. 지금 당장 인류의 역사만 봐도 과학기술이 빠르게 발전했던 냉전 시기에 인류를 멸망에 이르게 할 만한 핵전쟁이 몇 번이나 일어날 뻔 했죠. 외계인들 기준에서 지구의 인류가 얼마나 포악한지는 알 수 없지만 화합과 협력, 평화를 중요한 가치로 여길 줄 아는(?) 우리 인류도 자멸 위기를 여러 번 겪었다는 점에서 충분히 설득력이 있는 주장입니다.

우주를 비행해 지구로 올 정도의 기술력이라면 굳이 지구를 침략해 자원을 빼앗을 필요가 없을 수도 있습니다. 지구에서 발견되는 자원들은 대부분 다른 행성에서도 쉽게 발견할 수 있는 것들이거든요. 게다가 토성의 위성 중 하나인 타이탄은 석유와 천연가스의 주성분인 탄화수소의 매장량이 지구의 몇 백 배에 달한다고 알려져 있습니다. 이런 행성들을 내버려 두고 굳이 귀찮게 인류와 전쟁을 벌이면서까지 지구를 침략할 이유는 없습니다. 애초에 외계인들이 자원으로 석유와 천연가스를 사용할지도 알 수 없지만요(...).

지금까지 고지능 외계인들만 이야기했지만 이제는 반대로 생각해봅시다. 우리 인류가 우주의 문명 중에서 수준이 높을 수도 있으니까요. 아마도 이런 외계인들은 마치 우리 인류가 한때 그랬듯 본인들의 행성이 세상의 전부인 줄 알고 있겠죠? 행성이 동그란 구형인지조차도 모를 수도 있습니다. 이런 외계인들이 지구까지 오기는 어렵습니다. 우리가 찾아가서 발견하는 게 더 빠를 겁니다. 만약 먼 미래에 우리 인류가 우주 어딘가에서 이런 외계인들을 발견한다면 이들을 어떤 존재로 여기고 어떻게 대해야 할지 고민해 봐야 할 것입니다.

만약 문명과 과학기술의 발전은 둘째 치고 지구상의 생명체와는 전혀 다른 형태의 생명체라면, 특히 금속으로 이루어진 생명체라면 지구는 이들이 방문하기 좋지 않은 행성일 수도 있습니다. 영화 트랜스포머에서는 온 몸이 금속으로 이루어진 로봇 생명체들이 지구에서도 잘 생존해 있지만 실제로 가능한지는 의문입니다. 지구상 대기의 20%를 산소가 차지하고 있는 거 아시죠? 산소는 금속을 산화시켜 녹이 슬게 합니다. 그러므로 금속 생명체가 지구에 있으려면 자신의 몸에 녹이 슬고 수많은 이상증상이 생기는 고통을 감수해야 할 것입니다. 이들에게 산소는 독가스이지요. 어쩌면 지구를 침략하기는커녕 우리 인류와 별로 만나고 싶지 않을지도 모릅니다(...).

영화 트랜스포머의 로봇 생명체 범블비 |

지금까지 너무 추측성의 이야기들만 한 것 같은데요. 외계생명체와 외계인은 지금으로써는 공상 과학 영화에 가깝답니다. 애초에 우리는 외계생명체가 정말로 있긴 한 건지, 만약 있다면 어떻게 생겼는지도 전혀 모르죠. 지금은 그 무엇도 확답을 내릴 수가 없습니다. 그래도 확실히 드릴 수 있는 말씀은 이 거대한 우주공간에서 생명체가 사는 공간은 굉장히 적을 거라는 겁니다. 제가 '굉장히'라는 표현을 썼지만 '굉장히'라는 표현 정도로는 한 없이 부족할 정도로요(...). 상황이 이렇다보니 서로 다른 행성에 사는 외계생명체가 서로를 찾아내는 것은 어려울 수밖에 없습니다. 어지간히 발전된 과학기술을 갖춘 게 아니고서야 찾아낼 엄두조차 나지 않을 정도로 멀리 떨어져 있을 테니까요.

그럼에도 불구하고 많은 과학자들은 우리 인류가 곧 외계생명체들을 발견할 수 있을 것이라고 말합니다. 물론 발견을 하는 것과 실제로 이들을 만나고 교류하는 것은 또 다른 문제지만요. 하지만 발견만으로도 역사적인 순간이 될 겁니다. 혹시 아나요? 우리 인류가 곧 외계생명체와 외계인들을 발견하는 것을 넘어 외계인들과 교류하게 될 지도요.

인류의 종말

지구와 생명체, 그리고 인류의 마지막 운명은?

지능이 생존할 만한 가치가 있는지는 아직 증명된 바가 없다.

- 아서 클라크 (영국의 과학소설 작가) -

모든 사람들에게는 죽음에 대한, 더 나아가 모든 사람들이 이 세상에서 완전히 사라지는 것에 대한 두려움이 있습니다. 인류의 역사와 함께 했던 수많은 사상과 종교도 인류의 종말에 대한 이야기들을 담고 있는 경우가 많죠. 아마 여러분들도 이에 대한 막연한 호기심과 두려움을 가지고 계실 것입니다. 저의 경우도 어릴 적에 '만약 지구가 멸망한다면 우주에는 생명체가 사라지고 공허하게 별과 행성만 남게 되는 걸까?' 라는 두려움이 있었답니다. 인류가 막대한 돈을 써 가면서 생명체가 있는 행성을 찾으려는 것도 이러한 두려움에서 비롯된 것이라고 생각합니다.

태양은 지구에 사는 생명체들에게 빛과 따뜻한 온기를 전해주는 중요한 별이고, 지구는 지금까지 밝혀진 바로는 생명체가 살 수 있는 유일한 행성입니다. 태양과 지구가 사라진다면 인류는 더 이상 살아갈 수 없게 되지요. 태양과 지구는 과연 앞으로도 영원히 우리에게 따뜻한 빛과 살아갈 장소를 제공해줄 수 있을까요? 슬프게도 그렇지 않습니다. 세상에 영원한 것은 없거든요.

태양이 지금처럼 밝은 빛과 열을 낼 수 있는 이유는 태양의 중심핵에 있는 수소가 핵융합 반응을 일으키면서 엄청난 에너지가 발생하기 때문입니다. 하지만 이건 어디까지나 태양이 충분한 양의 수소를 가지고 있을 때에나 가능한 이야기죠. 태양은 앞으로 63억 년 정도 지나면 중심핵에 있는 수소를 모두 소모하여 바깥쪽에 있는 수소들의 핵융합 반응이 일어날 것입니다. 태양에서 에너지가 발생하는 공간이 중심에서 표면으로 이동하는 것인데요. 그 결과 태양의 표면이 크게 부풀어 올라 태양이 지금보다 몇 백 배 거대해집니다. 이 상태의 별을 적색거성이라고 부르죠. 이때 태양은 수성과 금성, 더할 경우 지구까지 집어삼킵니다. 생명체의 터전인 아름다운 지구는 언젠가 이렇게 우주에서 사라질 운명이랍니다. 지구를 삼킨 태양도 곧 약한 빛만을 띠는 백색왜성이 되고 시간이 더 지나면 완전히 빛을 잃은 흑색왜성이 될 것입니다.

하지만 사실 인류와 생명체는 태양이 적색거성이 되기도 한참 전에 지구상에 사라질 가능성이 높답니다. 과학자들은 오랜 기간 동안 인류와 생명체가 지구상에서 사라질 가능성에 대한 연구를 진행해 왔는데요. 원인은 환경오염이 대표적이고 그 외에 태양 활동의 증가, 운석 충돌이 있습니다. 최근에는 인공지능 기술이 빠르게 발달하면서 인공지능 로봇이 인류를 멸종시킬 것이라는 주장도 있답니다.

이 중 필연적으로 일어날 수밖에 없는 것이 있습니다. 바로 태양 활동의 증가입니다. 태양은 앞으로 몇 억 년에 걸쳐 표면온도가 상승하고 내뿜

는 빛의 양도 많아질 거거든요. 과학자들은 앞으로 약 6~7억 년이 지나면 태양의 표면온도가 너무 올라 지구상의 생명체가 완전히 사라질 것으로 보고 있습니다. 태양이 적색거성이 되어 행성으로서의 지구가 사라지는 게 63억년 이후일 뿐, 생명체가 살 수 있는 지구는 앞으로 6~7억 년밖에 남지 않았다는 것이지요. 이 과정에서 지구의 바닷물은 부글부글 끓고, 결국 지구에 있는 모든 물은 우주 밖으로 날아갈 겁니다. 푸른 지구는 온데간데없고 사막으로 뒤덮인 황량한 행성이 되는 거죠.

태양은 무한한 존재가 아니라 생애주기를 가진 수많은 별 중의 하나인 이상, 이 일을 막을 방법은 없습니다. 하지만 인류가 이대로 지구와 함께 사라져버릴 수는 없잖아요? 이 일로 인해 인류가 사라지는 것을 막으려면 태양에서 일어나는 핵융합 반응을 조절할 수준의 과학기술(...)을 갖추거나 다른 행성으로 이주해야 합니다. 물론 그 이전에 인류가 다른 일로 멸종할 수도 있겠지만요. 하지만 많은 일을 거쳐 용케 살아남았다면 이미 이 재난을 피할 만한 과학기술 수준을 갖추지 않았을까 싶습니다. 최초의 인류가 지구상에 등장한 것이 500만 년 전인 것을 감안하면 6~7억 년은 굉장히 긴 시간인 데다가 지금 이 순간에도 과학기술이 엄청난 속도로 발전하고 있으니까요.

지금까지 너무 까마득한 미래만 설명한 것 같으니 이제 좀 더 가까운 미래로 가 볼까요? 인류가 6~7억년 후는커녕 몇 만 년 이후에도 멸종할 수도 있거든요(...). 바로 소행성 충돌로 인해서 말이죠. 지금으로부터 약 6500만 년 전은 대부분의 공룡들이 갑작스럽게 멸종을 맞은 시기였는데요. 많은 과학자들은 가장 큰 원인으로 소행성의 충돌을 주장합니다. 실제로 멕시코 유카탄 반도에는 공룡이 멸종했던 시기에 충돌했을 것으로 추정되는 소행성 충돌의 흔적이 고스란히 남아 있답니다. 이 흔적을 칙술룹 크레이터Chicxulub Crater라고 부릅니다. 소행성 충돌로 소행성의 파편이 여기저기로 튀어 나가고, 충돌 자체의 충격으로 지진과 해일이 발생하고, 충돌 과정에서 발생한 먼지가 태양빛을 가려서 식물이 죽고 날씨가 추워지면서 공룡이 멸종한 것으로 보고 있지요. 당시의 소행성 충돌은 현재

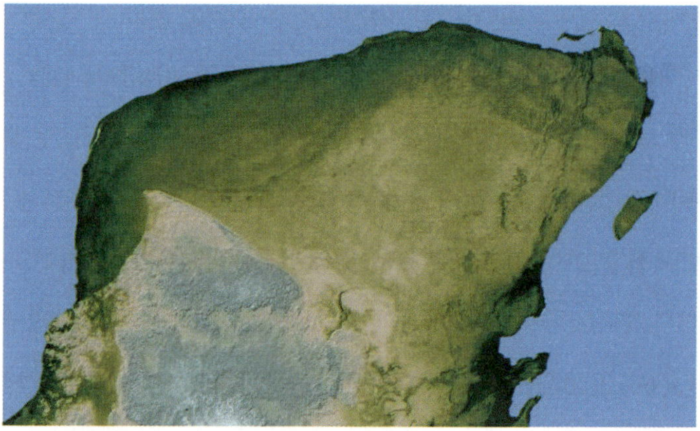

| 유카탄 반도 (칙술룹 크레이터는 왼쪽 상단에 있습니다.)

전 세계가 보유한 모든 핵무기를 동시에 폭발시켰을 때의 파괴력의 1만 배에 달했던 것으로 추정되고 있습니다. 핵무기는 지금까지 인류가 만든 가장 강력한 무기이지만 소행성 충돌에 비교할 수는 없답니다.

소행성 |

소행성 충돌이 공룡 멸종의 가장 큰 원인이었다는 것을 생각해보면 인류가 소행성 충돌로 멸종하게 될 가능성은 충분히 있습니다. 사실 대부분의 사람들은 인지하지 못하고 있지만 지구 주변에는 많은 소행성들이 분포하고 있습니다. 작은 소행성들이 충돌하는 일도 많지요. 운 좋게 지구를 스쳐지나가는 일도 생각보다 흔합니다.

그러므로 소행성이 곧 지구에 충돌하려 한다면 우리 인류가 그냥 가만히 있을 수 없겠지요. 어떻게 해야 할까요? 소행성에 미사일을 쏘거나 우주선을 충돌시켜 소행성의 궤도를 수정하는 것이 가장 좋은 방법이랍니다. 소행성을 파괴할 수도 있지만 이것은 그리 좋은 방법은 아닙니다. 파괴 후에 생겨난 수많은 소행성 조각들이 지구에 떨어져 더 심각한 결과를 초래할 수 있거든요.

이제 코앞으로 다가온 미래를 봅시다. 인류가 몇 백 년 또는 몇 천 년 이후에도 얼마든지 멸종할 수도 있거든요(...). 멀지 않은 미래이지만 그 가능성이 상당히 높은데요. 오존층의 파괴와 지구온난화가 그 원인입니다. 다행이도 오존층 파괴로 인한 인류 멸망은 가능성이 현저히 낮아지고 있답니다. 1987년에 전 세계의 지도자들이 국제조약인 몬트리올 의정서를 체결한 이후부터지요. 몬트리올 의정서에서 모든 국가들이 프레온가스의 사용을 줄여 나가기로 합의하면서 오존층이 서서히 회복되어가고 있답니다. 만약 프레온가스가 계속 사용되었더라면 2060년에 전 세계의 오존층이 완전히 사라졌을 것이라고 추정하고 있습니다.

오존층은 태양으로부터 방출되는 자외선을 흡수하므로 지구상의 생명체에게 없어서는 안 됩니다. 만약 오존층이 사라져 태양의 자외선이 그대로 지구로 오면 사람은 물론이고 모든 육상 생명체가 살 수 없게 될 겁니다. 지구상에 오존층이 등장하기 전에는 오직 물속에서만 생명체가 서식하다가 오존층에 생겨나면서 육상에 생명체가 등장하기 시작했음을 생각해 보면 오존층이 우리에게 얼마나 중요한 것인지 알 수 있죠.

당장 가장 가능성이 높은 인류 멸망 시나리오는 지구 온난화입니다. 지구온난화는 석유나 석탄의 사용으로 온실기체인 이산화탄소가 대기 중에 많아지면서 발생하는 현상인데요. 태양 활동의 증가, 소행성 충돌과는 다르게 바로 코앞으로 다가온 위기랍니다.

| 메테인 하이드레이트

지구온난화가 위험한 가장 큰 이유는 해저에 매장되어 있는 엄청난 양의 메테인 하이드레이트Methane Hydrate 때문입니다. 메테인 CH_4이 온도가 낮고 압력이 높은 상태에서 물에 녹아 얼어 있는 거라고 보시면 되는데요. 메테인 하이드레이트는 원래 해저에 머물러 있지만 바다의 온도가 상승하면 기체 상태로 대기 중으로 올라옵니다. 결국 지구온난화로 인해 대기 중에 엄청난 양의 메테인이 생겨

나죠. 문제는 이 메테인이 이산화탄소보다 수십 배나 강한 온실기체라는 것입니다. 결국 현재 이산화탄소로 인해 발생하고 있는 지구온난화는 대기 중의 메테인의 양도 함께 증가시킬 것이고, 그 결과 지구온난화가 지금과는 비교할 수 없는 수준으로 더욱 빠르게 진행되겠죠.

이렇게 바다의 온도는 더욱 상승하고 해저의 메테인 하이드레이트도 이러한 작용으로 계속 바다 위로 올라오는 막을 수 없는 악순환(!)이 계속될 것입니다. 심할 경우 지구의 온도가 걷잡을 수 없이 상승해 인류를 포함한 수많은 생명체가 살 수 없게 될 수도 있습니다. 이미 전 세계 바다 곳곳에 메테인 기체가 올라오고 있다는 보고가 있어서 생각보다 상황이 심각한 것으로 보입니다.

지금으로써는 지구온난화를 빨리 해결하는 것이 인류의 종말을 막는 길인 듯합니다. 하지만 지구온난화를 해결할 만한 방안은 마땅히 없답니다. 지구온난화의 가장 큰 원인인 석유와 석탄을 대체할 만한 자원이 아직까진 없거든요.

그래도 희망이 아예 없는 것은 아닙니다. 우리 인류는 지구온난화를 스스로의 잘못이라 여기고 때로는 반성하면서 해결방안을 찾아가고 있거든요. 흥미롭게도 지구상에서 스스로가 생태계에 어떤 영향을 미치는지를 잘 알고 그것을 잘못이라고 생각하고 해결 방안을 찾으려는 생명체는 사람 외에는 없습니다. 저는 오직 우리만이 가지고 있는 이러한 독특한 특성이 결국 지구온난화라는 심각한 상황을 해결할 수 있을 거라 믿고 있습니다. 빠른 시일 내에 지구온난화 문제를 종결지을 멋진 해결책을 찾을 수 있기를 바랍니다.

미생물

우리 눈으로는 볼 수 없는 작은 생물들의 세계

20억 년 전 우리들의 조상은 미생물이었다.
5억 년 전에는 물고기였다.
– 칼 세이건 (미국의 천문학자) –

많은 사람들이 지구의 지배자가 누구인지를 물으면 사람을 떠올립니다. 하지만 정말로 그럴까요? 저는 그렇게 생각하지 않습니다. 우리에게 외계인과 인터뷰를 할 기회가 생겼다고 가정해봅시다. 우리는 외계인에게 '지구를 지배자는 누구라고 생각하십니까?'라고 묻습니다. 이 때 외계인은 과연 뭐라고 대답할까요? 제 생각에는 사람이 아니라 미생물이라고 대답할 것 같습니다. 미생물은 비록 크기가 작아서 우리 눈에 보이지 않지만 지구상 어느 곳에서나 존재하거든요.

미생물은 지구상에 존재했던 기간만 봐도 사람을 가볍게 뛰어넘습니다. 미생물은 최초의 생명체가 탄생했던 40억 년 전부터 지금까지 계속 지구의 지배자로 자리매김해 왔습니다. 최초의 생명체도 미생물이었죠. 미생물은 지구상에 등장한 이후 단 한 번도 번성하지 않은 적이 없습니다. 사람종이 지구에 나타난 것이 고작(?) 500만 년임을 생각해보면 우리 사람

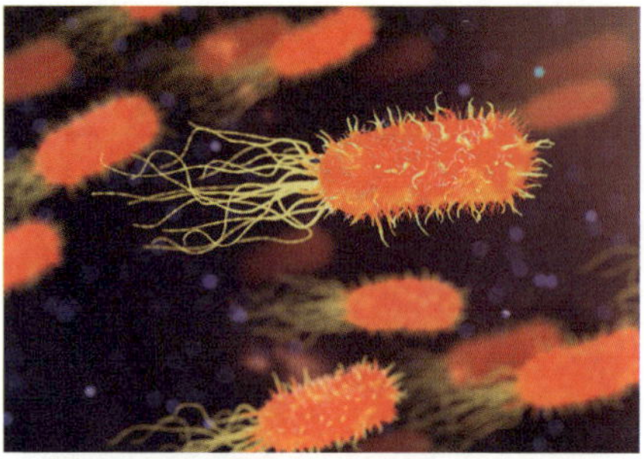

| 미생물(세균)의 모양

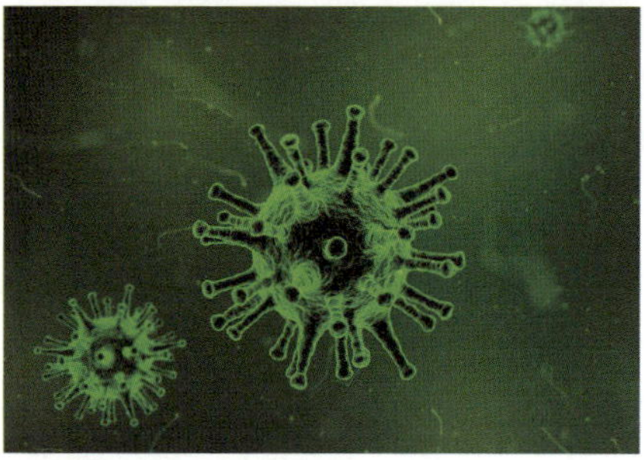

| 미생물(바이러스)의 모양

은 40억 년을 살아온 미생물 앞에서 명함도 못 내밀죠. 미생물은 지구상에 동식물이 처음으로 등장하기 훨씬 이전부터 생명체의 모든 역사를 지켜봐 왔습니다.

미생물은 사람과 비교하면 아주 강한 생물이기도 합니다. 우리 사람들은 미생물과 비교하면 멸종 위기에 처한 동물입니다. 사람은 핵전쟁에 의해 멸망할 수도 있고, 지구온난화로 인해 멸망할 수도 있는 존재입니다. 하지만 미생물에게 핵전쟁이나 지구온난화는 그리 큰 걱정거리가 아닙니다. 지구의 환경이 앞으로 어떻게 변화하든지 간에 미생물은 앞으로도 지구상에서 살아갈 것이거든요. 심지어 나중에 인류가 멸망한다고 해도 미생물은 환경의 변화에 적응하며 계속 번성할 것입니다. 지금까지 지구에 수차례 대멸종이 있었지만 미생물은 계속 번성했던 것처럼 말이죠.

미생물이 얼마나 강하냐면, 동식물이 절대 살아갈 수 없는 극한의 환경에서도 미생물이 살 정도입니다. 높은 온도의 환경을 선호하는 미생물을 호열성 미생물Thermophiles이라고 하는데요. 호열성 미생물은 용암이 흐르고(...) 수백 도 이상의 광천수가 나오는 곳에서도 잘 살아갑니다. 반대로 호냉성 미생물Psychrophiles은 남극의 빙하 속에서도 잘 삽니다. 미생물

이 극한의 온도에서만 잘 사는 것은 아닙니다. 땅 속 수십 km를 파면 높은 압력을 견디며 살아가는 미생물이 발견됩니다. 심지어 산소가 없는 곳에서도 아무 문제없이 살아간답니다. 지구는 수십억 년 동안 산소가 없는 환경이었기에 그러한 환경에 걸맞게 진화한 것이죠.

우리 주변에 산소가 없는 곳이 어디 있겠냐 싶은데요. 산소가 없는 환경은 은근히 많습니다. 깊은 땅 속에도 산소가 없고, 갯벌도 가장 윗부분을 제외하면 산소가 없는 공간입니다. 멀리 갈 필요 없이 사람의 대장 속도 산소가 없답니다. 이처럼 지구상에서 미생물이 없는 공간은 거의 없다고 보시면 됩니다.

사람이 만든 인공적인 공간에도 미생물은 존재합니다. 사람의 손이 많이 닿는 컴퓨터 키보드, 스마트폰, 지폐, 각종 버튼, 손잡이 등에는 셀 수 없을 만큼의 미생물들이 살고 있답니다. 특히 여러 사람들이 함께 사용하는 컴퓨터 키보드는 화장실 변기(...)보다 400배나 많은 미생물이 서식하는 것으로 밝혀졌습니다. 사람의 손이 많이 닿는 곳일수록 미생물도 그만큼 많이 서식한다고 합니다. 우리가 다른 장소로 이동해서 그 장소의 물건을 만지는 순간, 손에 있던 미생물은 그 장소에 새롭게 자리를 잡게 되지요. 우리는 일상 속에서 알게 모르게 미생물들의 이동 매개체 역할을 하고 있는 셈입니다(...). 우리는 마치 지구의 터줏대감인 양 살아가지만 알고 보니 미생물이 우리보다 훨씬 오랫동안 지구상에서 살아왔고, 우리보다 훨씬 많고, 심지어 우리 주변에서도 살아가는 진짜 터줏대감이었던 거죠.

미생물은 때로 우리 사람들이나 동식물을 괴롭게 하기도 합니다. 미생물은 지구상에 동식물과 사람이 등장한 상황을 그냥 지켜보고만 있지 않았거든요. 아예 이들의 몸속으로 들어가서 자리를 잡기도 했죠. 우리가 질병에 걸리는 이유가 바로 이런 미생물들 때문입니다. 미생물은 평소에 잘 걸리는 감기부터 시작해서 폐렴, 결핵, 독감 등 거의 모든 질병들을 발생시킨답니다. 그래서 인류는 지금 미생물과의 전쟁을 치르고 있죠. 인류는 질병을 일으키는 미생물을 죽이기 위해 수많은 약과 치료법을 개발해오고 있지만 아직까지도 쉽게 이겨내지 못하고 있답니다. 어떤 분은 미생물과 전쟁을 벌이는 인류의 모습을 보고 3차 세계대전을 벌이고 있다고 말하기도 합니다.

| 감기는 바이러스에 의해 걸립니다.

미생물이 일으키는 심각한 질병 중의 하나는 바로 독감입니다. 독감은 인플루엔자 바이

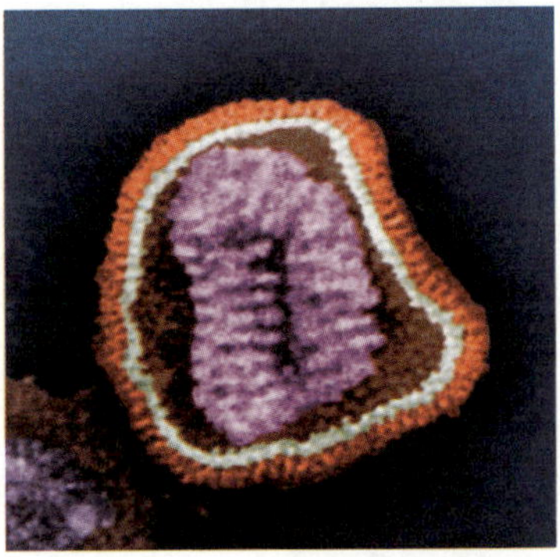
인플루엔자 바이러스 |

러스Influenza virus에 의해 발병하는 질병인데요. 평소에는 잠잠하다가 한 번 전염이 시작되면 어마어마한 규모로 전염이 일어나 전 세계적인 관심거리가 됩니다. 1920년경에는 전 세계적으로 스페인독감이 퍼져서 자그마치 5000만 명이나 되는 사람들이 목숨을 잃기도 했죠. 지금에야 독감약과 백신이 개발되어서 사망자가 많이 줄어들기는 했지만 독감은 여전히 사람들의 공포의 대상입니다. 어딘가에서 독감이 한 번 퍼졌다 하면 전 세계적으로 보도의 대상이 되죠. 심지어는 방송사에서는 원래 방영해야 할 프로그램을 중단시키고 뉴스속보로 독감의 전파 소식을 전달하기도 합니다.

독감의 전염력은 가축들에게도 예외가 없어서 가축들이 대량 폐사하는 일도 자주 일어납니다. 이로 인해 농가들의 경제적 피해는 상상을 초월합니다. 정말 골칫거리가 아닐 수가 없죠. 독감이 퍼졌을 때 사람이 할 수 있는 일은 고작 독감약을 먹고, 백신을 맞고, 접촉을 피하는 것밖에는 없습니다. 물론 이렇게 하더라도 인플루엔자 바이러스는 무서운 속도로 퍼져 나가지만요(...). 이럴 때 보면 미생물처럼 존재감이 강한 생물이 또 있을까 싶습니다. 우리 눈으로는 보이지도 않아서 더 무섭죠.

여러분들은 미생물이 어떻게 사람이나 동물들의 몸을 거쳐 빠른 속도로 퍼져나갈 수 있는지 아시나요? 평소 우리 몸은 미생물이 침입하더라도 면역계가 미생물들을 퇴치해서 이겨냅니다. 동식물들도 미생물들에게 가만히 당하고 있지만은 않았거든요. 동식물들은 미생물의 침입을 막을 수 있는 면역계를 진화시킴으로써 극복했습니다. 하지만 미생물도 면역계에 순순히 당하기만 하지 않습니다. 괜히 지구의 지배자가 아니지요. 미생물은 다른 미생물로부터 유전자를 전달받거나 서로 교환하는 독특한 특성이 있습니다. 이렇게 유전자가 섞이면 새로운 형태의 미생물이 만들어지기도 하는데요. 이런 미생물들은 우리 몸의 면역계가 접해보지 못한 것들입니다. 그래서 면역계는 이런 미생물을 접하게 되면 초기에 적절한 조치를 취하지 못합니다. 면역계가 적절한 조치를 취하려면 꽤 오랜 시간을 기다려야 하죠. 그래서 어린 아이나 노인들이 새로운 형태의 인플루엔자 바이러스에 감염되면 면역계가 조치를 취하기 전에 사망하고 마는 일이 발생합니다. 신종 전염병이 유행할 때 어린 아이와 노인들이 유독 조심해야 하는 이유가 바로 이것 때문이죠. 그래서 미생물은 오래 전부터 사람을 죽이는 악독한 생명체(...)라는 나쁜 인식이 강했습니다. 독감약과 백신이 개발된 지금도 별반 다르지 없지요.

그런데 사람 몸속에 있는 미생물이 무조건 나쁜 녀석인 것은 아닙니다. 모든 미생물이 병을 일으키지는 않거든요. 이렇게 병을 일으키지 않는 미생물들은 사람의 피부, 입, 대장, 신경계 등에 살아갑니다. 사람은 스스로를 독립적인 단 하나의 존재로 알고 있지만 원래 사람의 몸은 공생체입니다. 우리 몸속의 미생물들은 마치 아프리카의 초원처럼 나름의 생

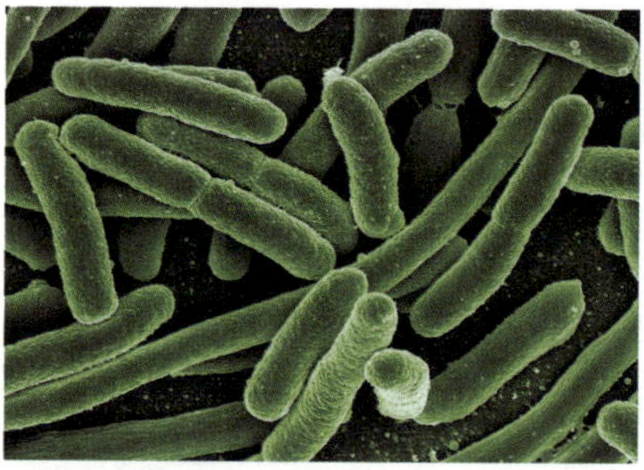

공생 미생물의 일종인 대장균

태계를 구성하며 살아갑니다. 사람 1명이 몸에 지니고 있는 미생물의 종류는 무려 수백여 종에 달하지요. 심지어 일부 미생물들은 공생 미생물로 우리의 삶에 도움을 주기도 합니다. 우리는 공생 미생물들 없이 정상적인 삶을 살아갈 수 없죠. 공생 미생물들은 갓 태어난 어린 아이가 신경계와 면역계를 발달시킬 수 있도록 도움을 주거든요. 특히 대장에 서식하는 미생물들은 소화 작용에 관여할 뿐 아니라 아토피나 천식, 두드러기, 우울증, 자폐증과도 관련이 있는 것으로 알려져 있지요. 실제로 아토피나 두드러기는 위생적으로 너무 깨끗해서 공생 미생물이 살아가기 어려운 환경에서 잘 걸립니다. 어린 시절에 이런 공생 미생물들에 많이 노출되지 않으면 면역 체계가 올바르게 성장하지 못해 수많은 알러지가 발생하고 사소한 질병에도 쉽게 걸리게 되지요.

그렇다면 우리의 몸속 미생물들은 언제부터 있었던 것일까요? 자그마치 1500만 년 전부터 있었다고 합니다. 사람이 진화하는 과정에서 몸속에 있는 미생물들도 함께 진화한 것이죠. 1500만 년 전에 살았던 사람종의 조상이 나중에 침팬지, 고릴라, 사람 등으로 분화될 때 미생물들도 함께 분화하면서 각자의 몸속에 살게 되었다고 합니다. 사람은 아주 오래전부터 미생물에게 서식할 장소를 제공했고, 미생물은 사람의 생존과 번식에 기여하며 살아갔던 동반자였던 것입니다. 미생물은 지금 이 순간에도 사람 뿐 아니라 다른 동식물과도 공생하며 살아가고 있습니다.

이렇게 보면 미생물은 꼭 있어야겠다 싶으면서도, 질병을 일으키는 미생물을 보면 미생물이 다시 싫어지곤 합니다(...). 미생물이 일으키는 각종 질병들로 인해 미생물에 대한 나쁜 인식은 여전한데요. 우리는 좋든 싫든 미생물과 함께 살아가야만 합니다. 현재 사람의 힘으로는 절대로 미생물을 지구상에서 없앨 수 없습니다. 또, 공생 미생물이 없으면 사람은 제대로 살아가지 못합니다. 지구의 지배자가 우리가 아니라 미생물이기에 어쩔 수 없이 짊어져야 할 숙명이라고나 할까요? 앞으로도 우리 인류는 미생물로 인해 때로는 고통 받으면서도 평소에는 본인도 모르는 사이 많은 도움을 받으며 살아갈 것입니다.

태양과 별

우리는 모두 별의 아이들입니다

우리는 별을 무척 사랑한 나머지
이제는 별을 두려워하지 않게 되었다.
- 어느 아마추어 천문가의 묘비에서 -

예로부터 사람들에게 밤하늘에 떠 있는 별은 아름답게 빛나는 불멸의 존재였습니다. 인류는 이 별들을 선으로 이어서 별자리들을 만들었고 별자리와 관련된 신화나 전설을 지어내기도 했죠. 하지만 별은 지구에서 봤을 때 크기가 워낙 작다 보니까 태양만큼 상징성이 있지는 않았습니다. 만약 과거의 사람들이 태양도 우주에 존재하는 별들 중 하나에 불과하다는 사실을 알게 된다면 깜짝 놀랄 겁니다. 사실 놀란다기보다는 말도 안 된다며 믿지 않겠지요. 태양은 드높은 하늘 위에 독보적으로 밝게 빛나는 천체였기에 당시 사람들에게는 별과는 비교할 수 없을 정도의 절대적 존재였으니까요. 알고 보면 지구상에서 볼 수 있는 밤하늘의 별들은 대부분 태양보다 밝게 빛나는 별인데 말이에요(...).

사실 인류가 태양도 우주의 수많은 별들 중 하나라는 사실을 알게 된 것은 그리 오래 되지 않았답니다. 태양이 밝은 이유는 그냥 지구와 가장 가

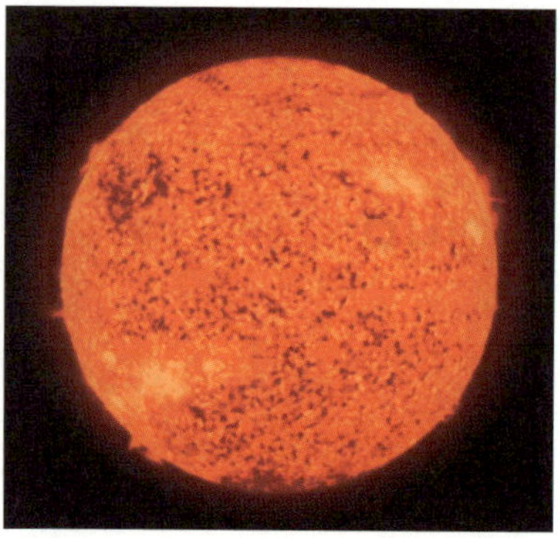
| 태양

까운 별이라서 그런 거지요. 밤하늘에 빛나는 별들은 워낙에 거리가 멀어서 작게 보이는 것이고요. 이런 별들과 지구와의 거리는 우리가 상상하는 것 그 이상이랍니다. 거리가 어느 정도냐 하면 별이 내뿜는 빛이 지구까지 도달하기까지 최소 수십 년에서 수천 년이 걸릴 정도입니다. 현재 지구에서 우리가 보는 별들은 모두 별의 과거 모습이라는 거지요. 이처럼 별들은 너무 멀리 떨어져 있어서 우리에게 별은 그저 하늘을 아름답게 수놓는 천체 그 이상의 의미는 없어 보입니다. 하지만 정말로 그럴까요? 과학자들의 생각은 다릅니다.

우리는 가끔 '우리는 어디에서 왔고 어디로 가는가?'에 대한 의문을 가지곤 하는데요. 과학자들은 오랜 기간 동안 별을 연구하면서 이 어렵고 심오한 질문에 답변을 했습니다. 우리는 바로 별에서 왔고 언젠가는 다시 별로 돌아가게 될 거라고 말이죠. 사실 우리의 몸을 구성하는 물질들은 모두 별에서 만들어진 것이거든요. 만약 우주에서 새로운 별들이 탄생하고 죽는 일들이 벌어지지 않았다면 지구는 절대 생명체를 품은 행성이 될 수 없었을 것입니다. 우리 또한 존재하지 않았겠지요. 아직은 이게 무슨 말인지 잘 이해가 되지 않으실 텐데요. 별이 어떻게 지금의 우리를 있게 했는지 별의 일생을 통해 살펴보도록 합시다.

모든 별은 분자구름Molecular cloud 속에서 만들어집니다. 분자구름은 우주에서 수소와 헬륨 등의 물질들이 퍼져 있는 공간입니다. 그래서 다른

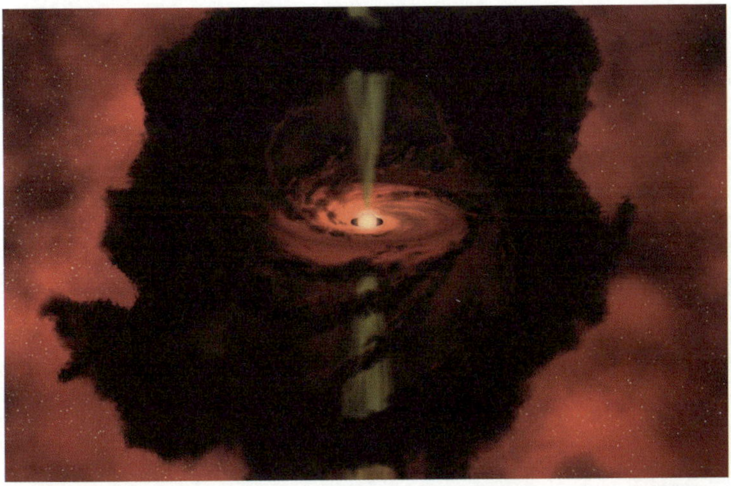

별의 탄생 |

우주 공간보다 밀도가 높지요. 분자구름이라고 부르는 것도 수소나 헬륨 같은 분자들이 균일하고 넓게 분포하고 있기 때문이랍니다. 그런데 분자구름에 있는 물질들이 서로의 중력에 의해 뭉쳐서 한 곳으로 모이는 현상이 발생합니다. 그 결과 물질들은 중력이 가장 강한 중심 부분으로 회전하기 시작하는데요. 이 상태를 아기별Protostar이라고 합니다. 별의 일생이 시작되는 거지요. 이렇게 분자구름으로부터 아기별이 만들어지기까지 약 1000만 년의 시간이 걸립니다.

오리온 성운이 가장 잘 알려진 분자구름 중에 하나입니다. 다양한 물질로 이루어진 분자구름을 포함하여 수많은 별들이 무리지어 형성되어 있지요. 여기에 있는 별들은 대부분 생겨난 지 얼마 안 된 어린 별들입니다. 중심부에서는 지금 이 순간에도 계속 새로운 아기별들이 만들어지고 있습니다. 오리온 성운에서 생겨난 별 중에서 가장 오래된 별도 태어난 지 고작 30만년 정도밖에(?) 안 되었답니다. 태양의 나이가 46억 년이라는

| 오리온 성운

것을 감안하면 갓난아기(...) 별인 거죠. 오리온 성운은 앞으로 몇 만 년이 지나면 분자구름이 완전히 사라지고 주변에는 별들이 밝게 빛나게 될 것입니다.

그럼 아기별은 앞으로 어떻게 될까요? 일단 중심부분에 위치한 중심핵의 압력과 온도가 올라갑니다. 중심핵의 온도가 약 1000만℃까지 오르면 수소 핵융합 반응이 일어날 수 있는 조건이 갖춰지죠. 수소 핵융합 반응이란 수소 원자 4개가 모여서 1개의 헬륨 원자를 만드는 반응입니다. 이 과정에서 막대한 양의 에너지가 방출되는데요. 이 에너지가 바로 태양에서 나오는 에너지와 같은 에너지입니다. 태양이 현재 밝게 빛나며 열을 내는 것도 태양의 중심핵에서 수소 핵융합 반응이 매우 활발하게 일어나기 때문이지요. 이렇게 수소 핵융합 반응이 일어나고 있는 상태의 별을 주계열성Main sequence star이라고 합니다.

우리의 태양은 주계열성 단계가 된 지 약 45억 3000만년 정도 되었습니다. 지금 이 순간에도 태양의 중심핵에서는 수소 핵융합 반응이 활발하게 일어나고 있지요. 그런데 아마 앞으로 63억 년이 지나면 중심핵에 있는 수소를 모두 사용하게 될 겁니다. 중심핵 바깥쪽에만 수소가 남아 있게 되는 거지요. 그래서 63억 년 이후부터는 중심핵 말고 표면에서 수소 핵융합 반응이 일어납니다. 그 결과 태양이 크게 부풀어 올라서 지금보다 최소 100배 이상 거대진답니다. 수성과 금성은 물론이고 더하면 지구까

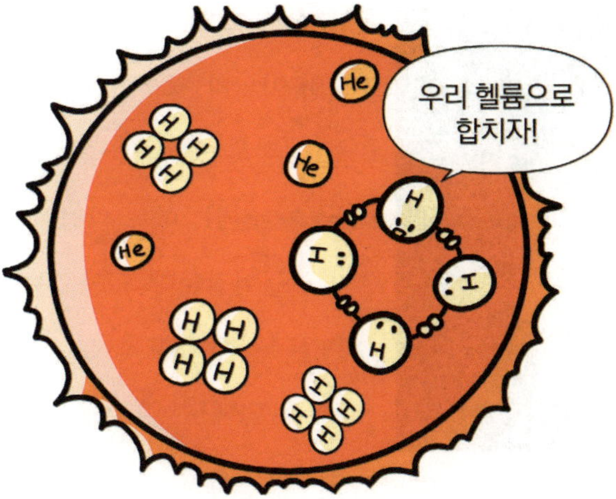

지 삼켜버릴 정도로 커질 것으로 보입니다. 이 상태의 별을 적색거성이라고 부르죠.

태양이 표면의 수소를 모두 소모할 때쯤이면 태양의 중심핵 온도는 수억℃에 달합니다. 그리고 중심핵에서는 수소 대신에 헬륨이 그 자리를 차지하는데요. 이 헬륨은 핵융합 반응을 일으켜서 탄소와 산소를 만들기 시작한답니다. 여기서 제가 강조하고 싶은 부분은 탄소와 산소의 생성인데요. 탄소와 산소는 모두 이 과정을 통해 만들어집니다. 그리고 이 때 태양의 크기는 지금의 400배까지 거대해지지요. 그렇게 시간이 지나면 태양은 중심핵 부분만 남고 바깥쪽 부분은 모두 우주 공간으로 날아갑니다. 중심핵은 수십 억 년에 걸쳐 천천히 식으며 백색 왜성이 되지요.

결국 태양은 탄소와 산소를 생성하고 우주에서 사라질 운명입니다. 태양이랑 비슷한 크기의 별들은 이렇게 긴 일생을 마감하지요. 비록 태양 크기의 별은 탄소와 산소 정도만 만들 수 있지만 태양보다 10배~25배 더 큰 거대한 별은 탄소와 산소 등을 핵융합하여 더욱 무거운 원소를 만

| 적색거성인 알데바란과 태양의 크기 비교

들 수 있답니다. 이러한 별들은 적색거성이 아니라 적색초거성 단계로 진입하지요. 적색초거성의 중심핵 온도는 수십억℃나 되며, 더욱 다양한 종류의 원소가 만들어집니다. 규소, 철과 같은 무거운 원소들이 대표적이죠.

이들 외에도 우주에 존재하는 원소들은 다양한데요. 철보다 더욱 무거운 원소인 금과 은, 구리, 우라늄 같은 물질들은 초신성 폭발을 일으켜 형성됩니다. 초신성 폭발은 적색초거성이 수명을 다했을 때 발생하는 현상이랍니다. 초신성 폭발이 발생하는 순간의 적색초거성은 상상할 수도 없는 엄청난 열과 고압 상태에 놓이고, 이 과정에서 수많은 원소들이 만들어지지요. 그리고 이렇게 새롭게 만들어진 원소들은 우주 곳곳으로 흩어져 분자구름을 구성하는 물질이 된답니다. 이 분자구름에서는 또 다시 새로운 별이 만들어지겠지요.

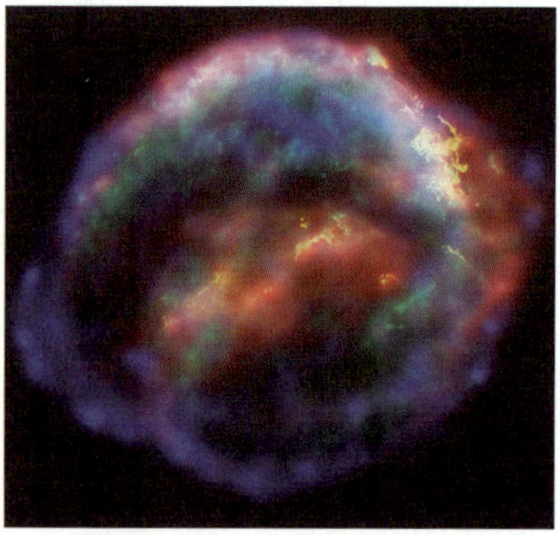
| 초신성 폭발

이처럼 별의 일생 동안에는 다양한 종류의 원소가 만들어집니다. 이 세상을 구성하는 원소들은 별이 아니면 절대로 만들어질 수 없답니다. 태양과 지구도 별이 죽고 남긴 다양한 물질들이 분자구름을 이루다가 만들어진 것입니다. 생명체는 수소 외에 탄소, 산소, 질소 등의

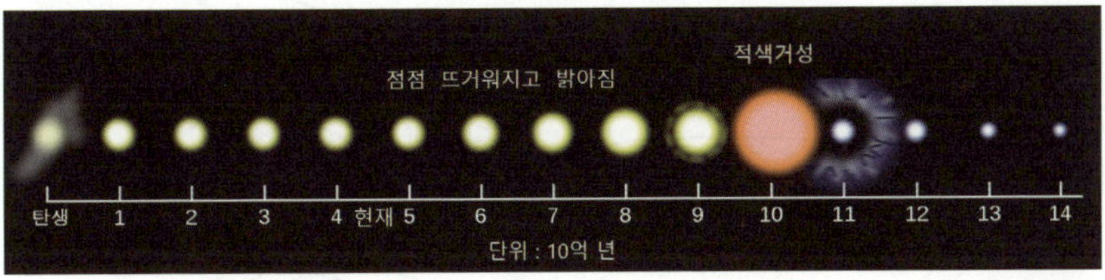

별의 일생 |

원소로 이루어져 있으니 만약 우주에 별이 없었다면 우리도 존재할 수 없었겠죠. 결국 우리 사람들도 별들이 만들어낸 물질들로부터 생명을 얻어 터무니없이 짧은 순간을 살아가는 별의 아이들입니다.

우리들은 앞으로 수십 년을 더 살아가다가 생을 마감하고 흙으로 돌아갈 것입니다. 한때 우리 몸을 구성했던 흙은 땅에 그대로 남거나 동식물을 구성하는 물질이 되기도 하며 순환을 거듭하겠죠. 계속되는 순환 끝에 태양의 수명이 다하면 우주 공간으로 날아갈 것입니다. 그리고 분자구름을 이루며 또 다시 새로운 별과 행성들을 형성하겠죠. 어쩌면 한때 우리를 구성했던 물질들이 지구와 같은 아름다운 행성을 만들고 그 행성에 사는 새 생명체들을 구성하는 물질이 될지도 모를 일입니다. 결국 우리는 별에서 기원하여 아주 잠시 동안만 생명체로 살아가다가 먼 미래에 다시 새 별과 새 생명체들을 만들어내는 우주의 순환 속 어딘가에 놓여 있는 거지요. 다소 허무하게 들릴 수 있는 이야기지만 지금 이 순간 지구 그리고 우주에서 일어나고 있는 사실입니다.

우리는 별에서 온 물질로 생명을 얻어 너무나도 짧은 순간을 살아가는 덧 없는 존재입니다. 어떤 사람이든지 간에 마찬가지죠. 세계 최고의 부를 거머쥔 사람도, 유명인도, 권력가도, 평범한 삶을 살고 있는 분들도 언

젠가는 새로운 별과 행성을 구성하는 물질이 될 것입니다.

미국의 천문학자 칼 세이건은 '천문학은 사람을 겸손하게 하고 올바른 인격 형성을 돕는다.'는 말을 남겼습니다. 우리는 이번 장을 통해서 사람의 존재를 별들의 시선으로 바라보았는데요. 어떤 생각이 들었나요? 저는 이런 생각이 들었습니다. 자그마치 100억 년을 살아가는 별에 비하면 우리는 별에게 작은 생명을 받아 너무 짧은 시간을 살아간다는 것이죠. 하지만 이 사실에 허무함을 느낄 필요는 없다고 생각합니다. 비록 별이 우리에게 준 시간은 짧지만 우리는 이 짧은 시간 동안에 많은 경험을 하며 행복하게 살아갈 수 있으니까요.

그럼에도 불구하고 많은 사람들은 별들에게 받은 이 짧은 시간을 부정적인 것들에 너무 허비하는 것 같습니다. 서로를 차별하거나 혐오하기도 하고, 편을 가른 채 싸우기도 하고, 계급을 나눠서 우월감을 표출하기도 하죠. 별들의 시선에서 이런 행동들은 과연 어떤 의미가 있을까요? 별들의 일생 이야기는 사람들의 이런 행동들이 모두 부질없다는 것을 잘 보여주고 있습니다. 별이 우리에게 준 시간은 행복함을 느끼고 누군가를 사랑하고 친절함을 베풀고 배려하고 도우면서 살아가기에도 너무 부족하고 짧습니다. 여러분들은 짧은 시간을 어떻게 살아갈 생각이신가요? 별의 이야기를 통해 우리의 삶과 주변에 있는 모든 것들에 대해서 다시금 생각해볼 기회를 가져보셨으면 합니다.

칼 세이건 |

우주

이 세상의 모든 것을 품은 미지의 공간

우리는 조금 발전된 원숭이 종족일 뿐이지만
우주를 이해할 수 있다. 이것이 우리를 매우 특별하게 만든다.
- 스티븐 호킹 (영국의 천문학자) -

과거의 인류는 우주에 대해 잘 알지 못했습니다. 불과 몇 백 년 전만 해도 인류는 스스로가 우주의 중심에 있다고 생각했죠. 하지만 과학의 발전으로 인류는 우주의 중심에서 점점 멀어졌습니다. 결국 인류는 지구가 무한한 공간 속의 보잘것없는 작은 점 중에 하나라는 사실을 알게 됩니다. 우리를 밝게 비추는 태양조차도 우리은하의 중심에서 한참 떨어져 있는 수많은 별 중에 하나일 뿐이었습니다. 우리가 있는 이 공간이 얼마나 거대한지 알 수 있는 대목이죠. 이처럼 사람의 뇌로는 그 규모를 감히 이해할 수 없는 이 무한한 공간을 우리는 우주Cosmos라고 부릅니다. 비록 우리는 우주의 일원이지만 우리는 이 우주가 도대체 정체가 무엇인지 정확히 알지 못합니다.

그렇다면 지금의 우주가 있기 전에는 과연 무엇이 있었을까요? 과학자들은 아무것도 없었다고 말합니다. 지구와 같은 행성은 물론이고 별과 은

우주 |

하도 없었습니다. 그리고 공간과 시간도 없었습니다. 현재 우주에 있는 모든 물질과 에너지는 상상할 수도 없는 높은 밀도로 한 점에 빡빡하게 모여 있었습니다. 얼마나 빡빡하게 모여 있었냐면, 이 점이 부피를 전혀 갖지 않는 수학적 의미의 점일 정도였습니다(!). 어떤 공간에 존재한다는 의미의 점이 아니었다는 거지요. 그럼에도 불구하고 이 점 안에 지금 우주의 모든 것들이 들어 있었답니다. 쉽게 상상이 되시나요? 이 점이 바로 우주의 시초입니다.

이 점에서는 어떠한 일도 벌어질 것 같지 않았습니다. 그런데 갑작스럽게 변화가 일어나기 시작합니다. 지금으로부터 약 137억 년 전에 이 점에서 빅뱅Big Bang이라고 불리는 대폭발이 있었거든요. 우리가 있는 이 우주는 빅뱅을 거쳐 탄생했습니다. 공간과 시간이 탄생한 것도 빅뱅 이후랍니다. 한 마디로 빅뱅은 모든 것들의 시작이었던 거지요. 그러므로 빅뱅

은 현재 우주의 일원으로 살아가고 있는 우리에게도 상당한 의미를 가지고 있습니다. 애초에 빅뱅이 없었다면 우주는 물론이고 지금 우리도 없었을 테니까요.

우주는 빅뱅을 시작으로 빠르게 팽창했습니다. 우주는 지금 이 순간에도 계속 팽창을 거듭하고 있지요. 사실 우주가 빅뱅으로 생겨났다는 가설도 우주가 팽창하고 있다는 사실을 발견하면서 등장한 것이랍니다. 우주가 계속 팽창하고 있으니까 시간을 반대로 돌리면 모든 것들이 축소하여 한 점에 모여 있었을 것이라 가정한 것이죠. 이 점이 팽창하기 시작했을 때가 바로 빅뱅이 일어난 시점이고요.

빅뱅 직후의 우주는 지금과는 많이 달랐습니다. 지금처럼 행성이나 별, 은하도 전혀 없었습니다. 강력한 우주배경복사 에너지로 가득할 뿐이었죠. 우주배경복사로 인해서 온 우주는 밝게 빛났고 굉장히 뜨겁기까지 했습니다(!). 암흑으로 덮여 있고 온도도 -270℃에 달하는 지금의 우주와 비교하면 완전히 다른 공간이죠. 그런데 어느 정도 시간이 지나고 우주

공간이 계속 팽창하면서 온도가 낮아지고 우주배경복사가 빛을 내지 않게 되었습니다. 우주가 지금처럼 암흑으로 뒤덮이기 시작한 때가 바로 이때부터입니다. 하지만 우주배경복사가 사라진 것은 아닙니다. 우주배경복사는 오늘날에도 -270℃의 에너지를 가진 채 우주에 분포하고 있습니다. 현재 우주의 온도가 -270℃를 유지할 수 있는 이유도 우주배경복사 덕분이지요. 이 에너지가 한때에는 초기 우주에서 발산되었던 빛이었습니다.

그렇게 우주는 천천히 식어 갔습니다. 그리고 그 과정에서 수소와 헬륨 같이 작고 가벼운 원자들이 만들어졌지요. 우주 공간에 물질이 분포하기 시작한 것입니다. 하지만 모든 우주 공간에 물질들이 균등하게 분포했던 것은 아닙니다. 주변보다 물질 분포가 많은 곳도 있고 적은 곳도 있었거든요. 이 중 물질 분포가 높았던 공간에서는 중력이 발생하여 주위에 있는 다른 물질들이 모이면서 새로운 구조물이 만들어졌는데요. 이것이 바로 은하Galaxy입니다. 현재 우주상에는 수천 억 개에서 수조 개에 달하는 엄청난 수의 은하가 분포하고 있습니다. 은하 하나에는 무려 천억 개에 달하는 별들이 있죠. 태양도 우리은하Milkyway라고 불리는 은하에 있는 수많은 별들 중 하나랍니다.

우리은하 |

은하는 우주에서 볼 수 있는 가장 거대한 구조물처럼 보이지만 그렇지는 않습니다. 은하들은 서로의 중력에 이끌려 수십 개의 은하가 모여 있는 은하군을 형성

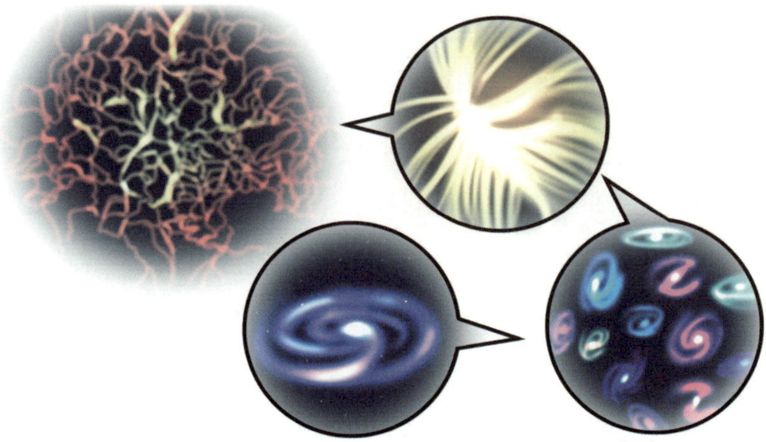

합니다. 은하군보다 더 큰 구조물도 있는데요. 수천 개의 은하가 모여 은하단을 형성하기도 한답니다. 이처럼 은하는 무리를 지으려는 특성이 있다 보니 특정한 우주 공간에만 불규칙적으로 분포합니다. 우주 공간에는 은하가 모여 있는 공간도 있고, 은하를 아예 찾아볼 수 없는 공허한 공간도 있다는 것이지요.

그런데 은하군과 은하단은 여전히 가장 거대한 구조물이 되지 못합니다. 은하군과 은하단이 모여서 또 새로운 무리를 형성하거든요. 이렇게 수많은 은하군과 은하단으로 구성된 무리(...)를 초은하단이라고 부릅니다. 우리은하는 국부 은하군Local Group of Galaxies에 속해 있고, 국부 은하군은 라니아케아 초은하단Laniakea Supercluster에 속해 있습니다. 그리고 초은하단은 그레이트 월Great wall이라고 불리는 실 모양의 거대한 구조의 일부(...)입니다. 지금까지 밝혀진 바로는 그레이트 월이 우주에서 볼 수 있는 가장 거대한 구조물입니다. 우주가 얼마나 거대한 공간인지 느껴지시나요?

은하가 없는 공간도 생각해 봅시다. 수많은 은하가 모여 있는 공간이 그레이트 월이라면, 반대로 은하가 거의 없는 공간도 있다고 말씀드렸죠? 이러한 공간을 보이드Void라고 부릅니다. 그레이트 월은 보이드를 둥글게 둘러싸고 있지요. 어떤 과학자들은 그레이트 월과 보이드를 보고 거품구조를 떠올립니다. 거품 막 부분이 그레이트 월이라면 거품 내부의 빈 공간이 보이드라는 것이지요. 만약 우리가 우주를 저 멀리서 볼 수 있다면 우주는 거품으로 가득 찬 공간처럼 보일 겁니다.

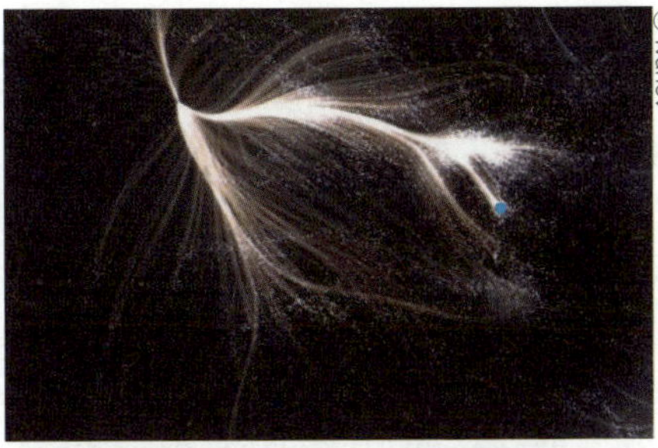

라니아케아 초은하단과 우리은하의 위치 (파란 점) |

지금까지 은하의 관점에서 우주가 얼마가 거대한지를 살펴보았습니다. 여기까지만 보면 우주가 은하 무리와 빈 공간으로만 구성된 것처럼 보이는데요. 그렇지는 않습니다. 우주 공간을 채우는 물질 중에서 보통의 물질은 5%(!)에 불과합니다. 여기서 보통의 물질이란 전자와 양성자, 중성자로 구성된 물질들을 말합니다. 학교 과학 수업에서 물질에 대해 배울 때 다뤄지는 물질들이죠. 우리가 주변에서 볼 수 있는 모든 물질들이 모두 이것들입니다. 나머지 95%는 아직 어떤 물질인지 정체를 알 수 없는 암흑물질Dark matter과 암흑에너지Dark energy로 구성되어 있습니다. 95%라는 숫자에서 보시다시피 우주 구성물질 중에서 압도적으로 높은 비중을 차지합니다.

보통의 물질 이외의 물질들이 무려 95%나 된다는 게 놀라운데요. 그렇다면 암흑물질과 암흑에너지란 무엇인지 알아봅시다. 암흑물질을 먼

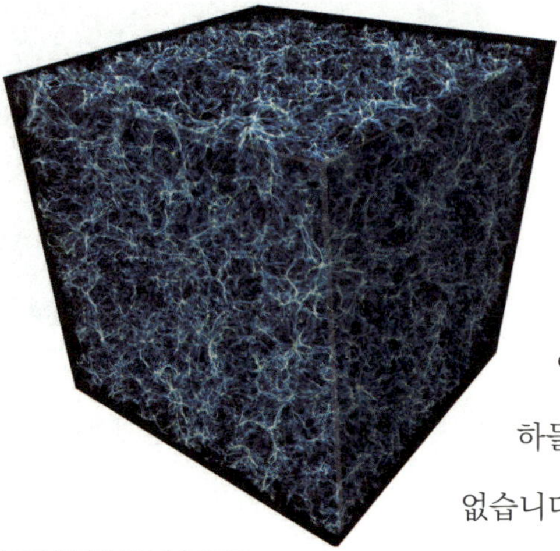

| 우주의 물질 분포 (거품구조)

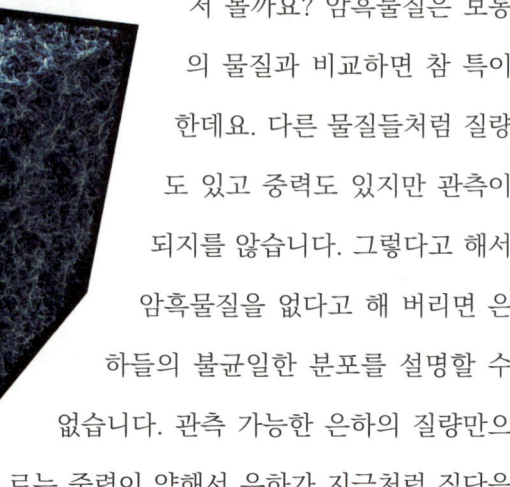

저 볼까요? 암흑물질은 보통의 물질과 비교하면 참 특이한데요. 다른 물질들처럼 질량도 있고 중력도 있지만 관측이 되지를 않습니다. 그렇다고 해서 암흑물질을 없다고 해 버리면 은하들의 불균일한 분포를 설명할 수 없습니다. 관측 가능한 은하의 질량만으로는 중력이 약해서 은하가 지금처럼 집단을 이루기 어렵거든요. 암흑물질은 관측되는 은하만으로는 설명하기 어려운 중력을 설명하기 위해 도입된 개념이라고 보시면 됩니다. 우리 눈에 보이는 은하가 다가 아니라는 것이죠. 아마 은하는 보통의 물질과 함께 암흑물질로도 둘러싸여 있을 것입니다. 우리은하도 마찬가지고요.

이제 암흑에너지를 살펴볼 차례입니다. 암흑에너지도 중력과 관련이 있습니다. 우주는 지금 이 순간에도 계속 팽창하고 있다고 말씀드렸죠? 하지만 모든 은하는 중력이 있기에 우주는 중력에 의해 수축해야 맞습니다. 그런데 지금 우주를 보면 어떤가요? 우주가 수축은커녕 오히려 팽창하고 있죠. 한 마디로 현재 우주가 중력을 무시하고 팽창하고 있다는 것인데요. 이게 가능하려면 우주에 있는 모든 중력을 합친 것보다 훨씬 강한 에너지가 있어야 합니다(!). 이 현상을 설명하기 위해 도입된 개념이 바로 암흑에너지입니다. 현재 우주가 암흑에너지의 힘으로 팽창하고 있다는 것이죠.

암흑에너지는 아직 정체가 밝혀지지 않은 95%의 우주 구성 중에서 무려 69%를 차지합니다. 나머지 26%는 암흑물질일 것으로 추정되죠. 이들에게 암흑이라는 이름을 붙인 이유는 아직 관측이 불가능하고 정체를 알 수 없기 때문입니다. 인류는 꽤 오랜 기간 동안 우주를 연구해 왔지만 아직 우주를 구성하는 대부분을 이해하지 못하고 있습니다.

많은 사람들은 우리 인류가 우주에 대해 많은 것을 알아냈다고 자부합니다. 실제로 우주 연구가 이뤄낸 성과는 눈부시죠. 하지만 인류가 우주에 대해서 새로운 사실을 발견하면 할수록 우주는 우리 인류에게 더욱 복잡한 답을 찾으라고 요구하는 듯합니다.

우리는 지금 이 순간에도 우주의 작은 티끌인 이 지구에서 평범한 일상을 살아갑니다. 그러다 보면 가끔씩 우주에 대한 의문이 생깁니다. '우주는 왜 존재하는 것일까?'나 '우주의 끝에는 무엇이 있을까?'와 같은 의문 말이죠. 이러한 의문들은 우리가 살아가는 이 세상에 대한 순수한 호기심에서 비롯합니다. 하지만 과학자들은 아직 이러한 의문들에 명쾌한 답변을 하지 못하고 있습니다. 과연 우리는 삶이 다하기 전에 이러한 질문들에 대한 명쾌한 답변을 들어볼 수 있을까요?

학교에서는 과학도 배우고 사회도 배웁니다. 이처럼 사회와 과학을 별도의 과목으로 분류해서 배우다 보니까 이 두 과목은 서로 아무런 관계도 아닌 것처럼 보이는데요. 사실 과학과 사회는 결코 뗄래야 뗄 수 없는 사이랍니다. 그리고 이 둘은 사이가 좋다가도 나빠서 서로에게 좋은 영향을 주기도 하고, 나쁜 영향을 주기도 하지요. 복잡하면서도 미묘한 관계인 겁니다.

2 장

너희는 뭐 하는 관계니?

과학과 사회의 아이러니한 관계

석유

나라의 운명을 좌지우지하는 검은 황금

석유 때문에 베네수엘라가 파멸에 이른다. 석유는 악마의 배설물이다.
- 페레스 알폰소 (베네수엘라의 개발 장관) -

전 세계에서 가장 많이 사용되는 중요한 자원을 하나만 고르라면 대부분 석유라고 답할 것입니다. 현재 석유는 화려한 현대 문명의 기반이라고 해도 과언이 아니죠.

석유는 탄소가 1개인 단순한 분자부터 탄소 여러 개가 결합된 분자까지 수많은 탄화수소들이 섞여 있는 검은 액체입니다. 아주 오래 전 지구상에서 살았던 생물이 죽어 지하에 매몰되어 일련의 과정을 거쳐 생겨난 탄화수소들의 집합체라고 보시면 됩니다. 산소와 만나면 산화되어 날아가 버리는 탄화수소의 특성상 산소와의 접촉이 쉬운 육상 생물보다는 해양생물, 특히 해양 플랑크톤으로부터 대부분 기원한 것으로 보고 있습니다. 지구상에서 석유가 가장 많이 나오는 중동도 과거에는 바다였죠.

석유를 구성하는 탄화수소들의 끓는점은 각자 다른데요. 덕분에 거대한 증류탑에 석유를 넣고 끓이면 혼합된 탄화수소들을 분리할 수 있습니다.

석유 증류탑 |

이렇게 다양한 종류의 탄화수소들이 바로 우리가 사용하는 휘발유, 나프타, 등유, 경유, LPG, LNG 등입니다. LPG는 25℃, 휘발유는 140℃, 경유는 350℃에 각각 끓이면 분리되지요. 이들 기름을 분리하고 나면 고체 형태의 검은색 찌꺼기가 남는데 이것이 바로 도로포장재로 사용되는 아스팔트입니다.

결국 석유는 기름에서부터 찌꺼기까지 버릴 게 하나도 없는 자원입니다. 공업에서는 말할 것도 없고 농업, 건축, 통신, 군사 등 거의 모든 산업 분야가 석유 없이는 굴러갈 수 없다고 할 정도니까요. 이 뿐만이 아닙니다. 우리의 일상도 석유가 지배한 지 오래죠. 우리가 탑승하는 자동차, 비행기, 선박도 석유로부터 추출한 휘발유나 경유로 움직이는 것입니다. 가전제품을 구성하는 플라스틱도 석유의 나프타로부터 만들어진 것이고, 옷의 섬유인 나일론과 폴리에스테르, 비닐, 세제, 비료, 의약품까지도 모두 석유에서 추출한 물질로 만들어졌습니다. 석유가 괜히 '검은 황금'이라

| 석유를 추출하는 모습

고 불리는 게 아닙니다. 석유의 배럴159L당 가격이 조금이라도 오르거나 내리면 뉴스에서도 중점적으로 다룰 정도니까요. 이처럼 우리에게는 석유가 없다면 문명인으로서의 삶을 영위할 수 없다고 해도 될 정도로 석유의 입지는 대단하답니다.

그런데 인류가 석유를 지금처럼 사용하기 시작한 지는 200년도 되지 않습니다. 물론 인류가 예로부터 석유를 사용한 흔적은 어느 정도 남아있기는 합니다. 석유의 아스팔트로 조각상을 만들거나 건물을 지을 때 접착제로 사용하기도 했거든요. 그 외에도 상처에 발라 피를 멈추게 하거나 열이 나는 사람에게 약으로 먹였다고 합니다. 물론 실제로 효과를 봤을지는 의문이지요(...). 기원전 2000년경 수메르의 마법사(?)는 땅에서 석유가 분출되는 모습을 보고 미래를 점쳤다는데 이 또한 지금 생각해보면 판타지에서나 등장할 법한 이야기입니다. 과거의 석유는 정체를 알 수 없는 검은 물질 그 이상도 이하도 아니었답니다.

석유가 본격적으로 사용되기 시작한 것은 19세기 이후입니다. 그런데 사용 초기부터 지금처럼 각광받았던 것은 아닙니다. 기존의 등불 기름을 대체하는 정도였거든요. 당시 유럽에서는 식물로부터 추출한 기름을 등불의 연료로 사용했었는데요. 식물에서 추출한 기름의 양은 한계가 있었습니다. 미국에서는 고래에서 추출한 기름을 등불의 연료로 사용했지만 너무 많은 고래들이 포획되면서 고래의 수가 줄었죠. 그래서 대안으로 사용하게 된 기름이 바로 석유였습니다. 미국인 에드윈 드레이크Edwin Drake가 바로 최초로 이러한 시도를 했던 주인공인데요. 그는 1859년 미국에서 등불의 연료를 구하기 위해 땅 속에서 채취한 석유를 증류하여 등유를 생산했습니다. 시간이 지나고 등유가 등불의 연료로 우수하다는 것이 알려지면서 석유로부터 등유를 생산하는 석유정제산업이 등장하기 시작했죠.

등불 I

그로부터 몇 년 간 석유는 등유를 생산하는 용도로만 사용되었는데요. 20세기에 자동차와 비행기가 개발되면서 상황이 달라졌습니다. 자동차와 비행기가 연료로 휘발유를 사용하면서 석유의 사용량이 폭발적으로 증가하기 시작한 것입니다. 특히 1, 2차 세계대전에서는 차량, 비행기, 선박에 모두 석유로부터 추출한 연료가 사용되면서 석유의 중요성이 폭발적으로 증가했습니다. 당시에는 전쟁에 승리하려면 반드시 많은 양의 석유를 확보해 놓아야 했습니다. 석유의 입지가 지금처

럼 높아진 시기가 바로 이때쯤이랍니다.

석유의 역할이 중요한 만큼 평화적으로 사용되면 좋으련만, 석유가 사람들의 입방아에 걱정거리로 자주 오르내리는 이유는 석유가 가지는 유한성과 편재성 때문입니다. 쉽게 말하면 석유는 언젠간 고갈될 자원이며, 중동이나 미국과 같은 특정 지역에 너무 편중되어 있다는 것이죠. 특히 석유의 편재성은 세계적으로 수많은 문제들을 일으켜 왔습니다.

석유 때문에 발발한 전쟁도 있습니다. 2차 세계대전 당시 일본과 미국 간에 벌어진 태평양 전쟁의 원인을 석유가 제공했다는 것은 알고 계신가요? 당시 일본은 중국의 일부 지역과 한반도를 점령한 후 동남아시아까지 점령하려고 했습니다. 하지만 미국을 비롯한 일부 국가들은 일본의 확장이 불편했습니다. 결국 이들 국가들은 일본에게 경제제재를 가해 석유를 일본으로 수출하는 것을 금지합니다. 당시에는 전쟁에 승리하려면 반드시 많은 양의 석유를 확보해 놓아야 한다고 말씀드렸죠? 일본은 석유의 대부분을 미국으로부터 수입해서 사용하고 있었기에 이대로라면 전쟁을 더 이상 할 수 없게 될 위기에 놓입니다. 그래서 일본은 미국을 상대로 전쟁을 벌여서 경제제재를 해제해야겠다는 생각을 하게 되는데요. 그렇게 해서 발발한 전쟁이 바로 태평양 전쟁입니다. 당시 일본은 미국의 태평양 해군들을 제압하면 미국이 경제제재를 해제할 것이라고 생각했습니다.

| 태평양 전쟁

석유로 인해 발발한 전쟁은 최근

에도 있답니다. 2003년 벌어진 미국의 이라크 침공은 이라크에 있는 대량살상무기를 제거하기 위해 일으킨 전쟁인데요. 실상은 미국이 중동의 석유를 장악하기 위해서였습니다. 중동의 한복판에 있는 이라크를 장악한다면 중동 국가들을 미국의 영향력 하에 두고 석유를 장악할 수 있을 거라고 생각했던 거죠. 무엇보다 당시에는 지금처럼 셰일로부터 석유를 추출하는 기술이 없었고 신재생에너지가 개발되기 전이었기 때문에 중동의 석유는 사실상 유일한 에너지원이었습니다. 그래서 당시 미국은 중동의 장악이 필요하다고 여겼던 듯합니다.

이처럼 근현대 이후 발생한 세계적인 사건들의 원인은 대부분 석유가 제공했다고 해도 과언이 아닙니다. 최근에는 심지어 석유 때문에 망한 나라도 있습니다. 베네수엘라는 석유를 판매해 많은 돈을 벌어들이는 나라였는데요. 번영은 그리 오래 가지 못했습니다. 그 시작은 셰일로부터 석유셰일오일를 추출하는 기술이 개발되면서 부터였습니다. 이 기술로 미국과 캐나다의 석유생산량이 대폭 증가해 유가가 폭락하고 만 것이죠. 결국 베네수엘라는 울며 겨자먹기로 석유를 헐값에 팔아야 했습니다. 베네수엘라에게는 석유를 수출하는 것 외에는 경제기반이 거의 없었으므로 치명적이었습니다. 국민들 대부분의 수입이 대폭 감소하는, 상상할 수없는 경제파탄이 온 거죠. 결국 베네수엘라는 2016년 국가비상사태를 선포했고 길거리에는 굶는 사람들이 속출하기 시작합니다. 당시 베네수엘라의 경제파탄이 어느 정도였냐면, 국민 10명 중 1명 이상이 해외로 도피했고 경제파탄 몇 년 후에는 범죄자들이 총알을 살 돈조차 없어(...) 범죄율이 감소했을 정도입니다.

| 경제 파탄으로 발생한 2017년 베네수엘라의 시위

셰일오일의 등장으로 베네수엘라는 경제 파탄으로 이어졌지만 다른 나라들에게는 오히려 희소식이었습니다. 추출할 수 있는 석유가 더욱 많아진 거니까요. 더군다나 신재생에너지가 주목받기 시작하고 천연가스, 전기 등으로 대체되기도 하면서 석유가 차지하는 비중은 지금 이 순간에도 천천히 줄고 있습니다. 석유를 앞으로 더 많이 추출할 수 있게 되었지만 사용량은 오히려 감소하고 있는 거지요. 이 사실은 과거와 지금의 사회 교과서를 비교해도 잘 드러납니다. 지금으로부터 약 15년 전 제가 중학생 때만 해도 석유는 30년(?) 후면 고갈될 것이라는 내용이 사회 교과서에 실렸었는데요. 그 교과서대로라면 석유 고갈 시기는 앞으로 15년 남은 건데 그런 내용을 지금은 어디서도 찾아볼 수 없죠. 현재 추정되는 고갈 시기는 약 100~150년 후입니다. 적어도 지금 세대들은 석유고갈을 걱정할 필요가 없다는 거죠.

게다가 사실 석유를 대체할 수 있는 자원은 이미 확보되어 있습니다(...). 브라질은 이미 휘발유 대신 에탄올을 자동차의 연료로 사용하고 있

는데다가 전 세계적으로 전기 자동차도 점점 많아지고 있죠. 최근에는 동식물을 이용해서 플라스틱을 만드는 기술도 개발되었답니다. 석유의 구성 물질인 탄화수소를 만드는 기술도 이미 있습니다. 그럼에도 불구하고 이들 기술이 아직까지 석유를 대체하지 못하는 이유는 석유에 비해 질이 떨어지거나 비싸기 때문입니다. 하지만 앞으로도 사람들이 석유를 계속 사용해서 석유의 가격이 올라간다면 상황이 달라지겠죠. 석유의 가격이 이런 기술들보다 비싸지면 석유보다는 이런 기술들을 더 쓰게 될 테니까요. 석유를 흔히 '고갈된다'고 하지만, 고갈되기도 전에 어떤 기술로든 대체될 겁니다.

결국 중요한 것은 '지금의 석유만큼 값싸고 질이 좋은 자원이나 기술을 과연 개발할 수 있느냐?'입니다. 여기서 한 발 더 나아가 석유와는 달리 환경오염을 일으키지 않는다면 더욱 좋겠죠. 만약 개발하지 못한 채 석유의 가격이 계속 상승한다면 석유는 값비싸고 질이 떨어지는 기술로 대체될 수밖에 없을 겁니다.

이쯤 되니 석유를 대체할 다음 자원은 과연 무엇이 될지 궁금해지네요. 현재 많은 기업과 연구실에서 이와 관련된 많은 연구를 진행하고 있다고 하니 우리 모두 기대를 걸어 봅시다. 일단 지금 우리가 할 수 있는 최선은 석유를 대체할 값싸고 품질이 좋은 자원과 기술을 개발하고, 낭비되는 석유를 절약하는 것이라고 생각합니다.

스푸트니크 쇼크

냉전이 오히려 과학기술을 발전시켰다?

달을 보곤 하나요? 스푸트니크가 그것처럼 보일 거예요.
조금 작은 별처럼 보이겠지만요.
- 세르게이 코롤료프 (소련의 천문학자) -

인류 역사상 과학기술이 가장 빠르게 발전한 시기는 언제일까요? 과학자들은 냉전 시기와 그 이후의 시기라고 답합니다. 실제로 우리가 누리고 있는 현대 과학기술들은 대부분 냉전 시기와 그 이후에 만들어지고 발전했습니다. 냉전 때 어떻게 이런 일이 가능했던 것일까요? 아이러니하게도 과학기술을 이용해서 편리하게 살고자 하는 사람들의 욕구 같은 것들보다는 당시 자유주의 미국 진영과 사회주의 소련 진영 간의 과학기술 경쟁(...) 때문이었습니다. 냉전 시기는 핵전쟁이 지금 당장 일어나도 이상하지 않을 정도로 위험한 시기였지만 미국과 소련의 과학기술 경쟁은 그런 와중에 일어난 가장 멋진 일이었답니다.

냉전은 2차 세계대전이 끝난 이후부터 시작됐습니다. 유럽에 세계대전이 두 번이나 일어나면서 그동안 세계를 재패해 왔던 유럽 국가들은 국토 곳곳이 황폐화되고, 강했던 군대도 거의 잃고 맙니다. 그런데 공산주의

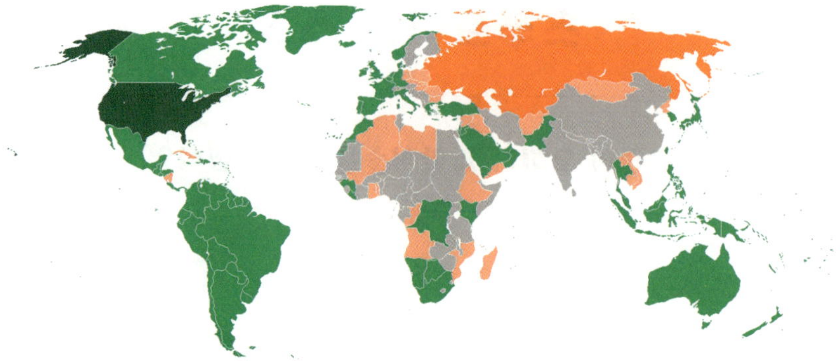

| 냉전 당시 미국 진영(초록)과 소련 진영(주황)

국가였던 소련의 힘은 오히려 강해졌죠. 결국 세계는 자유주의 미국 진영과 사회주의 소련 진영으로 나뉘게 됩니다. 더군다나 소련이 미국에 이어 세계에서 두 번째로 핵개발에 성공하면서 미국은 소련을 가장 위협적인 적으로 인식하게 되죠. 원래 소련은 해군력이 약해서 저 멀리 바다 건너 아메리카 대륙에 있는 미국을 공격할 수 없는 나라였는데요. 소련이 핵을 개발하면서 미국에 핵폭탄을 투하할 수도 있게 되었거든요.

그럼에도 불구하고 미국은 소련보다 거의 모든 분야에서 우월한 상황이었습니다. 무엇보다 소련은 핵개발을 완료했어도 아직까지 미국 본토까지 핵을 날릴 수 있는 기술력이 부족했답니다. 이것은 미국도 마찬가지였지만 소련과 가까운 곳에 위치한 동맹국인 독일, 한국 등에 핵무기를 배치해서 극복할 수 있었습니다. 이렇게 미국에 여러모로 밀리던 소련은 미국과의 경쟁에서 승리하기 위해 무언가 특별한 것이 필요하다고 생각하게 되었지요. 결국 소련은 군사력 증강을 위해 과학기술 개발에 박차를 가했고 1957년에 핵무기를 7000km 거리까지 투하할 수 있는 세계 최초의 대륙간 탄도미사일ICBM인 R-7을 개발했습니다.

R-7의 개발에 성공한 이후 소련의 천문학자인 코롤료프Sergei Korolev는 R-7를 개조해서 지구 밖으로 인공위성을 쏘아 올리자고 소련 정부에 제안합니다. 핵무기를 7000km 거리까지 투하할 수 있는 장치이니 인공위성을 발사하는 것도 충분히 가능할 것이라 본 거죠. 만약 성공하면 세계 최초로 인공위성을 쏘아 올리는 것이었습니다. 결국 소련 정부에서는 코롤료프의 제안을 승인했습니다. 코롤료프는 R-7을 인공위성 발사대로 개조하고 라디오 송신장치가 설치된 58cm 크기의 원형 모양의 인공위성을 제작합니다. 그는 이 인공위성에 러시아어로 '동반자'라는 의미가 담긴 '스푸트니크Sputnik'라는 이름을 붙여주었죠.

결국 R-7의 개발이 성공한지 한 달여 만에 소련은 스푸트니크를 성공적으로 발사합니다. 이 인공위성이 바로 그 유명한 스푸트니크 1호입니다. 발사 직후 스푸트니크에 설치된 라디오 송신장치 덕분에 전 세계 사

스푸트니크 1호 |

람들은 '삐삐삐'라는 소리를 텔레비전과 라디오를 통해 들을 수 있게 되었습니다. 당시 뉴욕 타임즈 신문의 헤드라인에는 소련이 세계 최초로 인공위성 발사에 성공했으며, 스푸트니크가 미국 상공을 가로지른 것이 포착되었다는 내용의 기사가 실렸죠.

거의 모든 분야에서 세계 최고임을 자부해 왔던 미국은 패닉(...)에 빠졌습니다. 하지만 소련의 질주는 여기에서 그치지 않았습니다. 소련은 스푸트니크 1호를 쏘아 올린 지 한 달도 채 되지 않아 '라이카'라는 이름의 개를 태운 스푸트니크 2호를 쏘아 올렸습니다. 결국 소련은 세계 최초로 인공위성을 쏘아올린 국가라는 타이틀을 획득한 지 얼마 되지 않아 세계 최초로 살아있는 동물을 인공위성에 태워 쏘아 올렸다는 타이틀도 획득합니다. 미국 입장에서는 자존심이 엄청 상했겠죠.

미국이 이대로 가만히 있으면 안 되겠지요. 소련에게서 큰 자극을 받은 미국은 이에 맞서 뱅가드 로켓을 발사하기로 했습니다. 준비 끝에 미국은 스푸트니크 1호가 발사된 지 두 달 만에 뱅가드 로켓을 쏘아 올렸죠. 그러나 로켓은 발사대에서 그대로 폭발하고 말았답니다. 위기감을 느꼈던 미국이 발사를 너무 서두른 나머지 이런 결과가 나오고 만 것이죠. 결국 미국은 소련한테 세계 최초의 인공위성 발사국이라는 타이틀을 빼앗긴 것도 모자라 야심차게 준비했던 뱅가드 로켓마저 실패하고 맙니다. 재미있는 소설이나 드라마를 보면 그래도 다음 로켓은 성공할 것 같은 전개(?)이긴 한데, 다음 해 두 번째로 쏘아올린 뱅가드 로켓도 발사 직후 터져버렸답니다.

그렇다면 미국은 왜 이렇게 소련과의 경쟁에 목매달았던 걸까요? 미국이 우주개발 분야에서는 소련보다 밀리더라도 여전히 미국이 앞서 있는 분야가 더 많은데 말이에요. 그 이유는 바로 핵무기 때문이었습니다. 소련이 물체를 우주까지 쏘아 올릴 수 있게 되었으니 핵무기를 먼 거리의 미국 본토까지 쏘아 올리는 것도 곧 가능해질 것이라고 생각했던 거죠. 그리고 미국의 이러한 우려는 현실이 되었습니다. 소련이 무게가 자그마치 1톤에 달하는 스푸트니크 3호의 발사에 성공하면서 실제로 이 일이 가능해졌거든요. 반면 비슷한 시기 미국은 고작 25kg(...)밖에 안 되는 익스플로러 4호의 발사에 간신히 성공했습니다. 발사대에 핵무기를 탑재할 기술이 소련에 비해 터무니없이 모자랐다는 것을 알 수 있지요. 미국이 소련을 두려워할 만 하지요?

소련의 독주는 그 이후에도 계속되었습니다. 1957년 스푸트니크 1호 발사에 성공한 소련은 4년 후 1961년에는 사람을 태운 보스토크 1호를 쏘아 올리는 것에 성공합니다. 세계 최초의 우주비행사로 잘 알려져 있는 유리 가가린Yurii Gagarin이 바로 보스토크 1호에 탑승한 사람이랍니다. 스푸트니크 2호에 탑승했던 개 라이카는 당시의 기술 부족으로 지구로 돌아오지 못했지만 가가린은 지구로의 무사귀환도 성공하죠. 이후 가가린은 '우주는 매우 어두웠으나 지구는 푸르다'는 역사적인 명언을 남겼습니다. 미국도 이에 질세라 한 달 후에 사람을 태운 프리덤 7호를 성공적으로 발사했지요. 하지만 사람들은 프리덤 7호의 성공에 주목해 주지 않았답니다.

유리 가가린 |

| 달 착륙에 성공한 모습

| 닐 암스트롱 외 2인

이후에도 소련과 미국은 우주경쟁을 지속하며 빠르게 과학기술을 발전시켜 나갔습니다. 특히 소련의 무서운 독주로 충격을 받은 미국과 자유주의 진영 국가들 사이에서 많은 변화와 과학기술의 발전이 일어나는데요. 이 현상을 '스푸트니크 쇼크Sputnik Crisis'라고 합니다. 그리고 변화와 발전을 거듭하던 미국은 천천히 소련을 추월해 가기 시작합니다. 결국 미국은 1969년에 아폴로 11호를 쏘아 올려 닐 암스트롱Neil Armstrong 외 2명을 달에 착륙시키는 데 성공하게 되지요. 이렇게 미국인이 인류 최초로 지구 이외의 천체에 발을 디디면서 미국은 소련에 의해 구겨졌던 자존심을 회복합니다. 하지만 이 일 이후에도 미국과 소련 간의 과학기술 경쟁은 계속되었답니다.

냉전 동안 우주 관련 과학기술만 발전한 것은 아닙니다. 서로가 서로를 이기기 위해 다양한 분야의 과학기술이 발전했거든요. 특히 현대 IT기술의 기본이 되는 인터넷도 스푸트니크 쇼크의 산물로 잘 알려져 있습니다. 인터넷이 생겨난 계기가 참 특이한데요. 당시 미국은 소련의 핵무기를 가장 두려워했다고 말씀드렸죠? 미국은 본토에 핵무기가 투하될 것을 염려

하고 있었습니다. 특히 중앙 서버가 밀집되어 있는 국방부에 핵무기가 떨어지면 정말 큰일이 날 수도 있는 상황이었습니다. 이런 이유로 미국 정부는 중앙 서버를 국방부 뿐 아니라 연구소, 대학 등으로 나누고 서로 연결했습니다. 이것이 바로 인터넷의 전신입니다. 서버를 이런 식으로 관리한 이유는 중앙 서버가 위치한 국방부에 핵무기가 투하되면 모든 국방 정보를 잃어버릴 수도 있기 때문입니다. 서버를 여러 곳으로 나누어 놓으면 서버가 위치한 한 곳에 핵무기가 투하되어도 다른 서버들이 남아 있게 되니까요. 사람들은 이것을 아파넷ARPAnet이라고 불렀습니다.

처음에는 국방 정보를 안전하게 보관하기 위한 목적으로 시작된 아파넷이지만 미국 내에서 점점 많은 대학교들이 서버를 통해 서로 정보를 주고받으면서 거대한 네트워크가 형성되기 시작했습니다. 덕분에 대학 간 정보교류가 훨씬 편해졌죠. 아파넷은 국사 목적으로만 사용하기엔 너무 아까운 기술이었습니다. 결국 미국은 아파넷을 국방 목적 외에 민간인들도 사용할 수 있도록 널리 배포합니다. 이것이 바로 우리가 현재 사용하는

인터넷입니다.

미국 사회도 스푸트니크 쇼크로 많은 변화가 일어났습니다. 과학기술 연구 분야의 예산이 대폭 늘어났고 인문학과 사회학을 위주로 학과가 구성되던 대학에서는 이공계 분야 학과가 늘어나기도 했습니다. 대중들이 쉽게 읽을 수 있는 과학 관련 책, 잡지가 흔해진 것도 이때부터랍니다. 교육에 미친 영향도 상당한데요. 미국 교육과정에서 진화론을 가르치기 시작한 것도 스푸트니크 쇼크 이후입니다. 스푸트니크 쇼크 이전의 미국은 종교단체의 반발로 교과서에 진화론을 추가하기 힘든 상황이었거든요. 그런데 스푸트니크 쇼크로 인해 과학기술의 중요성이 부각되면서 결국 교과서에 진화론을 싣게 되지요.

미국 교육에 변화가 일어나기도 했습니다. 스푸트니크 쇼크가 오기 전 미국 교육은 학생들의 개성과 창의력을 존중해주는 방식이었는데요. 스푸트니크 쇼크가 오면서 학문 지식들을 학생들에게 주입시키는 방식으로 변화했습니다. 이로 인해 학업 난이도가 엄청 상승했지요. 현재 우리나라의 문제점 중 하나로 거론되고 있는 주입식 교육도 당시 미국의 영향을 받아 생겨난 것입니다(...). 학생들 교육에 대한 기초가 거의 없다시피 했던 당시 우리나라에게 미국 교육정책의 영향력은 엄청났거든요.

사람들의 과학기술에 대한 인식에도 변화가 일어났습니다. 과학기술이 곧 국력이라는 인식이 생기기 시작했거든요. 과학기술이 냉전시기에 사회적, 정치적, 경제적으로 지대한 영향을 미치며 생긴 현상이죠. 이런 인식의 전파는 우리나라에도 예외가 없었는데요. 당시 우리나라에서는 과학기술을 경제발전을 위해서는 꼭 발전시켜야 한다는 인식이 생겼습니다. 당시 우리나라 정부가 과학기술 분야에 많은 돈을 투자했던 이유이기도 하지요.

스푸트니크 쇼크는 우리에게 정말 많은 것을 남겼습니다. 특히 지금과 같은 과학기술시대가 오기까지 스푸트니크 쇼크의 역할은 정말 컸죠. 냉전 시대에 발전한 과학기술들이 지금의 우리에게도 영향을 미치고 있으니까요. 얼마나 많은 현대인들이 인터넷에 의존해서 살아가고 있는지를 생각해보면 쉽게 납득할 수 있으리라 생각합니다.

냉전 시대에 발전한 과학기술들은 우리가 살아가고 있는 지금 이 시대뿐 아니라 앞으로의 미래에도 첨단 과학기술의 튼튼한 기반이 되어 우리 주변에 머무를 겁니다.

외래종

국제교류가 만들어낸 생태 교란

자연은 결코 배신하지 않는다.
우리 자신을 배신하는 것은 항상 우리들이다.
- 장 자크 루소 (독일의 철학자) -

제가 몇 년 전 교육봉사에서 중학생들에게 현재 지구상에 살아가는 생물들이 빠르게 멸종되어가는 이유가 무엇인지 물어본 적이 있습니다. 첫 번째로 나온 답변은 환경오염이었습니다. 서식지 파괴, 포획, 무분별한 개발을 답변한 학생들도 있었죠. 그 외의 답변들도 위의 범주에서 크게 벗어나지 않았답니다. 외래종이라고 외친 학생은 막바지에 등장했습니다. 여러분들도 위와 같은 질문을 받았을 때 외래종을 답변하는 분은 그리 많지 않을 거라 생각합니다. 외래종에 의한 생물 멸종 문제가 꽤 심각하지만 많은 분들이 크게 의식하지 못하고 있다는 것이겠지요.

여러분은 외래종에 의한 생태계 파괴가 어느 정도로 심각한지 알고 계시나요? 임페리얼 칼리지 런던에서는 2019년에 충격적인 연구 결과를 발표했는데요. 연구 결과의 내용은 1500년부터 2005년까지 멸종한 생물들 중에서 1/3 정도가 외래종에 의해 멸종했다는 것이었습니다. 생물들이 멸종하는 원인이 굉장히 다양한데도 불구하고 멸종 원인의 1/3을 차지했다는 것은 놀랍다고 할 수 있죠. 그렇다면 멸종 원인들 중에서는 몇 위일까요? 놀라지 마세요. 2위가 사람들의 생물자원 이용에 의한 멸종이고, 1위가 외래종에 의한 멸종입니다. 심지어 1위와 2위 간 격차도 아주 큽니다.

아마 이 책을 읽는 여러분들도 외래종 하면 나쁜 것이라는 생각을 많이 하실 텐데요. 알고 보면 외래종이 꼭 나쁜 것은 아니랍니다. 우리는 이미 외래종과 밀접한 관계를 맺으며 살고 있거든요. 우리가 식량으로 주로 먹는 감자와 고구마, 옥수수 등은 모두 외국에서 건너온 외래종이랍니다. 우리의 삶을 보다 풍족하게 만들어준 외래종의 대표적인 사례들이죠. 그 외에도 우리가 흔히 볼 수 있는 토끼풀, 서양민들레와 개망초계란꽃도 외국에서 온 외래종입니다. 문제는 극히 일부의 외래종이 생태계에 나쁜 영향을 미친다는 것인데요. 우리나라에서는 블루길, 배스, 황소개구리, 뉴트리아가 있습니다. 이들은 모두 우리나라가 가난하던 못하던 시절에 식용을 목적으로 외국에서 데려온 종이기도 합니다.

배스 |

블루길 |

우리나라의 가장 유명한 외래종 몇 종을 살펴볼까요? 한때 사람들 사이에서 가장 유명했던 외래종을 하나 꼽자면 역시 황소개구리죠. 1970년경에 식용 목적으로 미국에서 황소개구리들을 데려온 것이 시초입니다. 황소개구리는 먹성도 먹성이지만 자기보다 작고 움직이는 거라면 일단 입에 넣고 보는 특성 때문에 토종개구리들은 물론이고 작은 새와 쥐, 심지어는 뱀까지 잡아먹습니다. 그래서 황소개구리 유입 초반에는 정말 많은 토종 생물들이 피해를 입었지요. 결국 우리나라 정부는 1997년 이후로 마리당 포상금을 걸고 황소개구리를 퇴치하기 시작했습니다. 여기에 더해 철새, 오리, 수달, 뱀, 너구리 등의 동물들이 황소개구리를 잡아먹기 시작했고, 가물치와 메기도 황소개구리 올챙이를 잡아먹기 시작하면서 수가 많이 줄었답니다. 유입 초반에는 처음 보는 생물이라 경계하다가 시간이 좀 지나서 먹이로 삼기 시작한 것입니다. 예전에는 없었던 먹이사슬이 새롭게 형성된 건데요. 현재 많은 학자들은 황소개구리가 우리나라 생태계에 안정적으로 자리를 잡았다고 말합니다.

| 황소개구리

| 뉴트리아

황소개구리가 우리나라에 안정적으로 자리를 잡고 나니까 얼마 지나지 않아 새로운 외래종이 유명해지기 시작했는데요. 바로 뉴트리아입니다. 뉴트리아는 크기가 40~60cm에 달하는 거대한 쥐입니다. 모피와 고기를 생산하기 위해 남아메리카에서 데려왔죠. 많은 농가에서 길러졌지만 일

부가 우리를 탈출하면서 우리나라 생태계에 유입되었습니다. 더군다나 2001년에 뉴트리아가 가축으로 지정되는 바람에 더욱 많은 뉴트리아가 유입되면서 상황이 심각해졌지요(...).

우리나라에서 지금 뉴트리아가 유독 주목받는 이유는 농작물에 해를 끼치는 피해의 정도가 심각하기 때문입니다. 사람들이 애써 재배한 채소와 과일은 물론이고 벼와 보리의 어린 싹까지 먹어치워 버리거든요. 다행이도 추운 곳에서는 살지 못해서 낙동강 유역에만 서식하고 있지만 중부지방으로 천천히 북상하고 있다는 보고가 있어서 정부에서 예의주시하고 있습니다.

현재 정부에서는 뉴트리아 완전 박멸을 목표로 지속적으로 포획활동을 진행 중입니다. 부산에서는 뉴트리아 포획을 독려하고자 2012년에 뉴트리아 한 마리당 2만원의 포상금을 걸기도 했죠. 포획 활동이 효과가 있을지 의구심을 가지는 분들이 많은데요. 영국이 포획 활동으로 뉴트리아 완전 박멸에 성공한 사례가 있어서 일단 상황을 지켜봐야 할 것 같습니다.

| 나일퍼치

외국에서의 외래종 피해 상황은 어떨까요? 우리나라에는 잘 알려지지 않았지만 생각보다 심각하답니다. 오히려 우리나라가 덜하다고 느껴질 정도이지요. 전 세계에서 생태계에 가장 막심한 피해를 입힌 외래종은 아프리카 빅토리아 호수에 방류된 나일 퍼치Nile perch입니다. 1900년대 중반의 영국은 빅토리아 호수 일대를 식민지로 삼고 있었는데요. 유럽인들이 음식으로 많이 먹었던 나일 퍼치를 빅토리아 호수에 방류한 것이 사건의 시작이었습니다. 나일 퍼치는 길이가 2m에 달하고, 작은 물고기는 무조건 입에 넣고 보는 포악한 민물고기였거든요. 결국 빅토리아 호수에 서식하는 400여종의 민물고기들이 나일 퍼치에 의해 멸종하고 말았답니다. 현재 우리나라에 서식하는 민물고기가 200여 종인걸 감안하면 피해가 어마어마하죠.

미국에서는 남아메리카가 원산지인 미친 갈색 개미Tawny crazy ant가 기승입니다. 번식력이 너무 뛰어나고 천적도 없어서 마땅히 퇴치할 수 있는 방법이 없다고 하네요. 무엇보다도 이들 개미가 악명이 높은 이유는 사람들이 거주하는 집은 물론이고 전자제품까지 가리지 않고 침입하여 고장을 일으키기 때문입니다. 사람들의 의식주 중 하나인 주거에 영향을 미치고 있다는 점에서 아주 심각하다고 할 수 있지요.

우리는 외국으로부터 넘어와 우리에게 피해를 끼치는 외래종만 생각하는데요. 우리나라의 생물이 외국으로 유입되어 피해를 끼친 적도 있습니다. 가물치가 대표적인데요. 미국과 캐나다에서는 가물치가 생태계에 끼

가물치 |

치는 피해도 문제이지만 사람들 사이에서 공포의 대상으로 여겨지고 있습니다. 크기가 아주 크고 뱀이랑 비슷하게 생겼기 때문이죠. 게다가 가물치는 물 밖에서도 숨을 쉬고 가슴지느러미를 이용해서 기어 다닐 수 있는데요. 이러한 특성 때문에 가물치가 물 밖으로 나와 어린 아이들이나 애완동물을 해칠 수 있다는 헛소문이 퍼지기도 했답니다. 미국인들은 가물치를 소탕하기 위해 저수지나 연못의 물을 다 빼버리고, 급기야 독약이나 전기충격기를 사용하기도 했죠(...).

캐나다에서는 가물치에 대한 사람들의 공포심이 반영되어 물 밖에서도 살 수 있는 돌연변이 거대 가물치가 사람들을 습격하는 내용의 영화 〈가물치의 테러Snake head Terror〉가 방영되었습니다. 미국에선 가물치 괴물이 등장하는 영화 〈프랑켄피쉬frankenfish〉(...)가 방영되기도 했답니다. 미국인과 캐나다인들이 가물치를 얼마나 두려워하고 있는지 잘 알 수 있는 대목이라고 생각합니다.

이처럼 외래종들은 사람들의 일상과 생태계에 지대한 영향을 주고 있습니다. 그런데 앞으로는 외래종 피해가 지금보다 더 심해질 거라는 전망도 있답니다. 해외여행과 해외교류가 활발해지면서 사람들의 짐이나 옷, 또는 거대한 배에 외래종이 딸려 들어오는 경우가 늘고 있기 때문입니다. 실제로 최근에 인천항과 부산항에서 붉은불개미가 여러 번 발견되었죠. 세계적으로 해운 물류가 가장 활발하게 오가는 우리나라에서는 유독 조

| 구피

심해야 한다고 생각합니다.

최근에는 애완동물을 키우는 사람들이 늘면서 외국으로부터 수입한 애완동물이 우리나라 생태계에서 발견되는 일도 많아졌습니다. 특히 저는 어항에 키우는 관상어 구피가 2018년에 이천 죽당천에서 발견된다는 소식을 듣고 깜짝 놀랐습니다. 더 이상 구피를 키울 수 없게 된 사람들이 열대어인 구피가 우리나라에서 살아갈 수 없을 거라 판단하고 자연에 방류하면서 적응한 것으로 보이는데요. 사실 외래종은 어떠한 이유로든 절대로 자연에 방류하면 안 됩니다. 우리나라에서는 살 수 없어 보이는 종이라도 말이죠. 결국 이 일은 외래종에 대한 사람들의 인식이 부족했기에 벌어진 것입니다.

이러한 사례들에서 우리가 알 수 있는 사실이 하나 있습니다. 바로 외래종은 사람들의 소홀하고 무지한 생태계 관리로 인해 유입된다는 겁니다. 사람이 원해서 혹은 실수로 데려왔다가 멋대로 버려져 유해한 생물이라는 낙인이 찍히는 거죠. 하지만 버려진 외래종들 입장에서는 사람들에 의해 서식지가 강제로 옮겨지면서 새로운 환경에 적응하기 위해 몸부림쳤을 뿐입니다. 외래종들에게는 일단 토종 생물들이나 농작물을 먹는 것이 생존할 수 있는 유일한 방법이었을 테니까 말이죠. 어떻게든 살기 위해 그토록 몸부림쳤는데 지금은 영문도 모른 채 사람들에 의해 포획되는 모습을 보면 안타깝습니다.

많은 사람들은 해를 끼치는 외래종들은 무조건 퇴치해야 한다고 생각합

니다. 실제로도 이렇게 하는 것이 맞긴 한데요. 이런 생각 이전에 외래종에 대한 책임은 결국 우리 사람들에게 있다는 것을 잊지 않으셨으면 좋겠습니다.

화학조미료

MSG는 정말 사람들의 건강을 해치는 물질일까?

인생에서 성공하는 비결 중 하나는
좋아하는 음식을 먹고 힘내서 싸우는 것이다.
- 마크 트웨인 (미국의 소설가) -

조미료란 음식을 만들 때 재료들과 함께 적절하게 첨가해서 음식을 더 맛있게 해 주는 물질들을 말합니다. 소금, 식초, 간장 등이 대표적이고 미원이나 다시다도 있습니다. 이 중에서 미원과 다시다에는 화학조미료의 일종인 MSG가 다량 함유되어 있지요. 요즘 음식들을 보면 조미료가 들어가지 않은 음식들을 찾기가 힘들 정도입니다. 하지만 화학조미료, 특히 MSG의 유해성에 대한 논란은 아직까지도 계속되고 있는 듯합니다.

많은 사람들은 화학조미료는 음식을 맛있게 해주지만 건강에는 나쁜 물질로 여깁니다. 음식과 관련된 TV 프로그램에서는 MSGL-glutamic acid monosodium, 글루탐산나트륨가 몸에 해롭다는 내용의 방송을 자주 하고 좋은 식당의 기준을 화학조미료를 얼마나 사용하느냐를 기준으로 삼기도 하죠. 여러분은 화학조미료에 대해 어떻게 생각하시나요? 화학조미료는 정말로 사람들의 건강을 해치는 나쁜 조미료일까요?

다시마 |

MSG의 유해성에 대해 설명하기 전에 MSG가 어떻게 해서 탄생한 조미료인지부터 알아야 할 것 같습니다. MSG를 처음으로 발견한 사람은 일본의 화학자 이케다 기쿠나에池田菊苗입니다. 이케다는 다시마를 넣고 푹 끓인 물에서 나는 신선한 맛의 정체를 궁금해 했습니다. 그래서 이와 관련된 연구를 오랜 기간 동안 진행했지요. 결국 이케다는 1907년에 다시마로부터 신선한 맛을 내는 물질인 글루탐산Glutamic acid 추출에 성공했습니다. 하지만 글루탐산 자체는 물에 잘 녹지 않아서 조미료로 쓰기에는 한계가 있었는데요. 글루탐산 중에서 물에 잘 녹는 글루탐산나트륨이 바로 우리가 현재 화학조미료로 많이 사용하는 MSG입니다. 비록 최초의 MSG는 다시마로부터 추출해 만들어졌지만 현대의 MSG는 사탕수수에

거의 모든 음식에는 조미료가 들어갑니다. |

미생물을 넣어 글루탐산을 생성해서 만들어집니다.

MSG를 화학조미료로 부르다 보니 인공적으로 합성한 물질처럼 느껴질 수 있지만 MSG는 알고 보면 천연 식재료에서 신선한 맛을 내는 물질만 따로 추출한 조미료입니다. 자연에 이미 존재하는 물질이므로 화학조미료라는 표현보다는 천연조미료라는 표현이 오히려 더 적절하게 느껴지기도 하지요. 결국 다시마, 멸치, 토마토, 소고기 등을 넣고 끓인 물에서 신선한 맛이 났던 이유는 다시마, 멸치, 토마토, 소고기에 포함되어 있는 MSG 때문이었던 셈입니다. 맛있는 음식에서 찾아낸 맛있는 맛을 내는 물질이 MSG라고 생각하시면 편하지요.

실제로 MSG 없이 요리를 하는 사람들을 보면 황당하게도(...) MSG를 추출할 수 있는 식재료인 멸치나 다시마를 사용하는 것을 쉽게 볼 수 있습니다. 유럽에서도 옛날부터 토마토로 맛을 낸 요리들이 인기가 많았죠. 마트에서 천연 조미료라는 이름으로 판매되는 새우 분말이나 닭고기 분말도 알고 보면 MSG와 별다를 게 없습니다. 결국 MSG가 몸에 나쁘다는 말은 거짓이라는 거지요. 지금까지 개발된 다양한 종류의 조미료 중에서 MSG처럼 안전한 조미료는 많지 않답니다.

그렇다면 MSG가 건강에 나쁘다는 인식이 전 세계로 확산된 계기는 뭘까요? 바로 중국 음식점 증후군Chinese restaurant syndrome 이후입니다. 1968년 미국에서 MSG가 든 음식을 먹고 나서 어느 정도 시간이 지나면 복통과 메스꺼움, 가슴 압박감 등의 증상이 나타난다는 보고가 있었습니다. 주로 중국 식당에서 식사를 한 후에 이런 증상이 일어난다고 해서 중국 음식점 증후군이라고 불렀지요. 이후로 많은 나라에서 MSG의 유해성에 대한 논란이 확산되었고 MSG의 섭취량을 제한하기 시작했습니다. 우리나라에서 MSG가 몸에 좋지 않다는 인식이 확산된 것도 아마 이때부터였을 겁니다. 실제로 중국 음식점 증후군 이후로 한국에서 판매하는 대부분의 라면에 MSG 첨가가 중단되었습니다.

하지만 이 사건은 조금 이상합니다. MSG는 우리가 먹는 다양한 음식에 들어가 있는 물질이잖아요? MSG의 유해성에 의문을 품었던 과학자들은 1986년 중국 음식점 증후군이 있다고 주장한 사람들을 대상으로 MSG가 들어간 음식을 섭취하게 했습니다. 그런데 음식 안에 MSG가 들어갔다는 사실을 알려주지 않고 음식을 섭취하게 하면 이상증상을 보인 사람이 단 한 명도 없었답니다. 반면에 MSG가 있다는 사실을 알린 후 음식을 섭취하게 하면 이상증상을 호소했습니다. MSG 논란은 음식 자체의 문제가 아니라 심리의 문제였던 것이죠.

이후에도 MSG의 유해성과 관련된 다양한 실험이 진행되면서 많은 국가들은 MSG는 위험하지 않다는 결론을 내렸습니다. 중국 음식점 증후군

| MSG

은 백인 인종차별주의자들이 일으킨 가짜 논란일 가능성이 있다고 합니다. 당시 미국에서 흑인인권운동이 활발하게 일어나는 등 인종에 대한 인식이 빠르게 변화하던 시기였거든요.

2010년 한국 식약청에서도 MSG는 안전하다는 결론을 내렸습니다. 그러나 많은 사람들은 정부의 말을 믿을 수 없다며 강하게 불신했습니다. 사람들은 여전히 MSG가 첨가되지 않은 음식들을 선호했지요. 무엇보다 심각한 문제는 MSG에 대한 불신이 유해성이 검증되지 않은 다른 조미료를 사용하는 결과를 낳았다는 겁니다. 여기에 한 술 더 떠서 국내의 일부 식품 업체들은 MSG보다 값싼 화학조미료를 넣어서 만든 식품을 MSG가 첨가되지 않았다며 홍보했습니다. 심지어는 MSG가 없는 건강식품(?)이라는 이유로 가격을 높게 책정하여 판매하는 일까지 저질렀죠. MSG가 첨가되지 않은 식품을 고른 사람들은 웰빙 식품을 먹고 있다고 착각하지만 알고 보면 몸에 좋지 않은 값싼 조미료가 들어간 음식을 비싼 값에 사서 먹은 겁니다.

그렇다면 MSG는 왜 이렇게 억울한 누명을 쓰게 된 걸까요? 무엇보다도 엉터리 실험들의 역할이 컸습니다. MSG의 유해성을 주장하는 사람들은 대부분 이러한 엉터리 실험을 근거로 삼습니다. MSG를 쥐에게 주사했더니 죽었다는 내용의 실험들이 대표적인 예입니다. 하지만 MSG는 주사기로 체내에 주입하는 물질이 아닙니다. 동물들에게 물을 주사해도 죽는데 MSG를 주사하면 당연히 죽을 수밖에 없죠(...). 하지만 MSG의 유해성을 주장하는 사람들은 이러한 실험들이 잘못된 실험이라는 지적에도 굴복하지 않았습니다. 이들은 '주사'했다는 내용 대신에 '투여(?)'했다는 표현으로 살짝 바꿔서 사람들을 혼란스럽게 만들기도 했지요.

MSG는 글루탐산과 나트륨 이온으로 이루어져 있는데요. 나트륨을 많이 섭취하면 해롭다 보니 나트륨을 지적하는 사람들도 있습니다. 하지만 조미료로 먹는 MSG의 양이 워낙 적어서 문제가 되지 않습니다. 오히려 요리를 할 때 소금의 덜 넣고 MSG를 더 넣으면 나트륨 섭취량을 줄일 수 있다는 연구결과도 있답니다. MSG가 소금보다 맛이 훨씬 강해서 적은 양만 넣어도 충분히 강한 맛을 낼 수 있거든요.

MSG를 많이 먹으면 주의력결핍과잉행동장애ADHD를 일으킬 수 있다는 주장도 있습니다. 글루탐산은 뇌에서 신경전달물질로 쓰이는데요. 과도한 양의 글루탐산이 뇌로 들어와 뇌가 흥분하면서 주의력결핍과잉행동장애가 나타

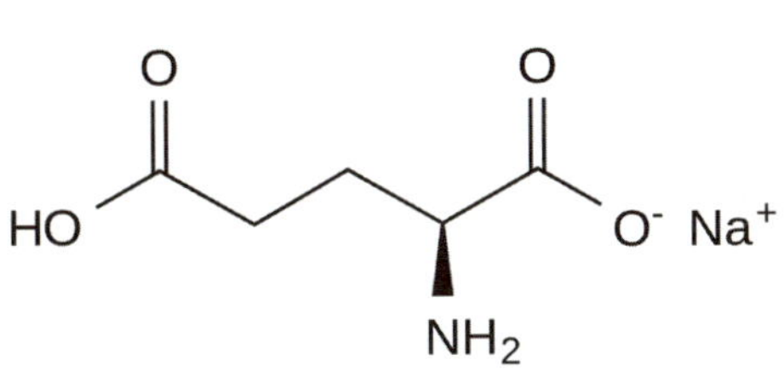

MSG의 화학적 구조 |

날 수 있다는 거죠. 지금까지의 MSG 관련 엉터리 연구와는 다르게 꽤 설득력이 있는 주장으로 보이긴 합니다. 하지만 조미료로 먹는 MSG의 양이 워낙 적고 MSG로 먹는 글루탐산이 다 뇌로 들어가지는 않아서 문제가 되지 않는답니다. 글루탐산은 뇌 이외에도 신체 내에서 쓰일 수 있는 데가 무수히 많습니다. 글루탐산은 우리 몸의 단백질을 이루는 20가지의 아미노산 중 하나거든요.

최근의 심리학 연구에 따르면 사람들이 MSG를 유해하게 느끼는 이유는 어렵고 복잡한 이름 때문이라고 합니다. MSG 또는 글루탐산모노나트륨 같은 단어가 워낙에 낯설게 느껴지다 보니 먹어서는 안 된다는 생각이 들 수밖에 없다는 것이지요. 자연에 존재하지 않는 인공적인 물질 같기도 하고 말이죠. 실제로 우리가 먹는 음식들 중에서 글루탐산모노나트륨처럼 복잡하고 전문용어 같은(...) 이름을 가진 음식들은 전혀 없습니다.

사실 우리가 음식으로 먹는 물질들 중에서 100% 해롭지 않은 물질은 없습니다. 물도 너무 과도하게 많이 마시면 독이 됩니다. 탄수화물이나

지방과 같은 영양소들도 마찬가지입니다. 우리 몸에 꼭 필요한 소금도 너무 많이 먹으면 치사량에 도달해서 죽습니다. 그래서 많은 영양소들은 하루 섭취 권장량이 정해져 있지요.

하지만 MSG는 하루 섭취 권장량조차 정해져 있지 않습니다. 설탕이나 소금의 하루 섭취 권장량이 정해져 있다는 것을 생각하면 놀랍죠. MSG 자체가 워낙 안전해서 그런 것도 있지만 MSG의 맛이 워낙 강해서 많이 먹을 수가 없기 때문입니다. 그만큼 MSG는 우리 인체에 무해한 조미료라고 봐도 무방합니다. 많은 국가들과 연구기관들에 의해 밝혀진 명백한 사실이지요.

MSG를 마구 남용해도 된다는 것은 아닙니다. MSG를 음식에 너무 과도하게 넣으면 오히려 맛이 느끼해져서 많이 넣을 수조차 없겠지만 말이죠. MSG는 필요한 만큼만 적당히 넣는 것이 맛있는 음식을 조리할 수 있는 가장 좋은 방법이랍니다.

통계의 장난

숫자는 모든 진실을 보여주지 못한다

통계자료는 술 취한 사람 옆의 가로등과 같아서
빛을 내기보다는 지지하기 위해 쓰인다.
- 윈스턴 처칠 (영국의 총리) -

인구가 14억인 중국과 인구가 3억인 미국 중 인구수가 더 높은 국가는 어디일까요? 당연히 중국이죠. 우리는 14과 3 이 두 숫자로부터 어느 국가가 더 인구수가 많은지 쉽게 도출해 냅니다. 이처럼 숫자는 우리가 일상생활에서 무언가를 생각하고 판단할 수 있도록 돕는 좋은 도구입니다. 여기서 한 발 더 나아가면 한 국가의 국민 소득이나 경제성장률도 숫자로 나타낼 수 있고 특정 정치인을 지지하는 사람들의 비율도 숫자로 나타내어 당선자를 예측할 수 있습니다. 이처럼 수량적 정보로 나타내어진 숫자들을 통계라고 합니다. 우리는 통계자료를 통해서 다음 대통령이 누가 될지 예상하고 우리나라의 특정 산업분야의 세계 순위가 어느 정도인지 파악하고 어떤 유형의 사람들이 어떤 질병에 얼마나 잘 걸리는지 등을 알아낼 수 있죠.

통계가 사회에 얼마나 중요한지를 잘 나타내는 사례를 하나 들어보겠습니다. 전 세계의 지도자들이 언제부터 지구온난화에 관심을 가지기 시작했는지 아세요? 어느 경제학자 한 명이 지구온난화가 지속되면 2050년에 전 세계 소득의 5%를 지구온난화에 문제 해결에 사용하게 될 것이라고 예측한 이후부터였습니다. 지구온난화가 재난을 불러올 것이라는 과학자들의 경고에는 관심을 가지지 않던 전 세계의 지도자들이 구체적인 숫자로 지구온난화의 위험을 설명한 경제학자에게는 귀를 기울였던(...) 것이죠.

이처럼 통계자료는 사람들이 무언가 판단을 하고 결정을 내릴 때 아주 중요한 역할을 합니다. 단순히 말로 호소하는 것보다는 수치가 포함된 통계자료를 활용하여 호소하는 것이 사람들의 지지를 얻기도 쉽지요. 그러다 보니 통계자료를 만드는 사람들 중에서는 일부러 고의적으로 자료를 조작하여 사람들의 지지를 얻거나 본인들이 원하는 목표를 이루어내기도 합니다.

가장 쉬운 예를 하나 들어볼까요? 알고 나면 황당하겠지만(...) 실제로 벌어졌던 일인데요. 2011년에 러시아에서 총선이 있었습니다. 총선 결과를 보니 투표에 참여한 러시아 국민의 58.99%가 통합러시아당을 지지했고 러시아 연방 공산당을 32.96%, 러시아 자유민주당을 23.74%, 공정러시아당을 19.41% 지지했습니다. 아마 여기에서 바로 이상한 점을 느끼신 분들도 있을 텐데요. 이 4개 정당의 지지율을 모두 합치면 135.1%(?)이 나옵니다. 정상적인 통계라면 100%를 넘으면 안 되는데 100%를 훨씬 넘어버린 것이죠. 아마 특정 정당의 지지율이 고의적으로 부풀려져 이런 상황이 벌어진 것으로 보고 있습니다. 결과가 조작된 부정선거라는 것

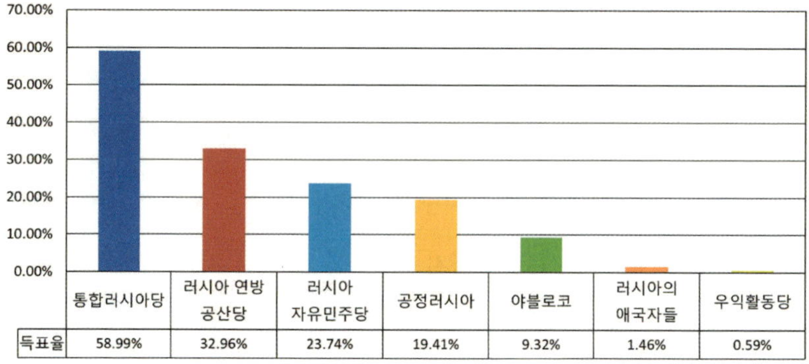

| 2011년 러시아 총선 결과

이죠. 이 엽기적인 총선 결과는 개표방송에 그대로 등장했고(...) 생방송을 진행하던 아나운서도 당황하는 기색이 역력했습니다. 하지만 통계자료를 가볍게 훑어본 사람들이라면 문제점을 발견하지 못한 채 통합러시아당의 지지율이 제일 높다고 생각할 수도 있을 것이라 생각합니다.

러시아 총선의 사례는 조금만 생각해보면 통계자료가 조작되었다는 것을 쉽게 알 수 있을 정도로 빈틈이 컸지만 굳이 사실을 조작하지 않더라도 사람들을 현혹시키는 통계자료를 만드는 것은 충분히 가능합니다. 미처 상상도 할 수 없는 황당한 결과를 만들어 낼 수도 있죠. 가장 잘 알려진 사례가 바로 전 세계에서 가장 범죄율이 높은 도시에 대한 통계입니다. 대부분의 사람들은 범죄율이 가장 높은 도시를 아프리카나 동남아시아, 남아메리카 국가 중에 하나로 생각할 것입니다.

그런데 전 세계에서 가장 범죄율이 높은 도시는 황당하게도 바티칸이랍니다. 이런 황당한 결과가 나온 이유는 도시에서 일어난 범죄의 수를 도시의 인구수로 나눠서 범죄율을 계산했기 때문입니다. 바티칸은 1년에 약 2000만 명의 관광객들이 찾는 명소다 보니 관광객들을 대상으로 소

매치기나 사기와 같은 범죄들이 자주 일어납니다. 하지만 바티칸의 인구는 고작 500명(…)도 채 안 됩니다. 결국 범죄율이 굉장히 높아지는 결과가 나올 수밖에 없지요. 실제로 바티칸은 1년에 최소 400~500건이 넘는 범죄들이 발생합니다. 통계자료로만 보면 바티칸 시민 1명이 1년에 한 번씩 범죄를 저지르는 것처럼 보이지요.

이러한 황당한 통계자료들은 계산 방식만 바꾼다면 사실만을 토대로도 만들 수 있어서 얼마든지 원하는 국가들을 엄청 풍족한 국가로 포장하거나 불량국가처럼 보이게(…) 할 수도 있습니다. OECD경제협력개발기구에서는 회원국들을 대상으로 치안, 보건의료, 물가상승률, 가계부채 등 다양한 통계자료를 만드는데요. 한국이 유독 OECD 국가들 중 자살률이 1위가 나오는 일이 많습니다. 심지어는 청소년 자살률도 1위라는 소문도 돌았죠. 통계자료만 보면 다른 나라들에 비해 한국인들이 많이 자살하는 것처럼 보이지만 꼭 그렇다고 보기에는 어렵습니다. 자살률은 전체 사망자들 중에서 자살로 죽은 사람들이 얼마나 되는지를 구해서 계산합니다. 그

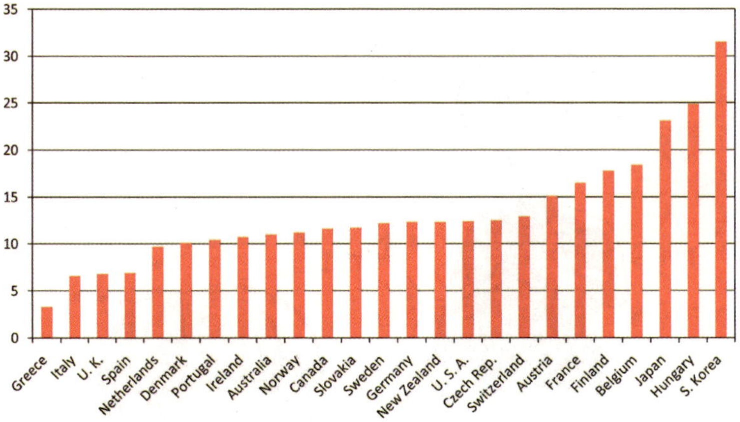

| OECD 회원국 자살률 순위

러므로 자살률이 높다는 것은 사망 원인이 자살 외에는 많지 않다는 말도 됩니다. 의료보험 덕분에 병으로 죽을 일이 적고, 높은 수준의 치안 덕분에 살인사건이 잘 일어나지 않는 국가는 자살률이 올라간다는 것이지요. 실제로 한국인들의 질병 사망률은 OECD 국가들 중에서도 손꼽힐 정도로 매우 낮고 평균 수명도 OECD 평균보다 훨씬 높답니다.

한국의 청소년 자살률이 1위라는 것도 청소년의 사망 원인 1위가 자살이라는 통계자료가 잘못 퍼져서 생겨난 것입니다. 사실 청소년들은 성인들에 비해 병치레를 하다가 사망하는 일이 현저히 적죠. 한국의 청소년 자살률은 OECD 평균보다 약간 높은 정도입니다. 청소년 자살률이 가장 높은 국가는 러시아였고 선진국으로 알려진 뉴질랜드, 아일랜드, 핀란드가 그 뒤를 이었습니다. 단순히 통계자료만으로 한국을 자살 공화국으로 단정 지어 버리기에는 무리가 있어 보입니다.

그래프를 이용해도 왜곡된 자료를 얼마든지 만들 수 있습니다. 옆에 있는 그래프를 볼까요? 근로자와 자본가가 시간당 받는 임금의 상승을 1년

단위로 나타낸 그래프입니다. 자본가는 100달러 즈음에서 출발하고 근로자는 10달러 즈음에서 출발하지만 두 그룹 모두 비슷하게 임금이 증가하는데요. 만약 각각의 임금 값에 로그Log를 취하면 그래프의 모양이 완전히 달라집니다. 바로 아래의 그래프가 바로 각각의 값에 로그를 취했을 때의 그래프인데요. 자본가의 시간당 임금은 거의 변화가 없어 보이지만 근로자의 임금은 자본가의 임금보다 더욱 가파르게 증가하는 것처럼 보인다는 것을 알 수 있답니다. 그래프 상으로 만약 이 추세가 계속된다면 앞으로 약 10년 후에는 근로자의 임금이 자본가의 임금을 추월할 것처럼 보이죠.

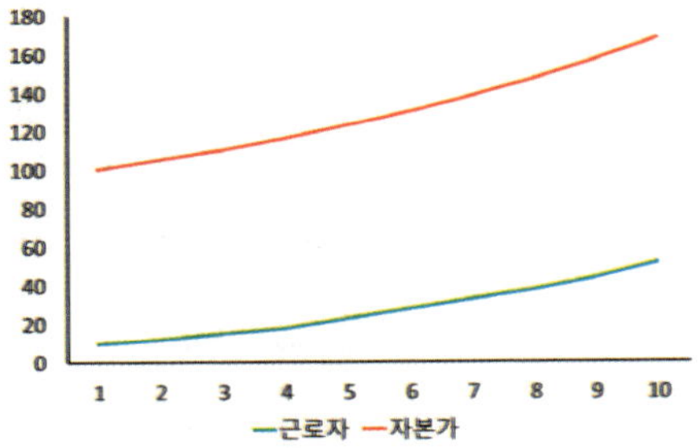

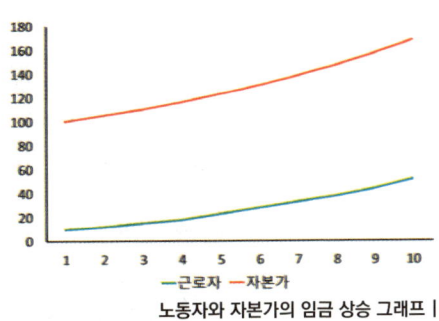

노동자와 자본가의 임금 상승 그래프 |

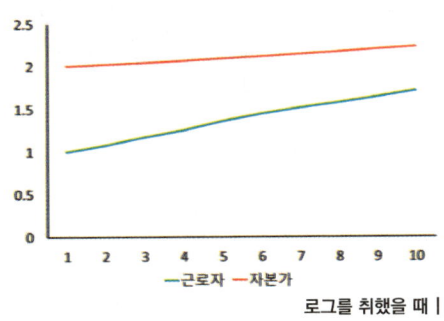

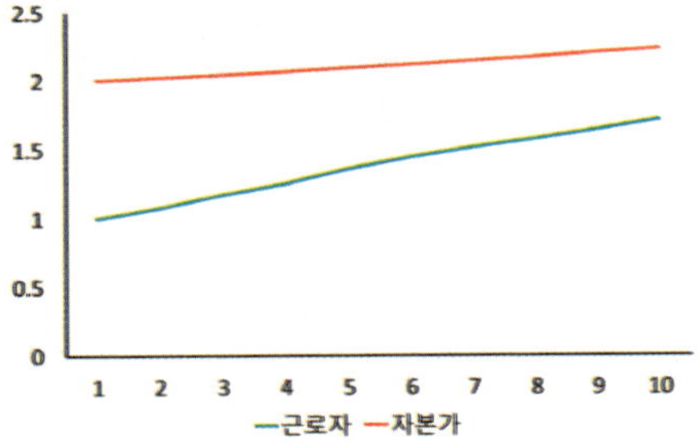

로그를 취했을 때 |

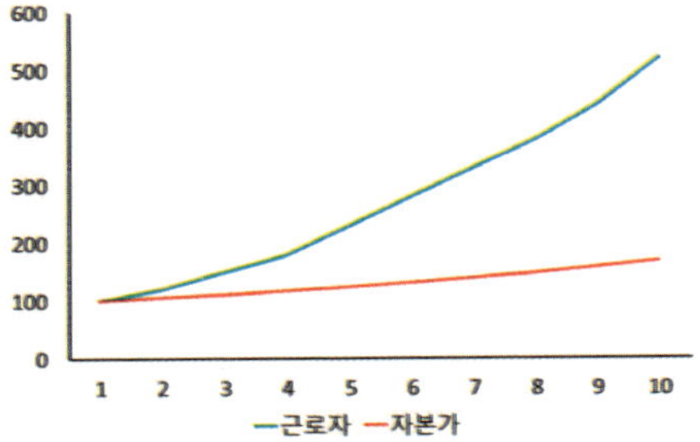

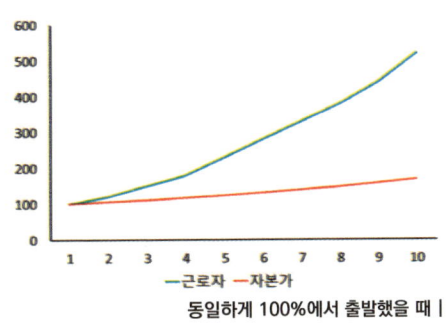

동일하게 100%에서 출발했을 때 |

여기서 다가 아닙니다. 로그를 취했을 때의 그래프보다 더 극단적인 그래프를 만들 수도 있거든요. 그 아래의 그래프를 봅시다. 만약 자본가와 근로자의 임금을 동일하게 100%에서 출발시킨다면 그래프의 모양이 로그를 취했을 때보다 더욱 극단적으로 나타납니다. 자본가의 임금은 10년

동안 거의 변화가 없는 것처럼 보이지만 근로자의 임금은 거의 5배 증가하죠. 실제로 근로자의 임금은 10년 사이에 시간당 10달러에서 50달러로 5배 증가했고 자본가의 임금은 100달러에서 170달러로 1.7배 증가하긴 했습니다. 하지만 근로자는 10년 간 임금이 40달러 증가한 반면에 자본가는 무려 70달러 증가했다는 것을 이 그래프는 전혀 보여주지 않고 있죠. 근로자가 매우 적은 임금으로 일을 시작했다는 걸 숨기고 동일선상에서 출발시켜 임금 증가율만 보여주고 있으니 이런 치명적인 오류가 나타나는 것입니다. 만약 자본가가 근로자들에게 임금을 조금만 지급하기를 원한다면 이러한 통계 자료를 언론사를 통해 배포하면 될 것입니다. 이 자료가 사람들 사이에 퍼진다면 근로자의 임금 상승을 줄여야 한다는 여론이 형성되는 것은 시간문제일 테니까요.

초등학교 수준에서 다루는 평균값으로도 통계 자료를 왜곡할 수 있습니다. 혹시 정몽준 씨를 아시나요? 정몽준은 한국 최고의 대기업 현대그룹을 창업한 정주영의 아들입니다. 재산이 거의 2조 원에 달할 정도로 엄

정몽준 |

청난 부자이지요. 문제는 정몽준의 재산이 다른 국회의원들에 비해 재산이 압도적으로 많았다는 건데요. 그래서 정몽준이 국회의원이었을 당시 언론에서 국회의원들의 평균 재산을 보도할 때 정몽준의 재산을 제외하고 평균을 계산했습니다. 정몽준을 계산에 포함시키면 국회의원들의 평균 재산이 무려 100억 원(!)이나 되지만 정몽준을 제외하면 약 30억 원 정도로 확 떨어졌거든요. 정몽준의 재산 2조 원을 국회의원의 수인 300으로 나누면 약 67억 원이 나오므로 국회의원들의 평균 재산이 이렇게까지 부풀려질 수 있는 거지요.

국가의 1인당 국민소득도 국가에서 한 해간 발생한 총소득을 인구 수로 나눈 평균값입니다. 우리나라는 2018년에 1인당 국민소득 3만 달러 시대를 열었지만 경제성장을 체감한 국민들은 그다지 많지 않았죠. 실제로 1인당 국민소득이 2만 달러에서 3만 달러로 상승하는 과정에서 하위 계층은 오히려 소득이 줄어들었고 중위 계층은 소득의 변화가 거의 없었지만 상위 계층은 소득이 늘었다는 통계청의 자료가 있답니다. 1인당 국민소득은 국민 평균 소득일 뿐이고 소득의 양극화를 전혀 보여주지 못하는 지표입니다.

이외에도 통계로 특정한 사실을 숨기거나 왜곡할 수 있는 방법은 무수히 많습니다. 이 글을 읽는 독자 분들 중 일부는 스스로가 통계의 장난에 쉽게 넘어가지 않을 것이라고 생각하실 수도 있겠지만 이건 생각보다 어렵답니다. 심지어 통계자료에 '과학적 사실이다', '전문적인 정보다' 와 같은 언급까지 있다면 대부분의 사람들은 면밀하게 따져보지 않고 보이는 자료 그대로 믿을 수밖에 없지요.

물론 모든 통계 자료가 문제가 있다는 것은 아닙니다. 특정한 의도로 아예 작정하고(...) 문제가 있는 통계자료를 제시하는 사람들로 인해 문제가 생기는 것이죠. 통계는 여러 가지 현상을 눈으로 보기 쉽게 정리해 놓은 것으로, 국가의 정책을 결정하는 관료들과 많은 사람들이 적절한 판단을 할 수 있도록 돕는 중요한 자료입니다. 그러므로 통계에 대한 불신에 빠져 무조건 자료를 부정하거나 근거도 없이 조작이라고 주장하는 것은 좋은 자세가 아니겠죠. 우리는 통계자료에 무조건 반감을 가지기보다 통계자료를 올바르게 제시하고 올바르게 활용할 수 있도록 돕는 방안들에 대해 고민해야 합니다.

확률의 함정

안전벨트를 매면 사망률이 올라간다고?

진실은 의심할 여지 없이 아름답다. 하지만 거짓 역시 그렇다.
- 랄프 왈도 에머슨 (미국의 사상가) -

오랜 역사를 자랑하는 영국의 신문사 타임스The Times에서는 1990년에 비행기 조종사의 60%가 65세 이전에 사망한다는 내용의 기사 글이 실렸습니다. 비행기 조종사를 꿈꾸는 학생들에게는 청천벽력 같은 소리지요. 더군다나 이 통계자료는 조작된 것이 아닌 명백한 사실이었습니다. 실제로 이 기사 글이 실린 1990년경에는 비행기 조종사의 60%가 65세가 되기 전에 죽음을 맞이했다는 말이죠. 그렇다면 비행기 조종사들이 다른 사람들보다 일찍 사망했던 원인은 무엇이었을까요? 많은 학자들이 원인을 찾기 위해 많은 연구를 진행했고 어느 정도 시간이 지나서 밝혀진 원인은 너무나도 황당했습니다.

1960년대 이전에는 대부분의 비행기들이 군사 목적으로 운행되다 보니 비행기 조종사의 수가 엄청 적었답니다. 비행기를 일반인들도 탑승할 수 있게 된 것은 1960년대 이후거든요. 비행기 조종사들의 수가 대폭 증

가한 것도 이때쯤부터일 겁니다. 그렇다면 타임스에 기사 글이 등장했던 1990년경에 비행기 조종사들의 나이는 어느 정도였을까요? 1960년대에 비행기 조종사가 된 사람들은 1990년대에 나이가 아무리 많아야 60~65살 정도밖에 되지 않았을 것이고 1960년대 이후에 취업한 사람들은 나이가 더 어렸을 것입니다. 1960년대 이전에는 비행기 조종사가 거의 없었으므로 1990년경에 60~65살보다 나이가 많은 비행기 조종사는 거의 없었을 거라 봐도 되겠죠. 누가 죽더라도 65세 이하일 수밖에 없는 시기였을 겁니다. 몇 십 년이 지난 지금 다시 통계를 낸다면 65세 이전에 세상을 떠나는 비행기 조종사들이 1990년보다는 현저하게 적게 나타나겠지요.

이처럼 통계자료 중에서는 조작한 자료가 아니더라도 오류가 있는 경우가 많습니다. 특히 대통령 후보 지지율, 대학교의 취업률 등과 같은 확률 문제를 다룰 때에 오류가 유독 자주 발생하죠. 원인은 다양하지만 확률을 내기 위해 추출하는 표본에 문제가 있어서 그런 경우가 많답니다. 위의 사례도 당시 비행기 조종사들의 연령대가 65세를 넘긴 경우가 거의 없었기 때문에 발생한 오류지요.

20세기경 유럽이나 미국의 많은 명문대에서는 졸업생의 취업률이 90%를 넘는 경우가 흔했습니다. 취업난이 계속되는 지금이랑 비교해보면 부러울 정도로 엄청 높지요. 하지만 이것도 추출한 표본에 문제가 있어서 사실보다 더 높게 나온 것으로 추정되고 있습니다. 이 취업률은 졸업생들에게 설문조사를 하면서 나온 결과입니다. 그런데 한 번 생각해보세요. 취업을 못한 사람들 중에서 설문조사에 적극적으로 참여하고 싶은 사람들이 과연 얼마나 될까요? 아마 거의 없을 겁니다. 가뜩이나 취업도 못했는데 설문조사에 참여해서 '저는 취업하지 못했어요.'라고 작성해야 한다면 얼마나 짜증(...)이 나겠어요. 결국 취업한 사람들만 대부분 설문조사에 참여하면서 취업률이 높게 계산되었던 것입니다. 동창회를 갔을 때 대부분의 동창이 잘 사는 것처럼 보이는 것과 비슷하다고 보시면 될 듯합니다. 사업에 실패했거나 직장에서 정리해고를 당한 사람이라면 동창회에 참여하고 싶지 않을 테니까요.

도널드 트럼프Donald Trump와 힐러리 클린턴Hillary Clinton이 미국 대통령 자리를 놓고 대결을 펼치던 2016년 미국 대통령 선거를 아시나요? 당시 미국의 많은 여론조사 기관에서는 선거 전에 유권자들을 대상으로 여론조사를 진행했는데요. 대부분 클린턴이 당선될 것이라고 예측했습니다. 개표 전날까지 말이죠. 반면에 트럼프가 당선될 것이라고 예상한 여론조사 기관은 단 2곳뿐이었습니다. 트럼프는 당선 가능성이 전혀 없어 보였죠. 하지만 막상 개표 결과를 보니 모두의 예상을 완전히 뒤엎고 트럼프

| 도널드 트럼프

| 힐러리 클린턴

가 당선되었습니다. 여론조사 기관의 예측이 완전히 빗나간 거죠. 도대체 왜 이런 결과가 나왔던 걸까요?

당시 트럼프는 인종차별적 발언이나 소수자에 대한 막말을 함부로 내뱉는 후보자였습니다. 선거기간 동안 막말로 참 많은 논란을 일으켰죠. 그러다 보니 미국인들 사이에서 트럼프를 지지하는 사람들은 인종차별주의자나 성차별주의자라는 인식이 생겨났습니다. 그래서 이들은 자신이 트럼프 지지자라는 사실이 밝혀지는 것을 두려워했고, 본인이 트럼프 지지자라는 사실을 말하고 다니지 못했습니다. 당연히 여론조사에서도 마찬가지였겠지요. 그래서 여론조사에서 트럼프의 지지율이 실제보다 낮게 나왔던 것입니다. 결국 이렇게 숨어 있던 지지자들의 표는 개표일에 드러나 트럼프가 대통령이 되는 데 결정적인 역할을 했습니다.

트럼프 지지자들처럼 주위의 분위기로 인해 자신이 지지하는 후보가 누구인지 드러내지 않는 사람들을 샤이 지지층이라고 부릅니다. 샤이 지지층들에 의해 실제 결과와 다른 여론조사 결과가 만들어지지 않으려면 유권자들에게 지지 후보를 물어보는 것 외의 다양한 조사 방식들을 활용해야 할 겁니다.

확률에 대해서 좀 더 흥미로운 이야기를 해 볼까요? '거래를 합시다Let's

make a deal, LMAD'는 몬티 홀Monty Hall이라는 사회자가 진행했던 미국의 TV 퀴즈 프로그램입니다. 비록 지금은 몬티 홀이 진행하고 있지는 않지만 지금까지도 계속 방영되고 있는 인기 프로그램이죠. 이 프로그램은 일반인들도 참여해서 TV에 출연할 수 있는데요. 프로그램에 참여하면 3개의 문 중 하나를 골라서 문 뒤에 있는 물건을 획득할 수 있는 기회가 주어집니다. 문 뒤에는 값비싼 자동차가 있을 수도 있고 뜬끔 없이 염소(...)가 있을 수도 있습니다. 만약 여러분들에게 이 프로그램에 참여할 기회가 주어졌다고 해봅시다. 문을 잘 고른다면 자동차 한 대를 얻을 수 있습니다. 생각만 해도 기분이 좋죠(...)?

1970년대 거래를 합시다 방송 장면 |

몬티 홀 |

여러분 앞에는 3개의 문이 있고, 문 하나에는 자동차, 나머지 두 개의 문에는 염소가 있습니다. 이 때 여러분은 1번 문을 선택했습니다. 하지만 선택 후 바로 결과를 확인하기만 하면 TV 프로그램이 재미가 없죠. 그래서 몬티 홀은 여러분에게 혼란을 주기 위해 3번 문을 열어서 3번 문 뒤에 있는 염소를 보여줬습니다. 그리고 몬티 홀이 1번 대신 2번을 선택하는 것은 어떻겠느냐고 묻습니다. 이 때 여러분은 어떻게 하실 건가요?

대부분의 사람들은 2번으로 선택을 바꾸지 않고 원래대로 1번을 선택할 것입니다. 몬티 홀이 이미 염소가 있는 3번 문을 열었으니 1

번을 선택하든 2번을 선택하든 자동차가 있을 확률이 1/2일 것이라 생각하기 쉽거든요. 만약 2번으로 바꿨는데 원래 선택했던 1번 문에 자동차가 있다는 사실을 알게 된다면 억울할 것 같기도 하고요.

1번 문 그대로 하는 것이 더 유리할까요? 아니면 2번 문으로 바꾸는 것이 더 유리할까요? 단순히 바꾸느냐 마느냐를 선택하는 문제이지만 꽤나 어려워 보이는데요. 당시 인류 역사상 최고의 IQ인 228을 기록했던 미국의 칼럼니스트 사반트Marilyn Savant는 2번 문으로 바꾸면 자동차를 고르게 될 확률이 1/3에서 2/3로 올라가므로 바꿔야 한다고 주장했습니다. 확률이 자그마치 2배나 올라가는 건데요. 사람들의 생각은 사반트와 달랐습니다. 그래서 사반트는 이 사실을 주장하자마자 답이 틀렸다는 내용의 항의 편지를 잔뜩 받았답니다. 편지를 보낸 사람 중에서는 수학 관련 분야에서 박사학위를 받은 사람들이나 수학자(...)도 있었지요.

논쟁 끝에 사반트의 주장은 맞다는 사실이 밝혀졌습니다. 이것을 이해하려면 1번 문에 양이 있을 경우와 자동차와 있을 경우로 각각 나눠서 생각해야 하는데요. 만약 1번 문 뒤에 양이 있다면 무조건 2번으로 바꾸어야 자동차를 얻을 수 있습니다. 그런데 중요한 사실은 맨 처음에 양을 고를 확률이 2/3이나 된다는 겁니다. 그러므로 2/3의 높은 확률로 양을 고르고 나서 2번 문으로 바꾸면 자동차를 얻게 되지요. 반면에 1번 문에 자동차가 있었다면 문을 바꾸지 않아야 자동차를 얻습니다. 하지만 맨 처음에 자동차가 있는 문을 고를 확률은 1/3밖에 안 되지요. 정리하면 맨 처음에 자동차가 있는 문을 고를 확률은 1/3이지만 양이 있는 문을 고를 확률은 2/3으로 더 높으니까 문을 바꾸는 것이 더 유리한 것입니다.

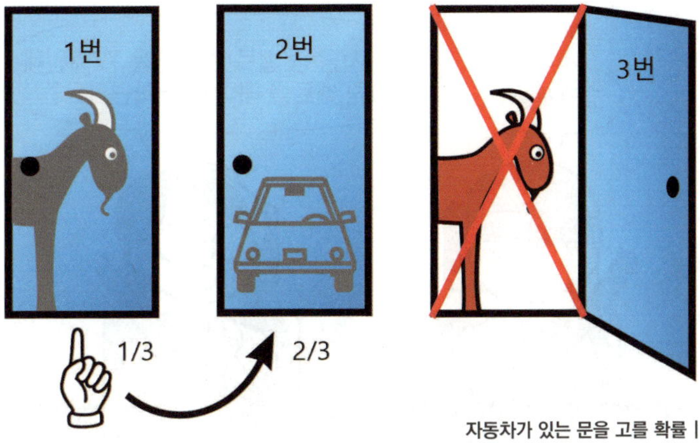

자동차가 있는 문을 고를 확률 |

우리의 직관과는 반대되는 사실이다 보니까 잘 이해가 되실지 모르겠습니다. 많은 사람들은 이 사실을 이해한 후에도 여전히 문을 바꾸지 않는 게 나을 것 같다고 말합니다. 당시 수학자들도 고작 이 문제 하나로 치열한 논쟁을 벌였으니 말 다 했지요. 사람의 직관이 때로는 논리와 다를 수도 있다는 것을 잘 보여주는 사례라고 생각합니다.

2007년에 방영되었던 스페인 영화 〈페르마의 밀실Fermat's Room〉에도 확률과 관련된 재미있는 이야기가 있답니다. 영화 중간에 페르마가 차에 경찰을 태우고 안전벨트를 매지 않고서 운전을 하는 장면이 등장하는데요. 경찰은 고속도로에서 교통사고로 사망한 사람들의 28%가 안전벨트를 매지 않았다며 페르마에게 안전벨트를 매라고 요구합니다. 하지만 페르마는 '72%의 사람들은 안전벨트를 맨 채 죽었다는 거군요.'라며(...) 경찰의 말에 반박합니다. 그런데 언뜻 보면 페르마의 말이 맞는 것 같기도 하지요. 그래도 페르마는 경찰의 요구에 못 이겨 안전벨트를 매는데요. 이 때 안전벨트에 누군가가 몰래 설치해 둔 독가스가 새어 나오면서 페르마는

목숨을 잃습니다. 그는 안전벨트를 맨 채 죽은 72%의 사람(?) 중 한 명이 되었죠.

분명히 안전벨트를 매지 않는 것보다는 매는 것이 더욱 안전할 텐데 안전벨트를 맨 채 죽은 사람들이 더 많은 이유는 뭘까요? 바로 안전벨트를 착용하는 운전자가 착용하지 않은 운전자보다 훨씬 많기 때문이랍니다. 쉽게 예를 들어서 안전벨트를 착용한 사람이 97만 명, 착용하지 않은 사람이 3만 명이고 둘이 합쳐 100만 명 중 교통사고로 사망한 운전자가 1000명이라고 가정해 봅시다. 그러면 사망자 1000명 중에서 28%인 280명은 안전벨트를 착용하지 않은 사망자이고 72%인 720명은 안전벨트를 착용한 사망자입니다. 안전벨트를 착용하지 않은 3만 명 중에서 사망자가 280명이므로 안전벨트를 착용하지 않은 사람들의 사망률은 280/30000×100=0.933%인 반면에 안전벨트를 착용한 사람들의 사망률은 720/970000×100=0.074%으로 훨씬 낮아지죠. 자그마치 12배나 차이가 납니다.

결국 이런 혼동이 발생한 이유는 사망자 중에서 안전벨트를 착용한 사람과 착용하지 않은 사람의 비율만 비교했기 때문이라고 할 수 있죠. 안전벨트가 운전자의 사망률을 얼마나 낮추는지 알기 위해서는 안전벨트를 착용한 사람들의 사망률과 착용하지 않은 사람들의 사망률을 비교해야 한답니다.

기후변화

사람 때문인가, 아니면 자연스러운 현상인가

우리에게 두 번째 계획(Plan B)는 없다.
차선책으로 선택할 행성(Planet B)이 없기 때문이다.
- 반기문 (UN 사무총장) -

태양에너지는 지구상에 사는 모든 생명체들에게 어머니와도 같습니다. 우리 인류도 태양 덕분에 지구에서 살아갈 수 있는 거죠. 하지만 태양에서 지구로 들어오는 에너지가 모두 지구에 무사히 도달하는 것은 아닙니다. 약 30%는 우주 밖으로 나가거든요. 오직 50%정도의 에너지만 지구에 도달할 수 있지요. 그런데 지구는 이 50%의 에너지 중에서 일부를 또 다시 우주 밖으로 내보내려 합니다. 하지만 이들 에너지가 모두 지구가 원하는 대로 우주 밖으로 나가지는 않습니다. 에너지 일부를 이산화탄소 CO_2와 메테인 CH_4 등과 같은 온실기체들이 흡수해서 우주 밖으로 나가지 못하게 하거든요. 이렇게 대기 중에 남게 된 에너지는 대기의 온도를 상승시킵니다. 그 결과 지구가 원래보다 더욱 더워지는 현상이 나타나는데요. 이러한 현상을 온실효과Greenhouse effect라고 합니다.

온실효과는 지구에 살아가는 우리에게는 중요합니다. 만약 지금 갑자

기 온실효과가 사라진다면 지구의 평균 온도는 -18℃까지 내려가서 대부분의 생명체들이 살기 어려워지게 되지요. 우리가 지금과 같이 따뜻한 환경에서 쾌적하게 살 수 있는 이유는 이산화탄소, 메테인과 같은 온실기체 덕분이랍니다.

문제는 석유와 석탄의 사용량이 급증하면서 이산화탄소와 같은 온실기체가 필요 이상으로 증가하고 있다는 겁니다. 석유, 석탄이랑 이산화탄소가 무슨 관계가 있냐고요? 원래 석유와 석탄은 지구의 탄소 저장 창고 역할을 합니다. 석유와 석탄에는 아주 많은 양의 탄소가 포함되어 있거든요. 그런데 사람들이 석유와 석탄을 지하에서 꺼내 연료로 사용하면 탄소가 대기 중으로 배출되고, 배출된 탄소는 산소와 결합하여 많은 이산화탄소가 만들어집니다. 실제로 지구 대기 중의 이산화탄소의 양은 석유와 석탄의 사용량이 증가하기 시작한 1960년대 이래 엄청난 속도로 증가하고 있습니다. 이산화탄소의 양이 증가하니까 지구상의 평균 기온도 1960년대 이후로 빠르게 증가하고 있고요.

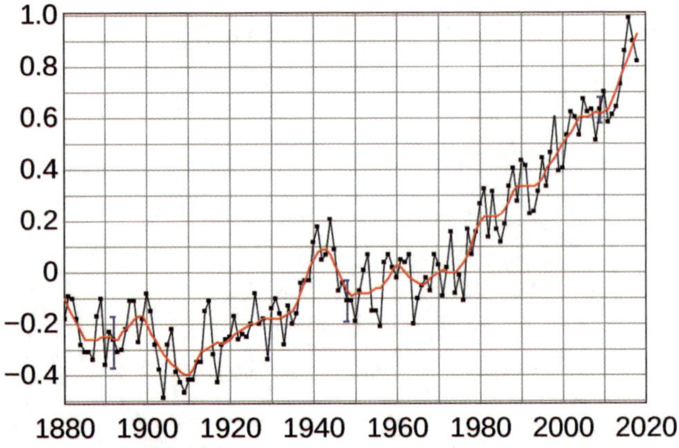

| 1880~2020년까지의 온도 상승 그래프

여기에 더불어 전 세계 인구가 증가하면서 삼림이 감소한 점도 온실효과를 크게 하는 데 한 몫을 했습니다. 나무와 같은 식물들은 이산화탄소를 흡수해서 광합성을 하는데 삼림이 감소하면 삼림이 흡수하는 이산화탄소의 양도 감소할 수밖에 없으니까요. 이처럼 온실기체의 증가와 삼림의 감소로 지구의 평균 온도가 상승하는 현상을 지구온난화Global warming라고 부릅니다.

불과 몇 년 전만 해도 학교 과학 교과서에서는 대기 중의 이산화탄소의 양을 300ppm, 즉 전체 대기 중에서 0.03%를 차지한다고 배웠습니다. 하지만 이 값은 대기 중의 이산화탄소가 급속하게 증가하기 전인 1960년 이전의 값입니다. 대기 중의 이산화탄소 농도는 2016년에 이미 400ppm, 0.04%를 넘어 버렸죠. 증가한 양이 고작 0.01%에 불과하다고 생각하는 사람들도 많지만 100년도 안 되는 짧은 기간 동안 300ppm에서 400ppm으로 무려 30~40%가 더 증가한 것이므로 절대 무시할 수 있는 수치가 아닙니다. 지구상에 인류가 등장한 시기가 500만 년 전이고,

최초의 생명체가 등장한 시기가 40억 년 전이라는 점을 감안하면 100년은 굉장히 짧은 시간이죠.

이처럼 우리는 지구의 기후가 무섭게 변화를 거듭하고 있는 격변기에 살고 있습니다. 이러한 변화가 우리에게 어떤 결과를 불러 올까요? 아시겠지만 절대로 좋은 결과로 이어지지는 않습니다. 지구 온도가 상승하면서 일어나게 될 일들은 생각보다 심각하거든요. 일단 토양의 수분 증발량이 많아져 작물 재배가 어려워지고, 사막화를 촉진시킵니다. 현재 아프리카나 중동 지역이 식량부족으로 고통 받는 이유 중의 하나이기도 하죠. 마찬가지로 삼림에서도 증발하는 물의 양이 더 많아지니까 산불도 증가하는데요. 실제로 과거에 비해 세계적으로 산불이 잦아졌음을 알 수 있습니다. 최근에는 산불의 규모가 얼마나 거대해졌는지 2018년 미국 캘리포니아 산불 때에는 서울 면적의 3배만큼의 삼림이 타버렸고, 2019년에 있었던 호주 산불 때에는 한반도 크기(...)만큼의 삼림이 타버렸습니다. 많은 과학자들은 캘리포니아 산불과 호주 산불을 기후변화에 의한 재앙이라고 말합니다.

1989년과 2008년의 아랄 해 비교 |

육지에서 증발하는 물의 양이 증가한다는 것은 다르게 말하면 강물의 양이 줄고 호수가 말라버릴 수도 있다는 것을 의미하는데요. 이러한 피해를 입은 장소가 바로 아랄 해입니다. 아랄 해는 원래 인근에 사는 사람들이 철갑상어, 잉어

| 지구온난화로 녹는 빙하

등과 같은 물고기를 잡으며 살아가던 풍족한 장소였습니다. 하지만 아랄해 인근 주민들의 풍족함은 그리 오래 가지 못했습니다. 물이 급격히 말라서 거의 바닥을 드러내고 있거든요. 실제로 과거의 세계지도와 지금의 세계지도를 보면 아랄 해의 모양이 많이 다릅니다.

극지방의 빙하가 녹아 해수면이 상승하고 있다는 점도 문제입니다. 이 피해를 가장 극심하게 보고 있는 나라들이 바로 섬나라인데요. 특히 투발루는 나라를 구성하는 섬들 중 두 섬이 이미 1999년에 바다에 잠겨버린 상황입니다. 투발루는 평균 해발고도 2m, 가장 높은 곳이 5m밖에 안 되는 매우 평평한 섬으로 구성되어 있는 국가이기 때문에 피해가 아주 크답니다. 아마 지금과 같은 상황이 지속된다면 투발루는 머지않아 섬 전체가 잠길 것으로 보입니다. 현재 섬에 사는 주민들은 주변국인 호주, 뉴질랜드로 이민을 시도하고 있지만 두 나라 다 이민을 쉽게 받아주지 않고 있습니다. 뉴질랜드는 영어가 유창하고 뉴질랜드 기업에 취업한 사람들만 이민을 받아주고 있죠. 조건을 충족시킨다고 해도 조건을 충족하지 못한

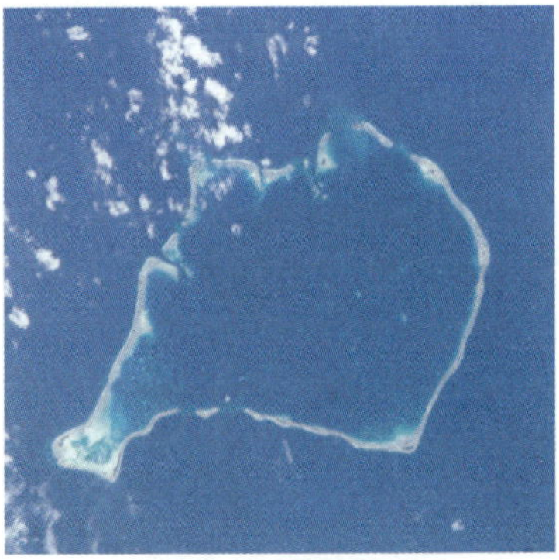
물에 잠기고 있는 투발루의 푸나푸티 섬 |

가족들을 모두 버리고(...) 가야 하기 때문에 주민들은 섬을 쉽게 떠나지 못하고 있답니다.

지금 당장은 투발루를 포함한 섬 국가들만 심각해 보이지만 만약 지구온난화가 계속되어 해수면이 꾸준히 상승하면 세계적인 대도시인 미국 뉴욕, 영국 런던, 중국 상하이, 이탈리아 베니스 등도 바다에 잠겨버릴 전망입니다. 그래도 그나마 다행인 점은 이들 국가는 충분한 기술과 돈을 보유하고 있어서 해수면 상승에 대처할 거라는 점입니다. 투발루가 이들 국가들과 너무 대조적여서 안타깝게 느껴지는데요. 결국 지구온난화의 피해를 가장 극심하게 보는 나라들은 투발루 같이 지구온난화를 일으킨 국가들과는 무관한 가난한 나라들인 셈입니다.

그래도 지구온난화를 해결하려는 움직임은 있습니다. 지구온난화가 생각보다 심각하다는 것을 깨닫게 된 전 세계의 지도자들이 교토의정서와 파리기후변화협정과 같은 국제조약을 통해 온실기체의 배출량을 줄이기로 합의했거든요. 그러나 여기에도 걸림돌이 있는데요. 많은 국가들의 이해관계가 서로 충돌하고 있어서 합의가 쉽지 않은 상황이랍니다. 당장 교토의정서만 봐도 세계 최대의 온실기체 배출국인 미국이 자국의 석유기업들을 보호하기 위해 탈퇴했습니다. 파리기후변화협정에서도 개발도상국의 발전을 막는 조약이라며 개발도상국들의 반발이 심했습니다. 국가의 발전을 위해서는 석유와 석탄을 반드시 사용해야 하는데, 조약에 가입하면 석유와 석탄의 사용량을 강제로 줄여야 하거든요. 개발도상국 입장에서 온실기체 배출 규제는 온실기체를 줄여도 큰 타격이 없는 선진국들이 개발도상국들에게 배려 없이 무리하게 요구해오는 것으로밖에 안 보일 겁니다.

2000년대 들어서는 지구온난화는 사실 가짜라는 지구온난화 허구설이 퍼지면서 상황을 더욱 어렵게 만들기도 했답니다. 이산화탄소의 농도가 증가하긴 했지만 기후변화에 미친 영향은 미미하다는 거죠. 게다가 2007년 영국에서는 지구온난화가 이산화탄소 때문이 아니라 태양의 활발한 활동으로 발생한 자연스러운 현상이라는 내용의 다큐멘터리가 방영되기도 했답니다. 지구온난화가 가짜라고 믿는 사람이 증가한 것은 아마 이때부터였을 것으로 보입니다.

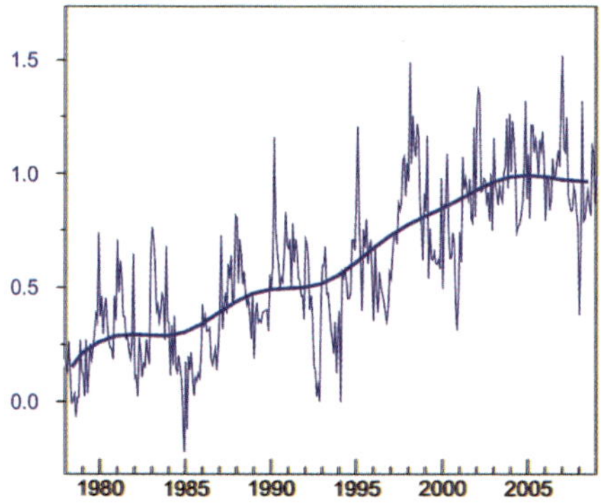

| 지구의 온도 변화 그래프

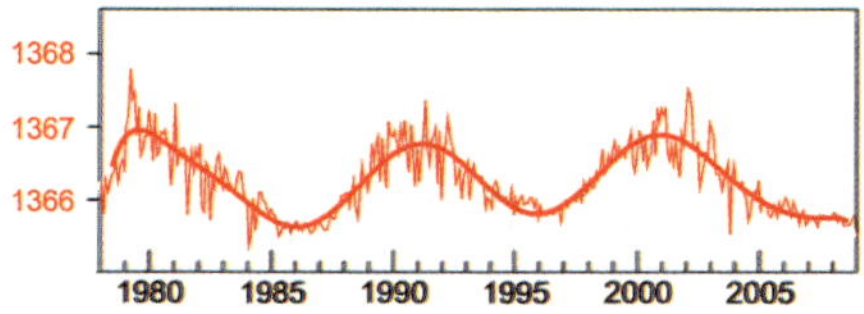

| 태양에너지의 변화 그래프

지구온난화 허구설은 생각보다 꽤 많은 사람들이 믿어 왔었는데요. 다행이도 사람들 사이에서 그리 오래 가지는 않았습니다. 지구온난화 허구설을 가장 적극적으로 주장했던 미국의 하트랜드연구소Heartland institute가 석유기업들에게 뇌물을 받았다는 사실이 알려지면서 힘을 잃었거든요. 게다가 과학자들의 연구에 의해 현재의 기후변화가 태양의 활발한

조지 부시 |

활동과는 아무런 관계가 없다는 것도 밝혀졌지요. 지구의 온도가 계속 상승하는 동안 태양이 배출하는 에너지의 양에는 거의 변화가 없었거든요.

그렇다면 이제 의문점이 하나 생깁니다. 왜 지구온난화 허구설이 퍼진 걸까요? 이것은 석유기업들과 관련이 있습니다. 지구온난화의 원인이 이산화탄소라는 사실이 알려지면 석유기업들의 이익 창출에 방해가 되고 정부 정책에 의해 규제받을 수도 있거든요. 그러므로 석유기업들이 하트랜드연구소에 뇌물을 지급하고 지구온난화의 원인은 이산화탄소가 아니라는 내용의 연구를 하라고 시켰던 거지요.

2001년부터 2009년까지 미국의 대통령이었던 조지 부시George Bush도 지구온난화가 미국에게 도움이 된다(...)는 황당한 발언을 한 적이 있고 대통령이 되자마자 교토의정서도 탈퇴했는데요. 이것도 부시가 대통령이 되기 전 석유 사업가였던 것과 관련이 있는 것으로 보입니다. 결국 지구온난화 문제의 해결에는 개발도상국과 선진국 간 뿐 아니라 석유를 기반으로 하는 수많은 기업들과 정책을 수립하는 정부 간에도 복잡한 이해관계가 형성되어 있음을 알 수 있습니다. 지구온난화 문제의 해결에는 해야 할 과제들이 너무 많죠.

극단적이지만 지구온난화를 멈출 수 있는 가장 훌륭한 방법은 인류가 지구상에서 멸종하는(!) 것뿐입니다. 농담처럼 들리지만 가장 확실한 방법이긴 합니다. 인류가 하는 모든 활동이 지구온난화를 일으키고 있으니

까요. 애초에 지구에 인류가 없었다면 지구온난화는 발생하지 않았을 것이고 지구도 지금보다 더 안정적이었을 겁니다. 하지만 그렇다고 해서 인류를 멸종시켜서는 안 되겠지요(...).

이대로 가만히 손 놓고 있자는 말은 아닙니다. 지금 당장 우리가 할 수 있는 일을 하면 됩니다. 우리들 모두 기후변화의 심각성을 자각하고 에너지를 절약해야 해야 합니다. 언제가 될지는 알 수 없지만 기존의 석유 기반 에너지와는 다른 혁신적인 에너지원을 개발하는 것도 필요합니다. 먼 미래를 보고 꾸준히 연구해야겠죠. 과연 인류는 이 두 가지 임무를 모두 성공적으로 수행하고 삶의 터전인 지구를 보호할 수 있을까요? 두고 볼 일입니다.

항생제

항생제 개발은 제약회사에게 오히려 손해?

실험실에 나타나는 독특한 일이나 현상을
절대로 소홀하게 생각하지 말라.
– 알렉산더 플레밍 (영국의 의사) –

우리는 병을 일으키는 원인 중에 하나가 우리 몸에 침투한 세균박테리아 때문이라는 사실을 잘 알고 있습니다. 그러나 불과 몇 백 년 전만 해도 사람들은 세균이라는 게 있는 줄도 몰랐습니다. 크기가 너무 작아서 육안으로는 볼 수가 없었거든요. 그래서 당시 사람들은 병이 사람과 환경의 부조화에 의해 생겨나는 것이라고 여겼습니다. 병에 걸렸을 때에는 치료법도 없어서 전지전능한 신의 힘(?)으로 병을 치료하기도 했답니다.

하지만 인류가 계속 이렇게만 살아왔던 건 아닙니다. 병의 원인이 무엇인지에 대한 연구가 꾸준히 이루어져 왔거든요. 결국 오랜 연구 끝에 과학자들은 현미경으로 세균을 관찰할 수 있게 되었고, 얼마 지나지 않아 병의 원인이 세균이라는 사실도 알아냅니다. 그리고 결국에는 세균을 죽이는 물질을 발견하면서 치료의 길이 열렸는데요. 이렇게 세균을 죽이는 물질을 바로 항생제Antibiotics라고 부른답니다. 최초의 항생제가 개발된

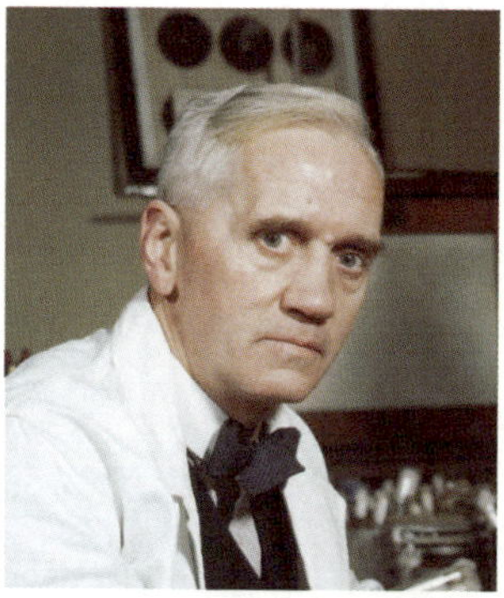
| 플레밍

| 왁스먼

이후로 세균에 의해 발병하는 질병들은 거의 대부분 항생제로 치료하지요.

그렇다면 항생제는 어떻게 우리 앞에 모습을 드러낸 걸까요? 흥미롭게도 최초의 항생제는 우연히 발견되었습니다. 1928년 영국의 의사 플레밍Alexander Flemming은 세균 실험을 하다가 곰팡이가 핀 곳에서는 세균이 유독 잘 죽는 모습을 보게 되었습니다. 그냥 별 생각 없이 넘어갈 수도 있는 일이었지만 플레밍은 이 일을 그냥 넘기지 않았습니다. 왜 세균이 죽은 것인지 연구를 시작한 것이죠. 평소에는 쉽게 죽지 않는 세균이 고작 곰팡이 때문에 죽는다는 게 신기하게 느껴졌던 모양입니다. 플레밍은 연구 과정에서 곰팡이에서 세균을 죽이는 물질이 나온다는 사실을 알게 되었고, 이 물질을 따로 추출한다면 세균을 죽이는 약이 될 수 있을 거라 여겼습니다. 결국 플레밍은 연구 끝에 세균을 죽이는 물질인 페니실린Penicillin을 추출하는 데 성공합니다. 이 페니실린이 바로 최초의 항생제입니다.

페니실린이 인류에게 미친 파급력은 상상 이상이었습니다. 특히 전쟁이 발발했을 때 페니실린은 가장 중요한 전략물자 중에 하나였습니다. 페니실린이 개발되기 전에는 군인들이 전투 도중 다친 부위에 세균감염이 일어나 팔다리를 절단하거나 심하면 죽는 일이 흔했는데요. 페니실린 덕분

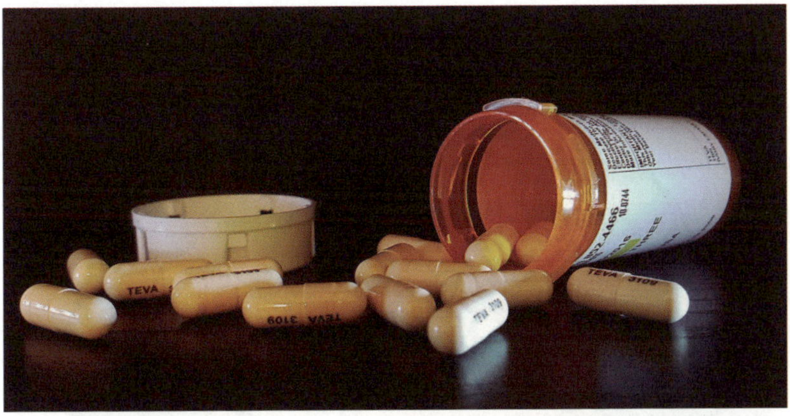

항생제의 일종인 아목시실린 |

에 다친 부위의 세균감염을 막을 수 있었습니다. 아마 페니실린이 없었다면 2차 세계대전의 인명피해는 더욱 심각했을 겁니다. 우리의 역사를 바꿔놓은 약이라고 봐도 무방하죠. 페니실린이 얼마나 대단한 항생제인지 더 알려드리자면, 페니실린의 화학적 구조를 약간 변형해서 만든 아목시실린Amoxicillin과 암피실린Ampicillin은 지금도 가장 많이 쓰이는 항생제들입니다.

과학자들은 페니실린 이후에도 세균을 죽이는 항생제를 꾸준히 개발했습니다. 페니실린 다음으로 혁신적인 항생제를 고르자면 결핵균을 퇴치하는 항생제인 스트렙토마이신Streptomycin이 아닐까 합니다. 스트렙토마이신은 1944년에 미국의 세균학자인 왁스먼Selman Waksman이 흙에 사는 세균에서 나오는 물질을 연구하다가 발견했습니다. 스트렙토마이신이 혁신적이라고 하는 이유는 당시 전 세계가 결핵으로 시름시름 앓고 있었기 때문입니다. 당시 상황이 얼마나 심각했냐면 1800년부터 2000년까지 전 세계에서 약 10억 명 이상의 사람들이 결핵으로 목숨을 잃었을 정도

였습니다. 1900년경에 세계 인구가 16억이었고 1950년에는 25억이었으니 10억 명의 사망은 엄청난 수치죠. 하지만 스트렙토마이신이 개발되면서 결핵 사망자 수가 빠르게 줄어들 수 있었답니다.

이처럼 많은 병들이 항생제로 치료되는 모습을 본 전 세계의 사람들은 항생제에 열광했습니다. 당시 병의 원인이 대부분 세균이었다는 것을 생각해보면 항생제의 발견은 어마어마한 혁신이었습니다. 지금 인류가 세균성 질병에 고통 받지 않고 과거보다 건강하고 오래 살 수 있는 것도 모두 항생제 덕분이랍니다. 이제는 항생제가 없는 삶을 생각조차 할 수 없을 정도지요.

하지만 빛이 있는 곳에는 어둠이 있기 마련이죠. 사람들은 항생제의 기적과도 같은 효과에 너무 심취(?)한 나머지, 항생제들을 너무 무분별하게 사용했습니다. 굳이 항생제를 사용하지 않아도 치료할 수 있는 병에도 항생제를 사용할 정도였죠. 항생제 없이 저절로 회복될 수 있는 병들이 마치 항생제 덕분에 치료된 것처럼 여겨지기도 했답니다. 하지만 항생제의 기적은 그리 오래 가지 않았습니다. 사람들이 페니실린을 너무 무분별하게 사용하면서 페니실린의 효과가 떨어지고 말았거든요. 페니실린에 내성이 있던 소수의 내성균들이 페니실린에도 죽지 않고 살아남아 수를 늘리면서 발생한 결과였습니다.

내성균이 생겨나는 속도는 정말 빨랐습니다. 특히 식중독을 일으키는 세균인 포도상구균이 페니실린에 내성을 가지기까지 걸린 시간은 몇 년도 채 걸리지 않았습니다. 1950년경에는 40%의 포도상구균이 페니실린에 내성을 가졌고 10년이 지난 1960년에는 그 2배인 80%가 내성을 가졌을 정도였지요. 기적의 약이었던 페니실린이 포도상구균에게는 불과 몇 십 년 만에 효과가 거의 없는 약이 되고 만 것입니다.

과학자들은 이대로 가만히 있을 수 없었습니다. 과학자들은 내성균에 대응하기 위해 페니실린의 화학적 구조를 약간 변형하여 메티실린Meticillin이라는 새로운 항생제를 개발했습니다. 하지만 메티실린이 개발된 지 고작 2년 만에 내성균이 등장했습니다. 무서운 점은 이 내성균은 메티실린을 포함해서 페니실린과 화학적 구조가 유사한 모든 항생제에 내성을 가지고 있었다는 것입니다. 당시에는 항생제가 페니실린 외에는 그리 많지 않았기에 과학자들은 적잖이 당황할 수밖에 없었죠. 메티실린 내성균의 등장은 우리 인류가 앞으로도 새로운 항생제를 꾸준히 개발

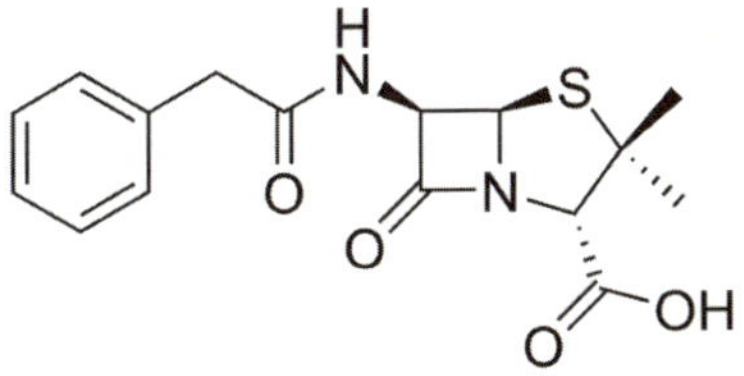

페니실린 |

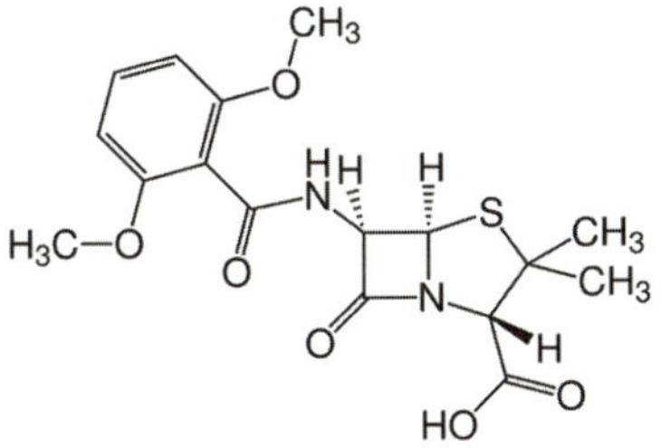

메티실린 |

하지 않으면 머지않아 큰 위험이 찾아올 수도 있다는 경고였습니다. 그래서 과학자들은 메티실린의 개발 이후에도 계속 새로운 항생제를 개발했습니다. 인류와 세균의 치열한 전쟁은 이 때부터 본격적으로 시작됩니다.

문제는 1980년대 이후로 새로 개발되는 항생제의 수가 꾸준히 감소하고 있다는 겁니다. 항생제가 개발되는 속도가 내성균이 생겨나는 속도를 따라잡지 못하고 있는 거죠. 다르게 말하면 인류가 세균과의 전쟁에서 밀리고 있는 겁니다. 그나마 새로 개발된 항생제들도 대부분 기존 항생제의 화학적 구조를 약간 변형하는 정도에 불과했습니다.

왜 이런 현상이 일어나고 있는 걸까요? 여기에는 다양한 이유가 있습니다. 우선 하나의 항생제가 개발되어 판매되기까지는 자그마치 15~20년이 걸립니다. 항생제를 개발하는 것도 많은 시간이 들지만 개발 후에는 안전성 실험을 거쳐야 하기 때문이죠. 게다가 이러한 과정에는 수 조 원에 달하는 천문학적인 비용이 들어갑니다. 물론 다른 약들을 개발할 때도 항생제와 비슷한 비용과 시간이 들기는 하는데요. 항생제는 다른 약들과 비교하기에는 무리가 있습니다. 항생제는 개발된 지 얼마 지나지 않아 내성균이 등장하는 경우가 많아서 약의 가치가 금방 떨어지는 경우가 많거든요(...).

15~20년의 시간과 수 조 원의 돈을 투자해서 항생제를 만들어도 내성균이 등장한다면 사람들은 그 항생제를 구입하지 않을 것입니다. 제약회사는 엄청난 손해를 보겠죠. 이처럼 제약회사의 항생제 개발은 금전적 이익은커녕 크나큰 손해를 안겨줄 수도 있는 무모한 도전입니다. 그러므로 적당한 돈과 시간만 들여서 기존 항생제의 화학적 구조를 변형한 수준의

항생제만 만들고 안정적인 이익을 남기려는 것이죠. 하지만 이마저도 점점 한계입니다. 항생제 하나당 변형할 수 있는 경우의 수는 무한하지 않으니까요.

그런데 이런 상황과는 별개로 새로운 항생제의 개발은 점점 더 중요해지고 있습니다. 슈퍼박테리아에 대한 우려 때문이죠. 거의 모든 항생제에 내성도 있고 사람들에게 빠르게 퍼져 심각한 해를 끼치는 슈퍼박테리아가 등장할 가능성도 충분히 있거든요. 슈퍼결핵이 대표적인데요. 슈퍼결핵에 걸린 환자는 항생제가 잘 듣지 않아서 치료 성공률이 30%밖에 안 됩니다. 전염성도 강해서 환자 한 명이 10~15명에게 결핵균을 퍼뜨릴 수 있죠. 사망률도 25~30%로 무시할 수 없는 수준입니다. 지금이야 슈퍼결핵 정도만 위험해 보이지만 나중에는 인류 전체를 위협하는 신종 슈퍼박테리아가 등장할지도 모르지요.

그래도 그나마 다행인 점은 요즘 전 세계 과학자들 사이에서 새로운 항생제를 개발하려는 움직임이 활발해지고 있다는 겁니다. 특히 바다 속에

| 바다는 새로운 항생 물질을 발견할 가능성이 높은 곳이랍니다.

서식하는 세균이 만들어내는 항생 물질에 대한 연구가 아주 활발합니다. 바다에는 지구상 생명체의 80%가 서식하고 있어서 새로운 항생 물질을 발견할 가능성이 높거든요. 이미 자연에 존재하는 물질이니까 부작용도 낮을 것이고요. 어쩌면 과거에 기술력 부족으로 미처 발견하지 못했던 항생물질을 바다에서 발견하게 될지도 모를 일입니다.

많은 과학자들이 이렇게 신종 슈퍼박테리아에 대비하여 새로운 항생제를 열심히 개발하고 있는데 우리도 가만히 있을 수는 없겠죠. 우리가 할 수 있는 일은 무엇이 있을까요? 항생제를 과하게 먹는 것이 내성균의 출현을 더욱 빠르게 한다는 사실을 명심하고 항생제를 적절히 사용해야 합니다. 항생제가 가장 함부로 사용되는 경우가 바로 감기인데요. 감기는 세균이 아니라 라이노바이러스나 코로나바이러스와 같은 바이러스에 의해 감염되는 질병이라서 항생제를 먹어도 도움이 되지 않는답니다. 괜히 항생제에 내성만 생기는 거지요. 그런데 감기에 걸려도 항생제를 먹는 사람들이 있긴 한데요. 이건 어디까지나 폐렴이나 중이염과 같은 세균성 질병을 동반한 감기에만 해당합니다. 그러므로 앞으로는 감기에 걸렸다고 하여 항생제를 먹는 일은 없도록 합시다.

신종 슈퍼박테리아로 인한 피해가 그렇게 심각하지 않을 것이라는 전망도 있지만 안일하게 생각하는 것은 좋지 않답니다. 항상 최악의 경우를 대비하는 것이 미래에 있을지도 모를 큰 피해로부터 사람들을 보호할 수 있는 가장 현명한 방법이라고 생각합니다.

GMO

여전히 식량 문제를 해결해 주지 못한다?

풀무원은 콩기름을 원료로 사용하는 제품에 대해
Non-GMO(유전자변형생물 사용 금지)를 선언합니다.
- 남승우 (풀무원 대표) -

뿌리혹박테리아Rhizobium나 아그로박테리아Agrobacteria 같은 작은 세균들은 식물의 뿌리에 상처가 생기면 상처를 통해 식물의 내부로 들어가 기생하는 특징이 있는데요. 한 가지 재미있는 점은 기생하는 과정에서 자신이 보유하고 있는 유전자를 식물에게 전달한다는 것입니다. 우리가 평소에 볼 수 있는 생물들과는 좀 다르지요. 일단 사람만 봐도 자신의 유전자를 빼내(?) 다른 사람에게 주는 것은 불가능하니까요.

이것이 가능한 이유는 뿌리혹박테리아나 아그로박테리아가 플라스미드Plasmid라고 불리는 도넛 모양의 독특한 유전 물질을 가지고 있기 때문입니다. 플라스미드는 우리가 생각하는 유전자랑은 조금 다르거든요. 한 생물 안에만 계속 머물러 있지 않는답니다. 생물과 생물 사이를 이동할 수 있고, 생물 안에 들어가면 마치 그 생물의 유전자인 것처럼 행동합니다. 실제로 세균의 몸속에 플라스미드가 들어오면 플라스미드의 유전자가 발현되면서 세균이 원래 만들어내지 못했던 물질을 만들게 되거나 항생제에 내성이 생기기도 한답니다. 뿌리혹박테리아와 아그로박테리아도 자신이 가지고 있는 플라스미드를 식물에게 넣어주는 방식으로 자신의 유전자를 식물에게 전달하죠. 참 특이한 생물들이지요?

과학자들은 뿌리혹박테리아와 아그로박테리아를 그냥 두지 않고 유용하게 쓰일 수 있는 방법을 고민했는데요. 그렇게 만들어진 것이 바로 그 유명한 GMOGenetically Modified Organism, 유전자 조작 생물입니다. GMO를 만드는 원리는 생각보다 간단합니다. 일단 이들 박테리아로부터 플라스미드를 꺼냅니다. 이제 이 플라스미드에 약간의 조작을 가할 건데요. 플라스미드의 한 쪽을 자르고 잘라낸 부위에 원하는 유전자를 붙여줍니다. 기존의 플라스미드에 원하는 유전자가 하나 추가되는 거지요. 이렇게 만들어진 플라스미드를 다시 박테리아에 넣어주면 박테리아는 원하는 유전자를 보유하게 되는데요. 이 박테리아를 식물 세포에 기생하게 만들면 원하는 유전자가 식물 세포로 전달됩니다. 이 식물세포는 적절한 환경에서 잘 배양해 주면 원하는 유전자를 가진 식물로 자라날 수 있답니다.

여기서 원하는 유전자라 함은 주로 제초제에도 죽지 않게 해주는 유전자, 너무 춥거나 더운 날씨에도 잘 자라게 하는 유전자 등을 말합니다. 제초제에도 죽지 않게 해주는 유전자는 제초제에도 죽지 않는 식물로부터, 너무 춥거나 더운 날씨에도 잘 자라게 하는 유전자는 너무 춥거나 더운 날씨에도 잘 자라는 식물에서 얻으면 되지요. 우리가 먹는 작물에 이런 유전자들을 넣으면 제초

플라스미드를 자르고 원하는 유전자를 붙이는 과정 |

| 카놀라유의 원료인 유채

제에도 잘 죽지 않고 열악한 환경에서도 잘 사는 작물을 재배할 수 있게 됩니다. 그러다 보니 GMO는 환경이 열악해 식량이 부족한 빈곤국을 먹여 살릴 수 있는 혁신적인 기술로 주목받아 왔습니다.

최초의 GMO는 오랜 기간 보관해도 무르지 않는 토마토입니다. 과일이 무르지 않게 하는 유전자를 플라스미드로 토마토에 넣어서 만든 것이죠. 우리가 자주 먹는 카놀라유의 원료인 유채, 간식으로 흔히 먹는 옥수수, 설탕의 원료가 되는 사탕무도 모두 동일한 방법으로 만들어진 GMO입니다. 그러다 보니 사실 이미 우리의 식탁은 GMO가 점령한지 오래랍니다. 현재 전 세계에서 재배되는 콩의 80%, 옥수수의 30%가 GMO인 것으로 알려져 있습니다.

2013년에는 유전자 가위인 크리스퍼/캐스9CRISPR/Cas9이 개발되어 플라스미드를 이용해서 원하는 유전자를 넣을 필요 없이 곧바로 식물 유전자를 조작해 원하는 유전자처럼 만드는 것이 가능해졌습니다. 크리스퍼/캐스9는 동식물의 유전자도 조작할 수 있는 기술이거든요. 실험 과정도 플라스미드를 이용한 실험보다 훨씬 단순하고 들어가는 비용도 적답니다. 외국에서는 이 기술을 이용해서 병충해에 강한 감자와 토마토, 털이 많은 양을 만들었습니다. 우리나라에서도 근육을 늘린 돼지를 만들고 벼의 신품종을 개발하기도 했답니다.

이처럼 GMO는 기존 작물의 부족한 점을 단박에 보완할 수 있다는 점

에서 정말 대단한 기술이라고 할 수 있는데요. 그렇다면 GMO가 처음으로 등장했을 때 사람들의 반응은 어땠을까요? 안타깝게도 대부분의 사람들은 GMO를 환영해주지 않았습니다. 무엇보다 GMO는 인류가 그동안 먹어보지 않은 검증되지 않은 음식이라는 불안감이 컸답니다. 자연 그대로의 작물이 아니라 '조작'한 작물이라는 심리적 거부감도 있었죠. 상황이 이렇다보니 각종 음모론도 등장했습니다. 대표적인 예가 GMO를 3년간 먹은 쥐가 각종 병에 시달렸으므로 GMO가 위험하다는 건데요. 이것은 쥐의 수명이 2~3년이라는 점을 고려하지 않은 황당한 주장이었습니다. 원래 쥐는 태어난 지 3년 정도 되면 이미 죽거나 너무 늙어서(...) 각종 병에 걸리기 시작한답니다.

이처럼 GMO는 사람들의 심리적 거부감과 환경단체의 영향 그리고 각종 음모론으로 오랜 기간 동안 극심한 반대 여론에 부딪혀 왔습니다. 심지어는 세계에서 가장 유명한 환경단체인 그린피스마저도 GMO를 반대해서 많은 과학자들의 비판을 받았답니다. 우리나라의 많은 식품 기업들

도 GMO로 만든 식품을 판매하지 않는다며 홍보하기도 했죠. 아마 이 책을 읽는 분들 중에서도 GMO가 우리 몸에 좋지 않고 위험할 수도 있다고 생각하시는 분이 많을 거라 생각합니다. 지금까지 논란이 있었던 과학기술은 참 많았지만 GMO만큼 수많은 논란을 불러일으킨 과학기술은 없는 것 같아요.

GMO는 지금까지 존재하지 않았던 식물인 만큼 위험한 물질이 들어있을 수 있다는 게 GMO를 반대하는 분들의 주된 생각입니다. 물론 충분히 가능성이 있기는 합니다. 그래서 GMO 기업에서는 GMO가 시장에 판매되기 전에 철저한 안전성 검사를 진행합니다. GMO에 있는 물질이 특정 사람들에게 알러지를 일으키진 않는지, 독성이 있지는 않은지 말이죠. 특히 세계 최대 GMO 생산국가인 미국은 GMO 식품에 대한 안전성 검사를 조금이라도 소홀히 할 경우 법적으로 큰 문제가 생길 수 있는 것으로 알려져 있습니다. 개발에 성공한 GMO 중에서 소수의 GMO만 안전성 검사를 통과하고 식품으로 판매되고 있죠.

GMO를 이용하면 열악한 환경에서도 작물을 재배할 수 있답니다. |

GMO는 다른 생물의 유전자가 인위적으로 유입되어 만들어진 작물이니까 무슨 위험이 있을지 모른다고 생각하는 분들도 많은데요. 사실 특정 종의 유전자가 다른 종으로 이동하는 현상은 자연 상태에서도 흔히 발생합니다. 우리가 즐겨 먹는 고구마도 그렇게 만들어졌습니다. 아주 오래전 고구마의 조상에 아그로박테리아의 플라스미드를 통해 새로운 유전자가 들어가 만들어진 것이 바로 지금의 고구마랍니다. 원래 고구마는 먹기 좋은 작물이 아니었지만 아그로박테리아 덕분에 새 유전자가 들어가 지금처럼 먹기 좋은 작물이 된 것입니다. 우리가 GMO를 만들 때에도 뿌리혹박테리아와 아그로박테리아의 플라스미드를 사용하니까 현재의 GMO 기술은 자연에 존재하는 실제 현상을 그대로 가져와 쓰는 것과 다를 게 없습니다.

이제 GMO에 대한 오해가 어느 정도 풀리셨나요? 물론 앞으로도 꾸준히 연구가 진행되어야겠지만 GMO에 대한 안전성은 이미 입증된 상태라고 봐도 무방하답니다. 아마 시간이 지나면 지날수록 GMO 안전성 논란은 천천히 수그러들 것으로 보입니다.

그런데 GMO의 논란은 이게 다가 아닙니다. 지금까지 말씀드린 논란 외에도 다른 논란이 하나 더 있거든요. 바로 GMO가 빈곤국의 식량부족 문제를 해결하지 못했다는 겁니다. GMO가 등장 초반에 빈곤국의 식량 문제를 해결할 수 있는 기술로 주목받았던 걸 생각해보면 너무 황당하죠. 물론 GMO가 곡물 생산량을 늘리지 못해서 그런 거라면 어느 정도 이해가 되는데요. 웃기게도 GMO로 곡물 생산량이 늘어났는데도 빈곤국의 식량 문제가 여전히 해결되지 않았습니다. 늘어난 곡물 생산량이 모조리 선진국에게 돌아가면서 이런 일이 벌어진 것이죠.

왜 이렇게 된 걸까요? 사실 빈곤국들이 그토록 빈곤한 이유는 식량이 부족해서가 아닙니다. 사실 곡물은 이미 아주 오래 전부터 전 세계 사람들이 충분히 먹을 만큼 생산되고 있었습니다. 최근 들어서는 충분한 양을 일치감치 넘어서서 필요량의 2배(...)를 생산한다는 통계 결과도 있죠. 그럼에도 많은 사람들이 빈곤으로 고통 받는 가장 큰 이유는 너무 많은 곡물이 소와 돼지와 같은 가축들의 사료로 사용되고 있기 때문입니다. 그러므로 전 세계 사람들이 모두 충분히 먹으려면 가축의 사료로 쓰이는 곡물들이 모두 빈곤국 사람들에게 제공되어야 한답니다. 그럼 그렇게 하면 되지 않겠느냐고 말씀하시는데요. 만약 이 일이 실현되면 저희는 육식을 포기하고 오직 채식만 하면서 살아야 합니다(...). 하지만 생각해보세요. 우리의 가족도 아니고 같은 국민도 아닌 빈곤국 사람들을 위해 기꺼이 육식을 포기할 사람들은 거의 없을 겁니다. 현실적으로 불가능한 일이죠. 결

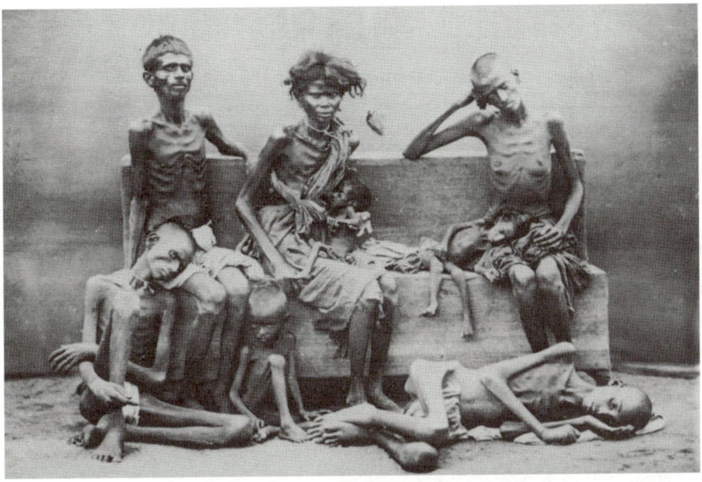

빈곤은 단순히 식량이 부족해서 벌어지는 걸까요? |

국 남은 방법은 빈곤국들이 스스로 GMO를 재배하는 것뿐인데요. 현재 빈곤국들은 정치적 불안과 전쟁, 테러 등의 이유로 작물을 키울 여건이 되지 못합니다.

결국 빈곤 문제는 빈곤국들의 정치적 불안과 전쟁, 테러가 계속된다면 해결되지 않습니다. GMO가 논란이 되고 있는 이유이지만 GMO만의 문제라기엔 어렵죠. 아무리 좋은 작물이 있어도 전쟁과 테러가 계속되는 지역에서 작물을 재배하기는 어려울 겁니다. 만약 빈곤국들이 정치적으로 안정된다면 GMO로 전 세계의 식량 문제를 차근차근 해결할 수 있게 될지도 모를 일입니다.

팬데믹

갑작스럽게 등장한 전염병이 전 세계를 뒤덮는다면?

전염병이 핵무기나 기후변화보다 인류에게 더 위험할 것이다.
- 빌 게이츠 (미국 마이크로소프트 대표) -

지구상에서 가장 많은 사망자가 발생하는 시기는 언제일까요? 만약 이 질문에 전쟁이 일어나고 있는 시기라고 답하신다면 여러분은 지구의 진정한 지배자인 미생물을 깜빡 잊고 계셨던 겁니다. 사실 사람들 사이에서 벌어지는 전쟁보다 각종 전염병을 일으키는 세균, 바이러스와의 전쟁에서 더욱 많은 사망자가 발생하거든요.

말도 안 된다고요? 그럼 세계에서 가장 많은 사망자를 발생시킨 전쟁과 전염병을 서로 비교해 봅시다. 전쟁부터 볼까요? 전 세계에서 가장 많은 사망자를 발생시킨 전쟁은 2차 세계대전이었습니다. 약 7000천만 명에서 1억 명 정도의 사망자가 발생했을 것으로 추정되고 있지요. 2차 세계대전은 다른 전쟁들과 비교해도 사망자가 압도적으로 많이 발생했던 인류 최악의 전쟁이었습니다.

이제 전염병을 볼 차례입니다. 전 세계에서 가장 많은 사망자를 발생시

킨 전염병은 14~15세기 유럽에서 발생했던 흑사병이었습니다. 흑사병이 발생하기 전의 세계 인구는 4억 5천만 명이었지만 흑사병 이후 세계 인구는 3억 5천만 명(!)으로 대폭 감소했습니다. 원래대로라면 인구가 천천히 증가했을 테니 최소 1억 명이 흑사병에 의해 죽은 겁니다. 2차 세계대전의 사망자보다 조금 많은 정도지만 2차 세계대전 당시 세계 인구가 25억 명이었고 흑사병이 퍼질 당시 세계 인구가 4억 5천만 명이었다는 걸 생각해보면 엄청난 수치입니다.

두 번째로 사망자가 많았던 전쟁과 전염병을 비교하면 차이가 더 확연해집니다. 흑사병 다음으로 사망자가 많았던 전염병은 스페인 독감이었습니다. 스페인 독감은 1918년부터 1920년까지 약 5000만 명의 목숨을 앗아갔답니다. 2차 세계대전 다음으로 사망자가 많았던 1차 세계대전과 비교하면 무려 5배나 차이가 납니다. 1차 세계대전의 사망자는 1000만 명 정도였거든요. 인류는 전쟁을 가장 두려워하며 살았지만 알고 보면 전쟁보다 더 무서운 것은 따로 있었던 것입니다(...).

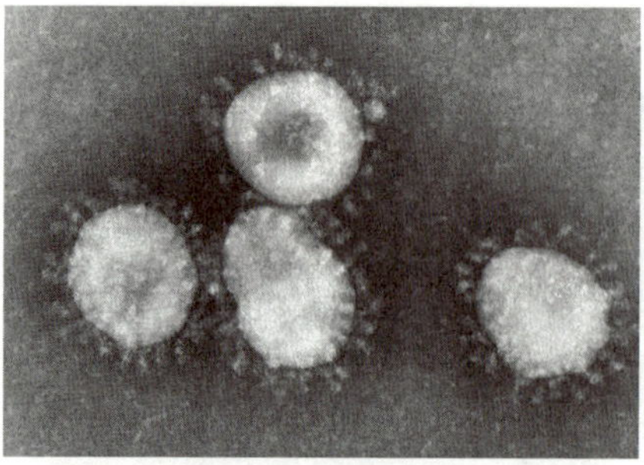

| 현미경으로 촬영한 코로나바이러스

이처럼 전염병이 전 세계에 빠르게 퍼져 수많은 사람들의 목숨을 앗아가는 심각한 상황을 팬데믹Pandemic이라고 합니다. 세계보건기구WHO에서는 전염병이 국제적으로 심각한 수준이 되면 팬데믹을 선포해 대처하고 있죠. 특히 심각했던 팬데믹은 최근인 2019년에 있었습니다. 2019년 중국 우한을 시작으로 코로나19COVID-19가 세계 각지로 무섭게 퍼지면서 전 지구촌이 들썩였죠. 아마 여러분들 중에서 코로나19를 모르는 사람은 없을 거라 생각합니다.

말이 나온 김에 코로나19에 대한 이야기를 해 볼까요? 코로나19는 코로나바이러스Coronavirus가 돌연변이를 일으키면서 생겨난 것입니다. 여기서 코로나바이러스란 감기를 일으키는 바이러스의 일종입니다. 사람들 사이에서 자주 감염되기는 하지만 그리 치명적이지는 않습니다. 실제로 사람은 코로나바이러스로 인한 감기에 자주 걸리긴 해도 감기 때문에 죽는 일은 거의 없죠. 코로나바이러스는 그냥 사람들에게 말썽을 피우는 골칫거리 정도라고 생각하시면 편합니다. 하지만 2019년에 있었던 코로나19는 기존의 코로나바이러스들과는 차원이 달랐습니다. 일단 한 번 걸리면 감기보다 훨씬 높은 사망률에 전파되는 속도도 무지막지했던 것이지요. 사상 최악의 바이러스라고 해도 과언이 아니었습니다.

그렇다면 한동안 잠잠하던 세균이나 바이러스가 이렇게 갑자기 등장해 전 세계를 덮치는 이유는 무엇일까요? 바로 돌연변이 때문입니다. 원래

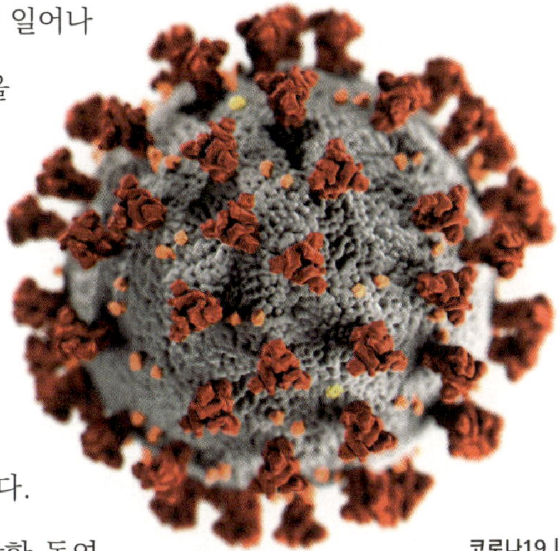
코로나19 |

바이러스나 세균은 돌연변이가 일어나도 대부분 사람들에게 큰 영향을 주지 않는데요. 간혹 가다가 전염성이나 병원성이 오히려 강해지는 경우가 있거든요. 특히 바이러스는 유전물질이 워낙 불안정해서 돌연변이가 일어나기가 정말 쉽답니다. 그만큼 전염성이나 병원성이 강한 돌연변이가 등장할 가능성도 높은 거죠. 실제로 최근에 있었던 신종 전염병들은 모두 바이러스에 의해 발생했습니다.

하지만 사실 전염성이나 병원성이 강해지는 방향으로 돌연변이가 일어나도 큰 변화가 없는 경우가 많습니다. 우리 몸의 면역계도 이런 바이러스에 생각보다 익숙해서 이들을 빠르게 퇴치할 수 있죠. 예를 들자면 곱셈을 잘 배워 놓으면 나눗셈을 어렵지 않게 배울 수 있는 것과 비슷하다고나 할까요? 하지만 곱셈을 잘 배워 놓았어도 미적분학(...)은 절대 쉽게 배울 수 없을 겁니다. 미적분학을 잘 배우려면 곱셈 외에도 다른 수학지식들이 많이 필요하죠. 팬데믹을 일으킬 정도의 신종 전염병은 제가 말씀드린 미적분학과 같다고 생각하시면 될 듯합니다. 돌연변이가 과하게 일어난 바이러스나 지금까지 접한 적 없는 새로운 바이러스가 우리 몸에 침입하면 면역계가 어찌할 바를 모르는 것이죠. 곱셈을 막 배운 학생이 미적분학 문제를 보고 손도 대지 못하는 것처럼 말입니다.

그래서 팬데믹을 일으킬 정도의 신종 전염병은 대부분 사람을 감염시킬 수 없던 바이러스가 사람을 감염시킬 수 있게 되면서 일어납니다. 원래는 동물만 감염시키던 바이러스에게 돌연변이가 일어나 사람도 감염시킬 수 있게 되기도 하고, 각각 다른 동물에게 있던 바이러스들이 서로 섞이면서 사람을 감염시킬 수 있는 바이러스가 되기도 한답니다. 이런 바이러스는 사람의 면역계 입장에서는 생판 처음 보는 녀석들이니 면역계가 당황할 수밖에 없지요. 2002년 있었던 사스SARS와 2009년 신종플루, 2012년 메르스MERS, 심지어 2019년에 있었던 코로나19도 모두 이러한 과정을 거쳐 생겨난 바이러스였습니다.

2019년에 시작된 코로나19는 박쥐의 몸속에 있던 코로나바이러스와 천산갑의 몸속에 있던 코로나바이러스가 서로 섞이면서 만들어진 신종 바이러스입니다. 그 결과 사람을 감염시킬 수 있는 코로나19가 되었지요. 사람의 면역계는 지금까지 코로나19를 접해 본 적이 없기 때문에 코로나19에 노출된 사람들이 속수무책으로 감염될 수밖에 없었던 것이고요.

| 박쥐

| 천산갑

한 술 더 떠서 코로나19는 기존의 코로나바이러스보다 점액 친화성이 높았습니다. '점액 친화성'이라는 표

현이 다소 낯설게 느껴지실 텐데요. 호흡기 질환을 일으키는 바이러스들은 점액 친화성이 높을수록 전염성이 높습니다. 점액 친화성이 높으면 호흡기의 점액에 달라붙어 호흡기를 감염시키기 쉬워지거든요. 코로나19의 점액 친화성은 기존의 코로나바이러스보다 자그마치 50배(!)에 달했기 때문에 무서운 속도로 수많은 사람들을 감염시킬 수 있었습니다. 실제로 코로나19는 지금까지 있었던 신종 전염병들에 비해 사망률은 조금 낮았지만 전염성이 월등히 높았습니다. 코로나19가 인류 전체를 뒤흔들 수 있었던 이유가 이제 이해가 되시나요?

전 세계의 과학자들은 코로나19 이후에도 팬데믹이 일어날 것으로 보고 있습니다. 그것도 점점 더 많이, 빠르게 말이죠. 실제로 2000년 이후로 신종 전염병이 유독 자주 발생하고 있습니다. 2002년에 사스가 있었고, 그 후 7년 후인 2009년에 신종플루가 있었습니다. 그리고 고작 3년 만인 2012년에 메르스가 있었다가 결국 2015년에 메르스가 우리나라를 덮쳤습니다. 그 후로 4년 후인 2019년에 코로나19가 발생했습니다. 2000년 이후로 신종 전염병이 거의 3~4년 주기로 찾아오고 있죠. 오죽하면 일부 과학자들은 인류가 머지않아 신종 전염병에 의해 멸종할 수도 있다고도 말합니다.

갑자기 왜 이러는 걸까요? 이유는 간단합니다. 전 세계의 인구가 많아져서 그렇습니다. 생각해보세요. 인류는 야생동물들의 서식지를 빼앗고 그 자리를 차지하면서 지구에서 가장 많은 동물이 되었습니다. 지금은 인구가 80억 명에 달하죠. 상황이 이런데 바이러스가 사람 몸에 들어가지 않으면 어떤 동물의 몸에 들어갈까요? 특히 수많은 사람들이 밀집되어

사는 도시만큼 바이러스에게 매력적인 서식지는 없을 겁니다. 더군다나 현대 인류는 자동차나 비행기를 타고 멀리 이동하는 것도 가능하니까 바이러스 입장에서는 80억의 블루오션을 만난 것이나 다름없지요. 결국 신종 전염병은 인류가 야생동물들의 서식처를 하나 둘 빼앗고 지구의 상당 부분을 차지하게 되면서 생겨난 부작용이라고 할 수 있습니다.

2100년이면 전 세계의 인구가 110억 명에 달할 것이라고 합니다. 이 말은 2100년이 되면 바이러스가 퍼지기 더욱 쉬워진다는 의미이기도 합니다(...). 이렇게 인구가 늘어나면 늘어날수록 신종 전염병은 더욱 자주 나타나 우리를 괴롭힐 겁니다. 지금은 신종 전염병이 3~4년에 한 번 일어나고 있지만 이때쯤 되면 신종 전염병이 1~2년에 한 번 우리 인류를 위협할지도 모를 일이죠.

이 문제를 해결하는 가장 좋은 방법은 우리 인류가 바이러스를 정복하는 것뿐입니다. 정복을 못한다면 우리는 코로나19 팬데믹처럼 몇 년에 한 번 꼴로 신종 전염병 피해를 고스란히 떠안으며 살아야 합니다. 하지만 시시각각 돌연변이로 변화를 거듭하는 바이러스를 정복하는 것은 절대로 쉬운 일이 아닐 겁니다. 과연 우리 인류는 과학과 의학의 힘으로 바이러스를 정복할 수 있을까요?

사람들은 흔히 과학을 우리들의 삶을 풍요롭게 해 준 학문이라고 생각합니다. 아주 틀린 말은 아니지만 꼭 그렇다고 할 수는 없답니다. 과학이 때로는 우리에게 말썽을 부리거나 심하면 수많은 사람들을 죽음으로 몰아넣기도 하거든요. 알고 보면 과학은 우리 앞에서 살갑게 웃는 가면을 쓰다가도 사악한 가면을 쓰고, 숨겨진 이면을 가지고 있기도 한 변화무쌍한 녀석인 거지요.

3 장

과학은 좋은 놈? 나쁜 놈?
과학이 가지는 두 얼굴

원자력

대량 살상 무기가 되거나, 에너지 발전소가 되거나

3차 세계대전에서 인류는 무엇을 가지고 싸울지 모르겠으나
4차 세계대전에서는 돌멩이와 나무를 가지고 싸울 것이다.
– 알베르트 아인슈타인 (미국의 물리학자) –

1945년 어느 날, 미국의 뉴멕시코 주에서는 핵무기Atomic bomb, 원자폭탄 실험이 진행되고 있었습니다. 기어코 오랜 실험 끝에 상공에 높이가 무려 12km에 달하는 초대형 버섯구름이 솟아올랐지요. 세계 최초로 핵무기 개발이 성공한 순간이었습니다. 과학자들은 핵무기의 어마어마한 위력을 보고 충격을 받았습니다.

한편 비슷한 시기 미국은 일본과 태평양 전쟁을 치르고 있었습니다. 미국은 이 전쟁에서 확실히 승기를 잡았지만 일본은 죽창(!)과 활, 칼까지 동원하며 끝까지 항복하지 않고 버티고 있었습니다. 미국은 최대한 빨리 전쟁을 끝내고 싶었습니다. 미국은 전쟁을 끝낼 수 있는 유일한 방법은 일본 본토를 직접 공격해서 항복을 받아내는 것 뿐이라고 생각했습니다. 하지만 일본 본토에 군대를 상륙시킨다면 인명피해가 너무 크게 발생할 것이라고 생각했죠. 이미 일본과의 전쟁에서 너무 많은 인명피해를 입은

히로시마와 나가사키 핵무기 투하 장면 |

미국은 더 이상의 군인들이 희생되는 것을 원하지 않았답니다. 결국 미국 정부는 이제 막 개발에 성공한 핵무기를 폭격기에 실어서 일본 본토에 투하하기로 결심합니다. 하지만 대부분의 과학자들은 본인들이 개발한 핵무기로 무고한 일반인들이 죽는 것을 원치 않았습니다.

그럼에도 미국은 과학자들의 반대를 무릅쓰고 핵무기 사용을 강행했습니다. 핵무기를 쓴다면 수많은 일본인이 죽더라도 전쟁이 끝나서 평화가 찾아올 것이라고 판단했던 거죠. 결국 미국 정부는 1945년 8월 6일 히로시마에 리틀 보이Little boy라는 핵무기를 투하하고 말았답니다. 그로부터 얼마 지나지 않아 3일 뒤에는 나가사키에 팻맨Fat man이라는 핵무기를 연이어 투하했죠.

핵무기로 인한 일본의 피해 규모는 미국의 예상을 훨씬 뛰어넘었습니다. 미국은 핵무기로 인한 사망자가 두 곳 모두 합쳐 2만 명 정도가 될 거라고 예상하고 있었는데요. 막상 핵무기를 투하하고 보니 히로시마에는

사망자가 14만 명, 나가사키는 5~7만 명에 달했죠. 대부분 핵무기가 투하된 그 자리에 즉사했고 폭발지점 주변부에서 간신히 살아남은 사람들도 방사선에 피폭되어 끔찍한 증상과 고통을 호소하다가 죽어 갔습니다. 방사선에 피폭된 사람들은 병원으로 실려 갔지만 당시 의사들은 방사선과 피폭이 뭔지 알지 못했기에 죽어가는 환자들을 허망하게 지켜볼 수밖에 없었습니다.

일본은 충격에 빠졌지만 핵무기에 위력에 당황한 것은 미국도 마찬가지였답니다. 당시 핵무기에 대한 인식은 우라늄을 이용하는 폭탄 정도에 불과했고 방사선이 얼마나 위험한 것인지 밝혀지지 않았거든요. 막상 사용해 보니 본인들이 생각했던 것 이상으로 훨씬 강력하고 참혹했던 거죠. 그래도 미국의 의도대로 핵무기의 투하는 일본의 항복을 이끌어 냈고 전쟁이 끝날 수 있었습니다. 우리나라가 일본으로부터 독립한 것도 히로시마 핵무기 투하 9일 만입니다. 하지만 전 세계인들은 핵무기의 어마어마한 위력을 보고 핵무기로 인해서 인류가 멸망할 수도 있다는 위기감을 가지기 시작했습니다.

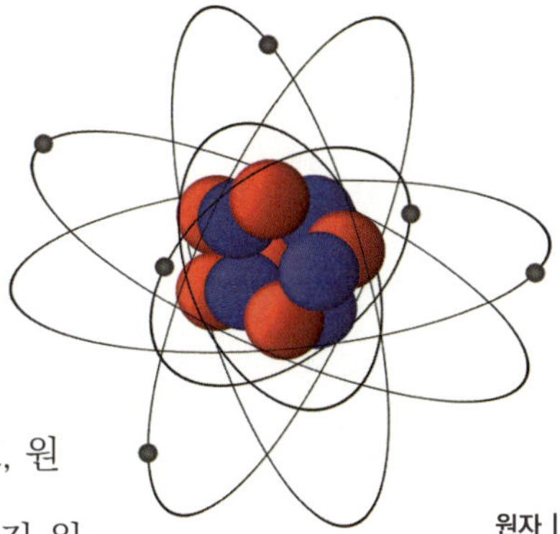

원자 I

여러분은 핵무기가 어떻게 이렇게 강력한지 알고 계신가요? 핵무기는 원자력 기술을 기반으로 만들어진 전쟁무기랍니다. 이 세상에 존재하는 물질의 기본 입자는 원자Atom로 이루어져 있고, 원자는 가운데에 중성자와 양성자로 이루어진 원자핵과 그 주위를 도는 전자로 구성되어 있습니다. 그런데 만약 원자핵이 쪼개지는 핵분열 반응이 일어나면 엄청난 양의 에너지가 발생하는데요. 이 때의 에너지를 원자력이라고 합니다.

핵무기는 우라늄-235Uranium-235, U 그리고 플루토늄-239Plutonium-239, Pu라는 원소를 핵분열 시키는 원리입니다. 우라늄-235와 플루토늄-239 같은 물질들은 일정량 이상이 모여 있기만 해도 스스로 핵분열이 일어나는데요. 이들 물질을 용기에 나누어 넣어서 기폭장치를 설치한 것이 바로 히로시마, 나가사키에 투하되었던 핵무기라고 생각하시면 됩니다. 핵무기가 투하되면 핵분열이 한꺼번에 일어나면서 막대한 에너지가 방출되어 공기가 수백만 도(!) 이상으로 가열되고, 그렇게 가열된 공기는 거대한 폭풍이 되어 파괴효과를 지니는 거지요. 하지만 여기에서 끝이 아닙니다. 핵무기는 폭풍을 일으킨 이후에도 방사선을 발생시켜 폭발에서 떨어진 지점에 있는 사람들의 신체 조직이나 장기를 망가뜨려 죽음에 이르게 만듭니다.

거대한 폭풍에 방사선까지, 핵무기의 위력이 잘 느껴지시나요? 핵무기는 히로시마와 나가사키에 투하된 이후에도 개발과 발전을 거듭했습니다. 핵무기의 가공할 만한 파괴력을 본 일부 국가의 지도자들이 핵무기를 강대국이 되려면 꼭 가져야 할 무기로 여겼기 때문이죠. 핵무기는 경쟁 국가들에게 두려움을 심어주고 스스로의 우월함을 과시할 수 있는 가장 좋은 방법이었습니다. 그러다 보니 핵무기가 가장 빠르게 발전한 시기가 바로 냉전 시기입니다. 냉전 시기는 자유주의 미국 진영과 사회주의 소련 진영 간에 체제경쟁이 계속되던 시기입니다. 물론 이중에는 핵무기 경쟁도 포함되어 있었죠. 서로 상대 진영보다 우월하고 많은 핵무기를 보유하기 위해 핵무기를 계속 생산하고 발전시켰습니다. 다행이도 핵무기를 만들거나 과시만 했을 뿐 실제로 핵무기를 사용하지는 않았습니다. 아마 히로시마, 나가사키 때 핵무기의 파괴력을 체험했기에 쉽게 사용할 수 없었을 겁니다. 히로시마와 나가사키에 사용되었던 핵무기는 지금까지도 인류 역사상 핵무기가 전쟁에 사용된 처음이자 마지막 사례입니다.

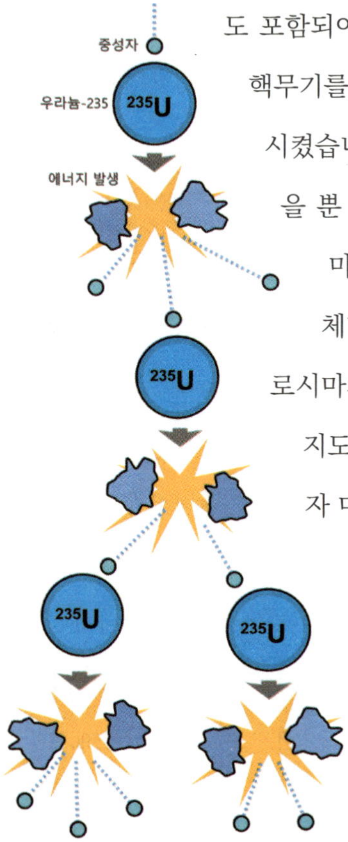

| 원자력발전소의 원리

한편 원자력을 유익하게 활용하려는 움직임도 있었는데요. 그렇게 등장한 게 바로 원자력발전소입니다. 원자력발전소에서는 우라늄-235를 핵분열해서 에너지를 생산합니다. 우라늄-235를 중성자와 충돌시키면 핵분열과 함께 에너지가 발생하고 중성자 몇

원자력발전소 |

개가 만들어지는데요. 이 때 방출된 중성자가 또 다른 우라늄-235에 충돌해 연쇄적으로 핵분열이 일어나면서 대량의 에너지가 만들어지는 원리입니다. 핵분열이 에너지를 발생시키는 핵심이라는 점에서 핵무기랑 원리가 같은데요. 차이가 있다면 핵무기는 핵분열로 발생하는 엄청난 에너지를 순식간에 방출하는 것이고 원자력발전소는 필요한 만큼의 핵분열만 일으키면서 핵분열을 조절하는 방식이라는 것입니다.

원자력발전소가 생산하는 에너지의 양은 엄청납니다. 어느 정도냐 하면, 원자력발전소에서 우라늄 1kg이 핵분열을 하면 무려 석유 180만 리터(!)만큼의 에너지가 발생할 정도입니다. 이처럼 원자력발전소는 아주 적은 우라늄만으로도 엄청난 양의 에너지를 생산할 수 있어서 많은 국가에서 전기에너지를 생산하기 위해 활발하게 운영하고 있습니다. 특히 산이 많고 국토가 좁은 우리나라에서는 원자력만큼 효율적인 에너지 생산 수단이 없답니다. 실제로 2000년대 이후 우리나라에서 생산된 전력 중

약 20~30%는 원자력발전소에서 생산된 것이었습니다. 만약 원자력이 없었다면 우리는 지금처럼 전기에너지를 풍족하게 사용할 수 없을 겁니다. 핵무기가 엄청난 재앙을 불러오는 무기라는 것은 사실이지만 잘 사용하면 인류를 풍족하게 하는 거죠. 인류가 개발해낸 과학기술 중 원자력만큼 극단적으로 위험하면서도 편리한 건 없을 겁니다.

하지만 원자력발전소도 나름의 문제를 가지고 있습니다. 잘못 관리하면 핵무기 폭발과 다를 바 없는 큰 사고가 발생거든요. 실제로 발생했던 사고로는 1986년의 소련 체르노빌 원자력발전소 사고, 2011년의 후쿠시마 원자력발전소 사고가 있습니다. 체르노빌 사고는 원자로의 설계 결함과 조작 실수로, 후쿠시마 사고는 동일본 대지진 이후 대처를 적절히 하지 못하면서 발생한 사고입니다. 우리나라도 원자력발전소가 많은 나라라서 이런 피해가 발생하지 않도록 주의하고 있습니다.

원자력발전소를 가동하고 나서 생겨나는 핵폐기물들도 문제입니다. 핵폐기물은 더 이상 에너지로 사용할 수 없지만 치명적인 방사선이 발생하는 위험한 물질입니다. 핵폐기물을 방사선이 발생하지 않도록 처리하는 게 가장 이상적이지만 지금은 이런 기술이 전혀 없죠. 그래서 현재 인류는 핵폐기물들을 깊은 지하에 묻고 내버려두고 있답니다. 핵폐기물에서 방사선이 더 이상 발생하지 않으려면 최소 수백 년부터 최대 수만 년(...)을 기다려야 하니까 핵폐기물 처리 기술이 개발되기 전까지는 계속 지하에 묻어둬야 하지요. 어찌 보면 미래의 후손들에게 책임을 떠넘기는 행위나 마찬가지입니다.

핵폐기물 |

이처럼 원자력은 워낙 강력한 기술이다 보니 사용하는 과정에서 동반되는 문제들도 상당히 심각합니다. 이런 문제들에서 우리가 알 수 있는 사실이 하나 있는데요. 바로 원자력은 아직 우리 인류가 완벽하게 다룰 수 있는 기술이 아니라는 겁니다. 그래서 우리가 원자력으로 풍요를 누리고 있으면서도 불안해하고 있는 거겠죠. 원자력발전소의 안전에 대한 논란이 시시때때로 발생하기도 하고요. 그러므로 우리 인류는 원자력을 더욱 능숙하고 정교하게 다룰 수 있도록 원자력을 꾸준히 연구하고, 원자력 외의 에너지 개발에도 힘써야 합니다.

원자력의 문제점을 말하는데 핵무기 문제도 빼먹을 수 없지요. 원자력은 애초에 핵무기를 개발하기 위해 만들어진 기술입니다. 인류는 지금도 여전히 원자력을 발전소에서뿐만 아니라 핵무기로도 사용합니다. 핵무기는 예나 지금이나 경쟁 국가에게 두려움을 심어주고 우월함을 과시하는 가장 좋은 방법이죠. 비록 냉전 때와 비교하면 핵무기가 많이 감소했지만 여전히 많은 핵무기가 세계 각지에 있습니다. 국제적인 노력을 통해 앞으로도 꾸준히 핵무기들을 줄여나가는 것도 반드시 필요할 것입니다.

바이오에너지

신재생에너지가 식량 대란을 일으킨 주범으로?

석유를 막 쓰는 현재 상태에서 벗어나
지속가능한 에너지를 향해 공격적으로 나아가야 한다.
- 버니 샌더스 (미국의 정치인) -

인류는 동식물을 자원으로 활용해서 다양한 방법으로 살아 왔습니다. 목재를 불에 태워서 고기를 굽거나 추위를 극복하기도 하고, 동물로부터 추출한 기름으로 등불을 밝혀 어두운 공간을 환하게 비추기도 했죠. 그러나 이러한 자원들은 오직 생물들에게서만 구할 수 있었고, 양이 아주 소량인 경우도 많았습니다. 그래서 과거의 인류는 지금에 비해서 풍족한 삶을 누리지 못했죠.

그런데 18세기 이후부터는 상황이 달라졌습니다. 석유가 사용되면서 인류는 빠르게 풍요로워졌습니다. 석유에서 추출한 기름으로 자동차와 비행기, 선박을 운행하고, 플라스틱을 제품을 구성하는 데 사용하기도 했지요. 필요한 물질들을 모두 추출하고 남은 찌꺼기는 아스팔트로 사용되어 길을 포장할 때 사용했습니다. 이제는 우리에게 석유는 일상생활을 하는 데 꼭 필요한 자원이 되었지요.

하지만 석유로 얻는 풍요로움의 대가는 생각보다 너무 컸답니다. 언제 고갈될지 모르는 것도 문제였지만 무엇보다 석유의 사용으로 배출되는 이산화탄소 같은 온실기체들이 지구온난화를 일으키기 시작했거든요. 게다가 사용하고 난 플라스틱은 지구 곳곳에 버려져 태평양 한 가운데에 거대한 쓰레기 지대를 만드는 비극을 낳고 말았죠.

사람들은 석유를 대체할 수 있는 자원에 눈을 돌렸습니다. 석유를 사용하면서 생기는 문제들이 워낙 많다 보니까 다시 과거처럼 자연으로부터 자원을 구하자는 움직임(?)이 생겨난 거죠. 물론 과거랑 똑같이 목재를 불에 태우거나 동물 기름으로 등불을 피우는 게 아니라 현대적인 기술을 활용한 방법으로 말이죠. 풍력, 수력, 태양광, 바이오에너지와 같은 신재생에너지가 대표적인데요. 이들 중 바이오에너지는 과학자들이 거는 기대가 유독 컸습니다. 바이오에너지를 사용하면 온실기체 문제를 걱정할 필요가 전혀 없었기 때문입니다. 석유는 지구의 탄소 저장 창고 역할을 하기 때문에 지하에서 꺼내 사용하면 탄소가 대기 중으로 방출되고, 배출

된 탄소는 산소와 결합하여 전체 대기 중의 이산화탄소가 증가하는데요. 바이오에너지는 아무리 많이 사용해도 전체 대기 중의 이산화탄소가 일정하게 유지되거든요.

옥수수 |

사탕수수 |

여러분이 알고 있는 바이오에너지는 무엇이 있나요? 대표적인 바이오에너지가 바로 바이오에탄올입니다. 곡물에 존재하는 포도당, 과당, 설탕 등의 당류가 미생물에 의해 발효되면 에탄올이 만들어지는데요. 미생물을 이용해서 발효과정을 가속화시키면 에탄올을 대량 생산할 수 있답니다. 이렇게 만들어지는 에탄올을 바이오에탄올이라고 부르지요. 술의 주성분이 에탄올인 건 알고 계시죠? 술을 담글 수 있는 것이라면 모두 에탄올을 만들 수 있습니다. 와인을 만드는 포도, 막걸리를 만드는 쌀이 좋은 예시라고 할 수 있겠네요. 하지만 실제로는 효율성 때문에 이런 재료들을 사용하지는 않습니다. 미국에서는 바이오에탄올을 만드는 재료로 옥수수를 이용하고 브라질에서는 사탕수수를 이용하죠.

바이오에탄올은 이미 우리 일상과 밀접한 관련이 있는데요. 미국은 2005년 이후 신재생에너지 연료 혼합 의무제를 시행해서 휘발유에 소량의 바이오에탄올을 섞어 자동차의 연료로 사용하고 있습니다. 우리나라

| 브라질의 플렉스 엔진 자동차

도 2015년부터 이 정책을 시행했습니다. 그래서 모든 휘발유에는 일정 비율 이상의 바이오에탄올을 혼합해야 한답니다. 현재 우리가 자동차를 운행할 때 사용하는 휘발유의 일부는 바이오에탄올이라고 보시면 됩니다.

우리나라와는 비교할 수 없을 정도로 바이오에탄올의 비중이 큰 나라도 있습니다. 바로 브라질인데요. 브라질에서는 바이오에탄올과 휘발유를 비율 상관없이 섞어서 연료로 사용하는 플렉스 엔진 자동차를 많이 사용합니다. 비율이 상관 없다는 것은 오직 바이오에탄올만으로도 자동차 주행이 가능하다는 거지요. 현재 브라질에서 연간 판매되는 차량의 90%가 이런 자동차일 정도로 브라질의 바이오에탄올 생산량은 엄청납니다. 국토가 넓어서 사탕수수 생산량이 높기에 가능한 일이지요. 오죽하면 브라질은 사탕수수로 움직이는 나라라는 말도 있답니다.

여기까지만 보면 바이오에너지가 마치 석유를 대체할 화려한 차세대 에너지원으로 보입니다. 우리나라도 브라질처럼 플렉스 엔진 자동차를 사용한다면 좋을 것만 같은데요. 현실은 안타깝게도 그렇지 않습니다. 전 세계에서 바이오에너지를 연료로 제대로 사용하는 나라는 브라질뿐이랍니다. 바이오에너지를 사용하면서 생기는 문제들이 생각보다 심각하거든요. 최근에는 바이오에너지가 과연 석유를 대체할 신재생에너지가 될 수 있는가에 대한 논란이 점점 심해지고 있습니다.

이 논란을 격화시킨 사건은 바로 2006년부터 2014년까지 계속되었던 곡물 가격의 폭등이었습니다. 바이오에너지에 대해서 설명하는데 왜 갑자기 곡물 가격이 나오냐고요? 천천히 설명해 드리겠습니다. 당시는 석유의 가격이 엄청 비쌌던 고유가 시절이었습니다. 이렇게 석유의 가격이 비싸다면 어떻게 하는 게 가장 좋을까요? 석유를 대체할 수 있는 다른 값싼 자원을 사용하는 게 제일 좋겠죠. 바로 바이오에탄올을 사용하는 겁니다. 그래서 당시에는 정말 많은 곡물이 바이오에탄올을 만드는 데 사용되었답니다. 그 결과 사람이 먹을 수 있는 곡물이 줄어들어 곡물의 가격이 폭등했던 겁니다.

바이오에탄올에 의한 곡물 가격의 폭등은 더 큰 문제로 이어졌습니다. 풍요로운 선진국 사람들이야 곡물을 좀 더 비싸게 구입하면 그만이지만 먹을 식량이 부족한 빈곤국은 다르거든요. 상황이 이렇다보니 아프리카나 아시아의 빈곤국에서는 폭동이나 시위, 정치적 혼란이 발생했습니다. 그 중 가장 심각했던 사태는 2010년~2011년의 아랍의 봄Arab Spring인데요. 아랍의 봄이란 이집트, 사우디아라비아, 알제리, 리비아 등의 아랍 국가에서 대규모로 발생한 시위를 말합니다. 국민들이 정부에 식량 가격 문제 해결을 요구하며 각지에서 분신 시도 등을 했던 것이 발단이 되었죠. 이들 국가들은 모두 식량을 외국으로부터 수입하는 나라들이었기에 식량 가격의 폭등은 굉장히 치명적이었을 겁니다. 당장 먹을 곡물이 너무 비싸서 구입하지 못하면 굶어 죽을 수도 있으니까요.

아랍의 봄 사태는 풍요로운 선진국에서 누군가가 바이오에탄올을 사용하면 빈곤국의 누군가는 굶주리게 된다는 것을 아주 잘 보여주는 사례입

| 아랍의 봄 당시 리비아의 시위 장면

니다. 생각해보세요. 빈곤국의 사람들에게 옥수수는 없어서 못 먹는 귀한 음식입니다. 그런데 빈곤국의 사람들이 옥수수를 자동차의 연료(...)로 사용한다는 사실을 알게 된다면 어떤 생각이 들까요? 아마 쉽게 납득하기 어려울 겁니다.

곡물 가격 폭등 문제는 한국을 포함한 선진국들에게도 예외는 없었습니다. 아시다시피 곡물은 사람이 먹기도 하지만 소나 돼지와 같은 가축들을 키우기 위한 사료로도 사용됩니다. 그래서 선진국에서는 곡물과 함께 소고기, 닭고기, 돼지고기의 값도 엄청 상승했답니다. 심각한 사태가 벌어질 정도는 아니었지만 결코 무시할 수 없는 수준이었습니다. 미국에서는 더한 일도 있었는데요. 바이오에탄올의 재료인 옥수수 가격이 상승하자 미국에 있는 많은 농가들이 이득을 보고자 다른 작물 대신 옥수수를 재배하기 시작했는데, 그 결과 미국의 콩 생산량이 15%나 감소하고 세계적으로 콩 가격이 2배(!)나 상승했습니다.

결국 바이오에탄올의 가장 큰 문제는 바이오에탄올을 만드는 데 필요한 재료가 식량(...)이라는 겁니다. 그러므로 바이오에탄올로 석유를 대체할 수 있는 방법은 오직 하나뿐입니다. 식량으로 쓰일 곡물의 양을 충족시키면서 바이오에탄올 재료로 쓸 곡물을 따로 생산하는 것이지요. 하지만 이것은 그리 좋은 방법은 아닙니다. 지금보다 훨씬 더 많은 작물을 재배해야 하니까 삼림을 파괴해야 하고, 화학비료의 사용량도 늘려야 하거든요. 이러느니 차라리 석유를 사용하는 것이 더 나을 겁니다.

이처럼 바이오에탄올은 사용 과정에서 생기는 문제가 심각하고 뚜렷한 해결책도 없습니다. 하지만 그렇다고 해서 바이오에너지가 이대로 사라질 거라는 말은 아닙니다. 지금까지의 문제점을 모두 극복할 수 있는 새로운 바이오에너지에 대한 연구가 활발하게 이루어지고 있거든요. 특히 최근에는 해양미세조류를 바이오에너지의 재료로 사용하는 연구가 활발합니다. 해양미세조류에서 추출한 기름을 자동차 연료로 이용하면 되거든요. 해양미세조류는 이산화탄소와 물, 태양빛만 있으면 빠르게 잘 자라는데다 추출할 수 있는 기름의 양이 많아서 각광받고 있습니다. 결정적으로 해양미세조류는 사람이 먹는 곡물이 아니라서 곡물 가격 폭등과 같은 문제가 생기지도 않는답니다.

물론 해양미세조류 바이오에너지가 실제로 사용되기 위해서는 아직 많은 노력이 필요합니다. 왜냐하면 생명공학 기술로 기름이 아주 많이 나오는 해양미세조류를 만들어야 하거든요. 그래도 혹시 아나요? 해양미세조류가 우리나라를 기름이 나는 산유국으로 발돋움할 수 있게 해줄지요.

생물화학무기

끔찍한 고통과 공포심을 유발하는 전쟁무기

현대의 전쟁에서는 더 이상
아름답거나 조화로운 죽음은 존재하지 않는다.
- 어니스트 헤밍웨이 (미국의 작가) -

1995년 3월 20일 일본 도쿄에서 실제로 벌어진 일입니다. 학생들의 등교와 직장인들의 출근으로 분주하던 아침 시간대에 도쿄의 도심을 지나는 지하철에 독가스가 살포되었습니다. 도쿄는 순식간에 아수라장이 되었죠. 이 테러는 사이비 종교단체인 옴진리교オウム真理教가 일본 정부의 기능을 정지시키기 위해 일으켰습니다. 이 테러로 13명이 죽고 6000명 이상의 부상자가 발생했지요. 결국 옴진리교는 해산되었고 테러범들은 사형되었답니다.

그렇다면 지하철에 살포된 독가스는 과연 무엇이었을까요? 바로 사린Sarin이었습니다. 사린은 냄새와 색깔이 없지만 고작 1kg만 공기 중에 살포되어도 살포된 지역으로부터 30m가 완전히 오염되는 강력한 독가스입니다. 독성이 무려 청산가리의 500배에 달하죠. 만약 이 기체가 숨을 쉬는 과정에서 호흡기로 들어가거나 눈과 피부에 들어가면 온 몸에 이

상증상을 유발하다가 근육이 마비되고 결국 심장근육까지 멈춰 죽고 맙니다. 다행이도 당시 테러범들은 본인들까지 죽는 것은 원하지 않았는지 (…) 순도 100%의 사린을 사용하지 않아서 더 큰 피해가 발생하지는 않았는데요. 만약 이들이 순도 100%의 사린을 사용했다면 부상자로 그쳤던 6000명의 사람들은 모두 사망하고 더욱 많은 부상자가 발생했을지도 모를 일입니다.

만약 사린과 같은 끔찍한 화학물질이 전쟁에 사용되면 어떻게 될지 상상이 되시나요? 이처럼 전쟁이 났을 때 총이나 폭탄 대신에 화학물질을 살포하여 사람을 대량으로 죽이는 무기를 화학무기라고 합니다. 실제로 사용된 적도 꽤 있죠. 사린은 1차 세계대전 때 독일군이 사용했었습니다. 1980년 이란과 이라크 간의 전쟁에도 이라크군이 사용한 적이 있답니다. 당시 이라크는 이란 민간인들을 상대로 사린 뿐 아니라 타분, VX 등과 같은 독가스를 살포했습니다. 이로 인해 무려 5000명의 사망자들과 1만 명의 부상자들이 발생하고 말았지요. 간신히 살아남은 사람들도 끔찍한 고통을 호소했고, 전쟁 이후에 심각한 트라우마에 시달리기도 했습니다. 이라크군이 사린을 살포한 지역은 지금도 사람이 살 수 없는 황무지로 방치되어 있습니다. 화학무기가 얼마나 끔찍하고 치명적인 전쟁 무기인지 잘 알 수 있는 대목이지요.

1차 세계대전에서 화학무기가 사용되는 모습

우리나라에서도 화학무기가 사용된 사례가 있습니다. 사람을 죽이지는 않지만 눈을 따갑게 하고 호흡장애를 일으키는 최루탄이 대표적이랍니다. 최루탄은 한국의 현대사와 함께했다고 해도 과언이 아니죠. 당시 경찰들이 민주화 시위를 진압할 때마다 최루탄을 사용했으니까요. 특히 1987년 대학생들의 민주화 시위 도중 연세대학교 학생 이한열이 경찰이 쏜 최루탄을 머리에 맞아 부축 받는 장면은 국민들에게 큰 충격이었습니다. 결국 이한열은 죽었고 분노한 시민들에 의해 6월 항쟁이 일어나면서 민주화가 이루어졌지요. 국민들이 투표를 통해 대통령을 직접 뽑을 수 있게 된 것도 이때부터랍니다. 그런데 최근 들어서는 우리나라에서 최루탄을 보기가 쉽지 않은데요. 시위가 평화적으로 변화하면서 경찰들이 최루탄을 폐기하고 있어서 그렇답니다.

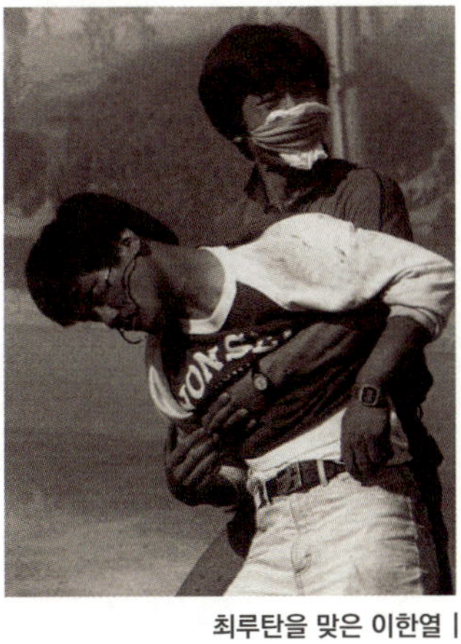
최루탄을 맞은 이한열

지금까지 화학무기에 대한 설명을 드렸는데요. 화학물질 외에도 세균이나 바이러스와 같은 생물도 전쟁무기로 사용할 수 있습니다. 천연두, 탄저병, 흑사병, 콜레라 등과 같은 심각한 전염병을 일으키는 생물들이 흔히 쓰이는 생물무기입니다. 의외로 아주 오래 전부터 전쟁에 사용되었던 무기이기도 합니다. 당시 사람들은 세균이나 바이러스에 의해 전염병에 걸린다는 사실은 몰랐지만 전염병에 걸린 사람이나 시체가 다른 사람들을 감염시킬 수 있다는 걸 알고 있었거든요. 그래서 전염병으로 죽은 사람이나 동물의 시체를 적들이 있는 곳에 던져서 적들 사이에서 전염병이 퍼지게 했습니다. 물론 이런 게 무기의 형태를 갖춘 것은 아니라서 생물무기라고 할 수 있는지는 애매하지만요.

몽골제국이 생물무기를 가장 잘 사용했던 국가 중 하나로 손꼽힙니다. 몽골 제국으로부터 분리한 나라 중 하나인 킵차크 칸국은 1346년에 흑해에 있는 작은 도시인 카파를 공격할 때 흑사병에 걸려 죽은 시체들을 도시에 던지기도 했습니다. 카파에 흑사병을 퍼뜨리기 위한 목적이었죠. 여기서 흑사병은 페스트균에 의해 감염되는 질병의 일종입니다. 살이 검은색으로 썩고 발열과 두통이 일어나다가 결국 사망에 이르게 되지요. 당시에는 흑사병을 치료할 방법이 마땅히 없어서 흑사병에 걸리면 3~5일 안에 죽을 수밖에 없었습니다. 그러므로 적군을 흑사병에 감염시키면 적군의 사기를 떨어뜨리고 공포심을 유발할 수 있었죠. 결국 카파에는 순식간에 흑사병이 퍼졌습니다. 그런데 진짜 공포는 이제부터 시작이었습니다. 당시에 카파에 머무르고 있던 이탈리아 상인들이 킵차크 칸국의 침략에 기겁하여 이탈리아로 돌아가면서 흑사병이 유럽 전역(...)에 퍼졌거든요. 갑작스럽게 퍼진 흑사병에 의해 유럽 사람들 최소 1억 명, 당시 전체 유럽 인구의 30~50%가 죽고 말았죠. 이때 퍼진 흑사병은 인류 역사상 가장 많은 사람들을 죽음으로 몰아넣은 끔찍한 질병이었습니다.

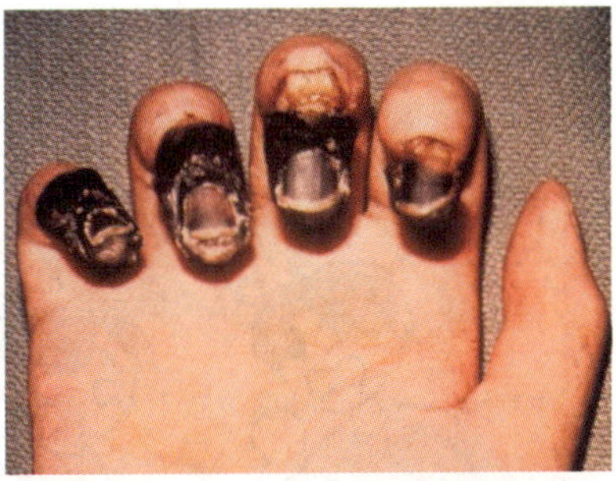
흑사병 환자의 손가락 |

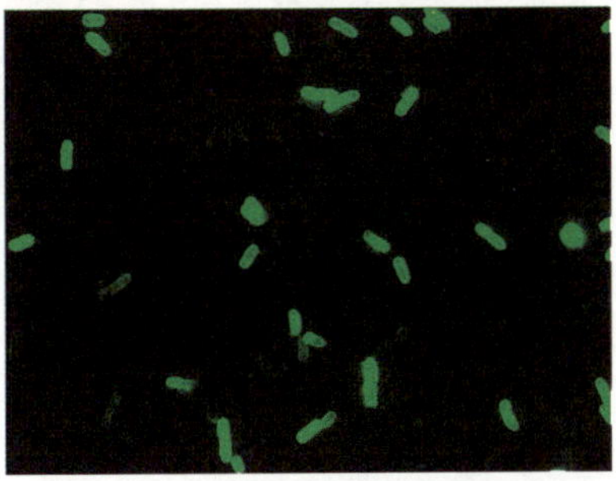
흑사병의 원인인 페스트균 |

카파에 던져진 시체 하나로 유럽 전역에 흑사병이 퍼진 것이 확실한지는 보다 많은 연구가 필요하지만 만약 사실이라면 생물무기가 얼마나 강력한지 짐작할 수 있는데요. 생물무기는 핵무기와 화학무기와 비교해도 가장 작은 양으로 가장 강력한 효과를 내는 무시무시한 전쟁무기입니다. 약간의 세균이나 바이러스만 있으면 적군은 물론이고 심하면 적국을 완전히 붕괴시킬 수도 있거든요. 게다가 세균과 바이러스를 잘 키우기만 하면 되므로 많은 기술력이 필요하지도 않습니다. 단 한 명만 감염되어도 순식간에 퍼져 많은 사람들을 공포심에 휩싸이게 하거나 죽음에 이르게 하니까 효율성도 좋죠. 전쟁 중에 생물무기가 투하되면 전투력을 상실하는 것은 시간문제입니다.

생물무기의 위력을 잘 알 수 있는 유명한 영화도 한 편 있습니다. 혹시 2016년에 큰 인기를 끌었던 영화 『부산행』을 보셨나요? 보셨다면 좀비바이러스에 감염된 몇 명이 순식간에 많은 사람들을 감염시켰던 장면을 기억하실 겁니다. 좀비바이러스는 그냥 함께 있는 것만으로는 감염되지

않고 입으로 깨물어야만(?) 감염되는데도 불구하고 대부분의 서울 시민들이 순식간에 감염되었죠. 결국 도시 기능이 마비되었고 부산을 제외한 한국 전역에 좀비바이러스가 창궐하고 맙니다. 비현실적인 요소는 많지만 생물무기의 위력을 알 수 있는 영화라고 생각합니다.

이처럼 생물무기는 워낙 효과가 강력하다 보니 아군 뿐 아니라 수많은 민간인들에게까지 피해를 일으킬 수 있어서 근현대 이후로 단 한 번도 사용되지 못한 무기입니다. 아군들이 세균이나 바이러스에 감염되지 않으려면 대량의 백신과 치료시설을 구비해놔야 하는데 이것부터가 쉬운 일이 아니거든요. 게다가 여차저차해서 백신과 치료시설을 구비해놔도 이 문제가 해결되는 건 아닙니다. 백신과 치료에 내성을 가지는 내성균이나 내성 바이러스가 발생하면 힘들게 구비해 놓은 백신과 치료시설이 필요 없어질 테니까요. 결국 아군들도 모두 적군들과 사이좋게(...) 병에 걸려 죽어야 할 겁니다.

생물화학무기의 가장 큰 문제는 수많은 사람들에게 너무 과도한 고통과 공포심을 일으키므로 비인도적이라는 점에 있습니다. 그래서 전 세계의 지도자들은 1975년에 생물무기금지협약BWC, Biological Weapons Convention을, 1997년에는 화학무기금지협약CWC, Chemical Weapons Convention을 체결했습니다. 이 조약들 덕분에 생물화학무기의 사용은 옳지 않다는 공감대가 전 세계적으로 형성되었지요. 만약 이 협약을 어기고 생물화학무기를 사용하는 국가가 있다면 국제사회의 비난을 피할 수 없답니다.

그럼에도 불구하고 일부 불량국가들과 테러단체에서는 생물화학무기들을 무차별하게 사용하고 있습니다. 비교적 최근인 2013년에는 시리아 내전 때 정부군이 도우마라는 작은 도시에 사린을 살포하기도 했습니다. 이 과정에서 정말 많은 사람들이 목숨을 잃었는데요. 무엇보다도 내전과 아무런 관련이 없는 많은 어린아이들이 입에 거품을 물고 고통을 호소하다가 죽어가면서 큰 논란이 되었습니다. 생각만 해도 끔찍하지 않나요? 이 일 이후로 시리아 정부군은 많은 나라들의 거센 비난을 받았습니다.

시리아 내전 사례에서도 알 수 있듯이 생물화학무기는 사용하지 않는

내전으로 폐허가 된 시리아 |

게 가장 이상적입니다. 하지만 이건 현실적으로 어려울 것 같습니다. 생물화학무기의 위력이 워낙 대단하다 보니까 전쟁 중인 사람들 입장에서는 충분히 사용할 가치가 있거든요. 아마 생물화학무기는 인류 전체에 평화가 찾아오기 전까지 계속 사용될 겁니다. 과연 생물화학무기를 사용하지 않을 평화의 시대가 올 수 있을지, 만약 온다면 언제 찾아올지 요원할 뿐입니다.

유전자 가위

생물학의 발전이 열어 버린 판도라의 상자

제게 유전자 가위는 경이로운 동시에 두렵습니다.
- 제니퍼 다우드나 (미국의 생물학자) -

과학자들은 동물이나 식물의 유전자를 조작해서 유용한 생물들을 많이 만들어 왔습니다. 하지만 이 과정이 순탄하기만 했던 건 아닙니다. 생물의 유전자를 조작하는 게 꽤 어려웠거든요. 그래도 그나마 다행이도 모든 생물의 유전자가 다 조작이 어려운 건 아니었습니다. 비록 동식물의 유전자는 워낙 크고 복잡해서 조작이 어려웠지만 세균의 유전물질인 플라스미드는 동식물의 유전자와는 다르게 단순한 구조여서 조작이 쉬웠거든요. 그래서 과학자들은 플라스미드를 조작해서 작물에게 넣어주는 방식으로 유용한 작물들을 만들었습니다. 하지만 언제까지 이렇게 플라스미드를 사용할 수는 없는 노릇이었습니다. 이왕이면 동식물의 유전자를 직접 조작하는 게 더욱 편리하고 간편하니까요. 그래서 과학자들은 오랜 기간 동안 동식물의 유전자를 직접 잘라 조작할 수 있는 유전자 가위 기술을 개발하기 위해 많은 노력을 해왔습니다.

그렇게 탄생한 생명공학 기술이 바로 유전자 가위인 크리스퍼/캐스9CRISPR/Cas9입니다. 동식물의 유전자는 물론이고 사람의 유전자까지 모두 잘라서 조작할 수 있는 엄청난 기술이지요. 이름을 보면 각각 크리스퍼와 캐스9으로 나뉘어져 있는 것을 알 수 있는데요. 자르고자 하는 유전자 부위를 지정하는 물질이 크리스퍼CRISPR, 지정된 유전자 부위를 자르는 물질이 캐스9Cas9입니다. 두 가지 물질이 복합적으로 작용하므로 크리스퍼/캐스9이라고 부르는 거죠.

신기술들은 사용하려면 많은 비용이 드는 경우가 많은데요. 크리스퍼/캐스9은 만드는 것이 간편하고 비용도 전혀 비싸지 않았습니다. 유전자를 한 번 자르는 데 드는 비용이 고작 3~5만 원 정도밖에 되지 않습니다. 몇 만원만 지불하면 생물의 유전자를 조작해서 더욱 유용한 생물들을 만들 수 있다는 것이지요. 크리스퍼/캐스9 기술이 이렇게나 대단하니 이 기술을 개발한 과학자는 엄청난 주목을 받을 수밖에 없을 텐데요. 역시 예상대로 크리스퍼/캐스9을 개발한 미국의 과학자 제니퍼 다우드나Jennifer Doudna는 2012년에 연구결과를 발표하자마자 단숨에 스타 과학자가 되었습니다. 결국 2020년에 노벨화학상을 받게 되었죠.

| 제니퍼 다우드나

과학자들의 반응은 어땠을까요? 과학자들은 동식물의 유전자를 조작할 수 있는 기술의 개발을 눈꼽아 기다려 왔던 사람들인데요. 막상 개발된 이후에는 기대와 흥분보다는 앞으로 벌어질 일들에 대한 두려움이 더 컸습니다.

크리스퍼/캐스9의 개발자 제니퍼 다우드나는 연구결과를 발표했을 즈음까지는 자신이 과학자로서 엄청난 성과를 남겼다는 사실에 흥분하며 만족하고 있었습니다. 하지만 이런 만족감과 흥분은 오래 가지 않았답니다(...). 크리스퍼/캐스9이 가지는 힘이 생각보다 엄청나다는 것을 깨달은 거죠. 제니퍼는 크리스퍼/캐스9을 개발한 과학자로서 막중한 책임감을 느꼈습니다. 그래서 크리스퍼/캐스9이 어떤 기술인지 사람들에게 알리기 위해서 책 『A Crack in Creation』을 출판했습니다. 우리나라에는 『크리스퍼가 온다』라는 번역서로 출판되었지요.

도대체 왜 크리스퍼/캐스9의 힘이 엄청나고, 두려움의 대상이냐고요? 제니퍼의 책 『A Crack in Creation』을 시작으로 이에 대한 설명을 해보려 합니다. 이 책에서 유독 눈에 띄는 내용이 하나 있는데요. 바로 제니퍼가 크리스퍼/캐스9에 관심을 가지는 어린 시절의 히틀러(!)가 나오는 악몽을 꿨다는 것이었습니다. 히틀러는 독일 민족의 유럽 정복을 꿈꾸며 2차 세계대전을 일으킨 전쟁 범죄자입니다. 히틀러는 꿈속의 제니퍼에게

| 히틀러

이 놀라운 기술을 사용하는 법을 알고 싶다고 말하죠. 만약 이 기술이 히틀러와 같은 사람들의 손에 들어간다면 무슨 일이 벌어질까요? 꿈에서 깬 제니퍼에게 커다란 두려움이 엄습해 오기 시작했습니다.

말씀드렸다시피 크리스퍼/캐스9의 등장으로 수많은 동식물들의 유전자를 자르고 붙이며 조작할 수 있게 되었습니다. 물론 사람도 조작의 대상이 될 수 있습니다. 그런데 히틀러랑 무슨 상관이냐고요? 이건 히틀러가 우생학을 숭배하는 사람이었던 것과 관련이 있습니다. 여기서 우생학이란 우수한 유전형질을 가진 사람들끼리 결혼을 시켜서 우수한 사람들을 많이 탄생시키는 사상입니다. 히틀러는 독일을 우수한 유전형질을 가진 사람들로 가득한 나라로 만들기 위해(?) 유대인을 학살하는 만행을 저질렀습니다. 왜냐하면 유대인들을 열등한 유전형질을 가진 사람들로 여겼거든요. 그런데 만약 크리스퍼/캐스9으로 사람의 유전자를 마음껏 조작할 수 있게 된다면 히틀러는 학살까지 저지르지는 않을 겁니다. 대신에 앞으로 태어날 독일 국민들의 유전자를 조작해서 우수한 유전형질의 사람들만 탄생시키려고 하겠지요. 이렇게 한 국가의 지도자가 본인이 원하는 유전형질을 가진 국민들을 마치 공장에서 물건 생산하듯 탄생시키는 모습이 쉽게 상상이 되시나요? 사람이 무슨 로봇이나 제품도 아니고 말입니다.

크리스퍼/캐스9이 히틀러 같은 범죄자에게 넘어가지 않아도 생겨날 문제들은 많습니다. 만약 크리스퍼/캐스9으로 사람들의 유전자를 마음껏 조작할 수 있게 되면 우리 사회는 어떻게 될까요? 많은 사람들이 앞으로 태어날 아이들의 유전자를 조작해서 잘생기고, 튼튼하고, 지능이 높은 자녀만 낳으려고 할 겁니다. 맞춤형 아기의 시대가 온다는 것이지요. 하지만 맞춤형 아기를 낳으려면 인공 수정, 인공 착상, 유전자 조작까지 비용이 많이 들 것이므로 보편적으로 사용되기는 어렵고 상류층만 맞춤형 아기를 낳을 수 있을 텐데요. 결국 부자인 사람들은 세대를 거듭할수록 이 기술로 더욱 잘생기고, 튼튼해지고, 지능이 높아질 것이고, 가난한 사람들은 유전자 조작을 받지 못했다는 이유로 차별을 받을 것입니다. 한 발 더 나아가 생각해보면 면접을 볼 때 어떤 유전자를 조작해서 어떤 재능을 가지고 있는지로 지원자를 평가할 날이 올 수도 있습니다. 유전자 조작을 받지 못한 사람은 원하는 대학에 입학하거나 직장에 취업할 기회조차 얻지 못하겠죠.

이 모든 것들을 종합해보면 현재도 심각한 사회 문제인 빈부격차나 양극화를 현재와는 비교할 수 없는 수준으로 만들 수 있습니다. 지금도 장애인이나 소수자 등에 대한 편견이나 차별이 사회 곳곳에 만연해 있는데 크리스퍼/캐스9은 이 세상을 더욱 편견과 차별이 가득한 세상으로 만들겠죠. 법으로 사람의 유전자를 함부로 조작하지 못하도록 규제해도 문제가 쉽게 해결되지 않을 겁니

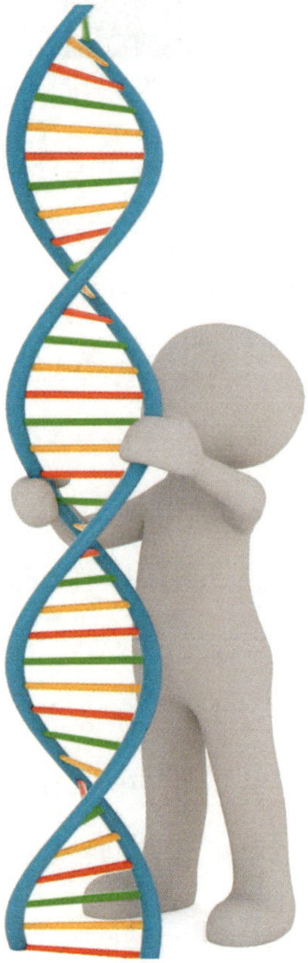

사람의 유전자를 조작한다면? |

| 크리스퍼/캐스9이 빈부격차를 심화시키는 기술이 될 수도 있습니다.

다. 스스로 유전자 조작을 할 수 있는 과학자라면 앞으로 태어날 자신의 자녀에게 몰래 이 기술을 사용할 수 있으니까요. 본인이 과학자가 아니라고 해도 과학자에게 많은 돈을 주고 매수하는 등의 행위들이 일어날 가능성도 무시할 수 없죠. 잘생기고, 튼튼하고, 지능이 높은 아이를 낳고 싶어하는 것은 모든 부모들의 어쩔 수 없는 욕망이기도 하니까요.

제니퍼는 이대로 가만히 있을 수만은 없었습니다. 결국 그녀는 토론회를 조직해서 과학자들에게 사람의 유전자를 조작하는 실험을 하지 말아 달라고 요청합니다. 사람 유전자의 조작이 가져올 문제들을 어떻게 해결할지에 대한 방안이 나올 때까지 말이죠. 그러나 제니퍼의 노력에도 불구하고 중국의 과학자 허젠쿠이賀建奎는 2018년에 크리스퍼/캐스9으로 수정란 유전자를 조작해서 에이즈에 면역을 가진 쌍둥이 아기를 탄생시키고 말았답니다. 사람의 유전자를 조작한 것도 문제였지만 더 큰 문제는 조작 과정에서 제거된 유전자가 뇌에 치명적인 손상을 입히는 바이러스

허젠쿠이 |

인 웨스트나일의 감염을 막아주는 유전자였다는 겁니다. 쌍둥이 아이들이 에이즈에 면역을 가진 대신에 웨스트나일에 취약한 상태가 되어버린 거죠. 어쩌면 조작 과정에서 예상치 못한 오류가 발생했을 가능성도 무시할 수 없고요. 무책임하게도 이 쌍둥이 아이들에게 앞으로 어떤 문제가 발생할지는 확실하게 알 수 없답니다.

지금까지 크리스퍼/캐스9에 대해 너무 나쁜(?) 이야기만 한 것 같은데요. 이제 좋은 이야기를 해 봅시다. 만약 크리스퍼/캐스9을 올바르게 사용한다면 어떻게 사용할 수 있을까요? 사실 크리스퍼/캐스9으로 인류를 더욱 풍족하고 윤택하게 만들 수 있는 방법은 무수히 많습니다. 유용한 작물이나 동물을 만들 수 있거든요. 예를 들어서 돼지의 유전자를 조작하면 사람의 장기와 똑같은 장기를 가진 돼지를 만들 수 있습니다. 사람이 장기가 망가지면 이 돼지에게서 추출한 장기를 사용하면 되겠죠. 그런데 돼지에게서 조작할 수 있는 게 장기뿐일까요? 돼지는 우리가 먹는 음식이기도 하잖아요. 그러므로 먹을 수 있는 고기의 양이 많아지도록 조작해서 고기의 생산량을 늘릴 수도 있습니다.

이번에는 사람의 유전자를 조작해서 올바르게 사용한 예를 살펴봅시다. 사람의 유전자를 조작하는 게 무조건 나쁜 결과를 불러오는 것은 아닙니다. 특정 부분에 한에서만 조작할 수 있도록 허용하면 충분히 올바르게 사용할 수 있거든요. 만약 유전병을 가진 부모라면 수정란의 유전자를 조

작해서 앞으로 태어날 자녀가 유전병으로 고통 받지 않도록 할 수 있을 겁니다. 암이나 당뇨병을 유발하는 유전자가 발현하지 못하게 할 수도 있겠죠. 어쩌면 크리스퍼/캐스9이 유전으로 인해 발생하는 각종 질병들의 발병률을 대폭 줄여줄 수 있을지도 모릅니다.

크리스퍼/캐스9은 우리의 일상도 바꿔놓을 수 있습니다. 여름만 되면 모기 때문에 잠을 못 이루는 경우가 많죠? 모기의 유전자를 조작해서 모두 불임인 자손을 낳게 하고 자연에 방류하면 모기의 수를 대폭 줄일 수 있습니다. 한때 말라리아 모기 때문에 살충제로 DDT를 사용하면서 생태계가 파괴되고 DDT에 내성을 가진 모기들도 금방 등장했음을 생각해보면 크리스퍼/캐스9은 현존하고 있는 수많은 기술적 한계들을 해결해줄 기술이 될 것입니다. 크리스퍼/캐스9은 농업이든, 축산업이든, 질병 치료든, 해충 박멸이든 정말 다방면의 분야에서 유용하게 쓰일 수 있는 무한한 가능성의 기술이라고 할 수 있죠.

결국 크리스퍼/캐스9는 어떻게 사용하느냐에 따라 인류에게 재앙을 가져다줄 수도 있고, 더욱 풍요롭게 만들 수도 있는 양날의 검인 셈입니다. 이 기술을 어떻게 사용할지는 우리 사회 구성원 모두의 몫이겠지요. 그러므로 모든 사회 구성원들은 크리스퍼/캐스9을 올바르게 사용할 수 있는 방안을 깊이 있게 고민하고 노력해야 합니다. 크리스퍼/캐스9이 우리의 삶을 보다 풍요롭고 윤택하게 만드는 과학기술로 거듭나려면 말이죠.

탈리도마이드

저주받은 약이 환자의 목숨을 구하는 항암제로

좋고 나쁜 것은 다 생각하기 나름이다.
- 윌리엄 셰익스피어 (영국의 극작가) -

1957년 독일에서 탈리도마이드Thalidomide라는 약이 개발되었던 적이 있습니다. 탈리도마이드는 임산부의 입덧을 줄이고 수면제로도 효과가 있어서 유럽과 일본에서 인기가 높았답니다. 무엇보다 수면 효과가 뛰어나고 잠에서 깬 뒤에도 머리가 말끔해 유럽에서 매일 밤 1~2백만 명에 달하는 사람들이 약을 먹고 잠에 들 정도였습니다.

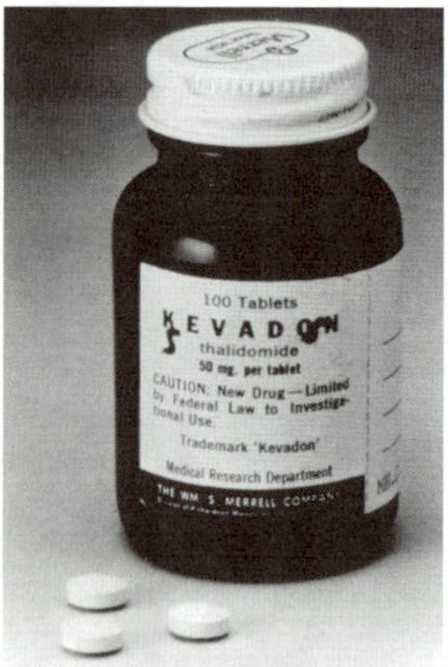

| 탈리도마이드

그런데 판매가 시작된 지 얼마 되지 않아서 탈리도마이드를 복용한 임산부에게서 팔다리가 없거나 짧은 아기들이 태어났다는 부작용이 보고되기 시작했습니다. 하지만 유럽과 일본 정부는 이러한 보고를 무시했고 제약회사도 부작용 보고들을 덮는 데에 급급했습니다. 결국 1961년

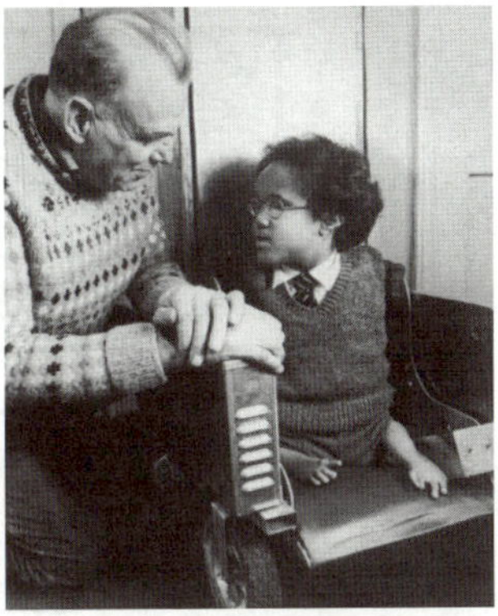
탈리도마이드 베이비 |

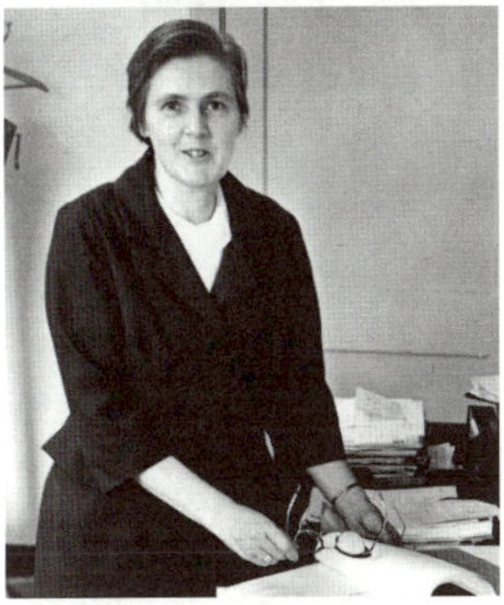
프랜시스 켈시 |

독일의 한 신문에 탈리도마이드의 부작용에 대한 기사가 크게 실리자 판매가 중단되었고, 일본에서도 1962년에 판매를 중단하고 맙니다. 부작용이 이토록 끔찍한 약이 자그마치 4~5년에 걸쳐 판매되었던 건데요. 결국 전 세계에서 1만 2000명 정도의 팔다리가 없거나 짧은 기형아가 탄생하고 말았습니다.

사람들은 이 사건을 탈리도마이드 사건이라고 불렀고, 기형아로 태어난 아이들을 탈리도마이드 베이비라고 불렀습니다. 탈리도마이드 베이비들은 자라면서 대부분 죽었습니다. 간신히 살아남아도 평생 팔다리가 없거나 짧은 기형으로 살아야 했습니다. 탈리도마이드 사건은 약의 부작용이 재앙을 일으킨 역사상 최악의 사건으로 기록에 남게 되었습니다.

다행이도 당시 우리나라는 수면제와 입덧 완화는커녕 먹고 살기도 힘들었던(...) 시기였기에 탈리도마이드가 판매되지 않았답니다. 미국도 식품의약국FDA에서 판매 허가를 내주지 않았던 덕분에 외국에서 탈리도마이드를 구매한 17명의 부작용만 보고되었죠. 미국 식품의약국 연구원인 프랜시스 켈시Frances Kelsey가 탈리도마이드의 판매허가를 내려주지 않았거든요. 프랜시스 켈시가 판매허가를 내려주지 않은 이유는 탈리도마이드의 임산부 복용 임상실험 자료가 제대로 갖춰지지 않았기 때문이었습니

다. 결국 프랜시스 켈시의 우려가 현실이 되면서 그녀는 미국 국민들을 보호한 공로로 당시 미국의 대통령이었던 케네디로부터 공로훈장을 받았답니다.

이 약의 미래가 앞으로 어떻게 될 것 같아 보이시나요? 이토록 심각한 재앙을 일으킨 약인데 당연히 사라지는 게 맞겠지요. 역시 탈리도마이드는 예상대로 저주받은 약으로 사람들 기억 속에서 점차 사라져 갔습니다. 그런데 일부 과학자들은 탈리도마이드를 꾸준히 연구했습니다. 1964년 이스라엘의 한 병원에서는 한센병에 감염되어 피부 고통으로 힘들어하는 환자에게 탈리도마이드를 처방하였더니 고통이 놀라울 정도로 감소하기도 했답니다. 환자가 임신을 할 수 없는 남성이었기에 시험 삼아 투여한 건데 효과가 나타났던 것이죠.

이후로 한센병이 감염되었을 때 발생하는 피부병변과 피부괴양을 탈리도마이드가 억제한다는 사실이 밝혀졌습니다. 한센병은 피부에 극심한 병변이 일어나고 심하면 신체가 썩어 들어가는 병입니다. 당시에는 치료

방법이 밝혀지지 않았던 데다 극심한 혐오감을 유발하기 때문에 수많은 사람들을 고통으로 몰아넣은 무서운 병이었죠. 현대 들어서야 한센병을 치료할 수 있는 다양한 약이 개발되었는데요. 탈리도마이드가 현재 그 약 중 하나입니다. 다만 임산부나 가임기 여성은 복용할 수 없고, 약을 복용한 후에는 한 달간 헌혈이 금지됩니다. 남성이 복용할 경우 반드시 피임을 해야 한다는 조건도 있답니다. 남성이 여성과 성관계를 하면서 탈리도마이드 성분이 여성에게 전달될 수도 있기 때문이죠.

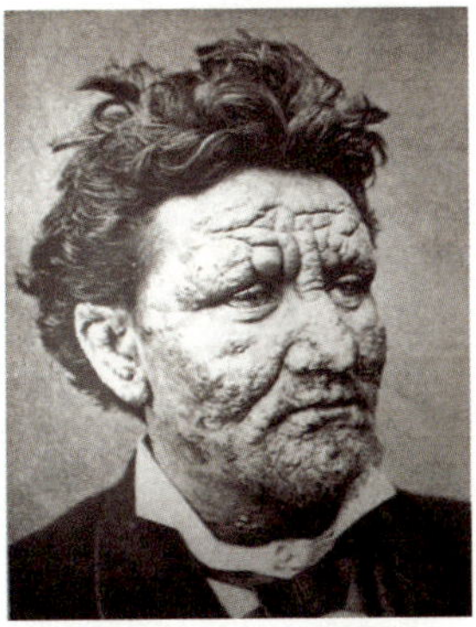
한센병 환자 |

하지만 한센병 치료제로서의 탈리도마이드는 성공했다고 하기에는 어려웠습니다. 브라질에서 탈리도마이드를 사용하다가 200명 정도의 기형아가 탄생하는 비극이 또 발생했거든요. 이후로 탈리도마이드는 한센병이 너무 심할 때에만 극약처방으로 사용되었답니다. 하지만 아무래도 이런 약이 많은 사람들의 주목을 받고, 성공적인 약이 되기엔 좀 어렵겠죠. 탈리도마이드가 본격적으로 주목받기 시작한 것은 항암제로 사용되기 시작된 때부터랍니다.

탈리도마이드를 항암제로 사용하는 원리는 탈리도마이드의 부작용과 관련이 있습니다. 탈리도마이드가 어떻게 팔다리가 없거나 짧은 기형아를 낳게 한 것인지 아세요? 임신 초기에 태아에게 팔다리가 정상적으로 자라나기 위해서는 팔다리가 자라날 부위에 혈관이 생성되어야 합니다. 혈관을 통해서 팔다리에 혈액과 영양분을 공급해 줘야 하거든요. 그런데 탈리도마이드는 새로 만들어져야 할 혈관의 생성을 억제하는 기능이 있습니다. 그러니까 만약 임신 중인 사람이 탈리도마이드를 복용하면 태아의 팔다리 혈관이 제대로 생성될 수 없지요. 팔다리도 제대로 자랄 수 없을 겁니다.

탈리도마이드 부작용의 원인을 사건이 터지고 나서야 알아내서 무엇 하느냐는 생각이 들 수 있는데요. 놀랍게도 탈리도마이드가 항암제로서의 도약을 시작한 때가 바로 이때부터입니다. 탈리도마이드가 혈관 생성을 억제한다는 것은 달리 말하면 암 덩어리를 죽일 수 있다는 말이기도 하거든요. 이게 무슨 말이냐고요? 일단 암에는 왜 걸리는지, 왜 암에 걸리면 사람이 죽는지부터 알아봅시다.

암에 걸렸다는 것은 몸 안에 암 덩어리가 자라고 있다는 것을 의미합니다. 하지만 암 덩어리가 그렇게 쉽게 만들어지는 건 아닙니다. 암 덩어리는 영양분을 꾸준히 공급받아야 잘 자랄 수 있거든요. 그래서 암 덩어리는 자신의 주변에 혈관을 만들고 혈관을 통해 영양분을 공급받으면서 무럭무럭 자랍니다. 암 덩어리는 자라면 자랄수록 다른 장기에 공급되어야 할 영양분을 빼앗고 결국 환자를 죽음에 이르게 만들지요. 여기에서 암 덩어리의 약점을 찾아볼 수 있는데요. 만약 암 덩어리의 혈관 생성을 억제하면 암 덩어리가 제대로 자라지 못합니다. 암 치료의 길이 열린다는 거죠. 아까 탈리도마이드가 혈관의 생성을 억제한다고 말씀드렸죠? 과학자들은 탈리도마이드를 이용해서 암 덩어리의 혈관 생성을 막으면 암을 치료할 수 있을 것이라고 생각했습니다.

과학자들은 탈리도마이드의 부작용 연구를 시작했습니다. 오랜 연구 끝에 미국의 한 제약회사에서는 탈리도마이드의 화학적 구조를 변형해서 혈관생성 억제 기능을 강화시킨 약을 만드는 데 성공하는데요. 이 약이 바로 레날리도마이드Lenalidomide라는 항암제입니다. 2006년 미국 식품의약국에서 승인을 받은 이후로 전 세계에서 판매되어 수조 원에 달하는 엄청난 이익을 남겼습니다. 현재는 암 중에서도 혈액암의 일종인 다발성 골수종을 치료하기 위한 항암제로 흔히 사용되고 있답니다. 다발성 골수종에 사용하면 30%의 높은 성공률로 치료가 가능하며, 다른 약과 병행하면 성공률이 50% 이상으로 올라갑니다. 저주받은 약이 암으로 고통받는 환자를 치료하는 희망의 약이자 제약회사에는 엄청난 이익을 남긴 약으로 새롭게 탄생한 것이죠.

돌아보니 지금의 레날리도마이드가 만들어지기까지 참 많은 일이 있었던 것 같습니다. 그런데 이런 다사다난한 과정을 거쳐 만들어진 약은 레날리도마이드 뿐이 아닙니다. 혹시 발기부전 치료에 사용되는 비아그라를 아시나요? 비아그라는 사실 원래 협심증 치료제로 개발되었던 약입니다. 하지만 협심증 치료 효과가 워낙 좋지 않았던 데다가 약을 복용한 사람에게 뜬금 없이 발기(!)가 일어나는 부작용까지 있어서 실패한 약이었습니다. 그런데 과학자들은 이 부작용을 그냥 두지 않았습니다. 발기가 일어나는 부작용을 오히

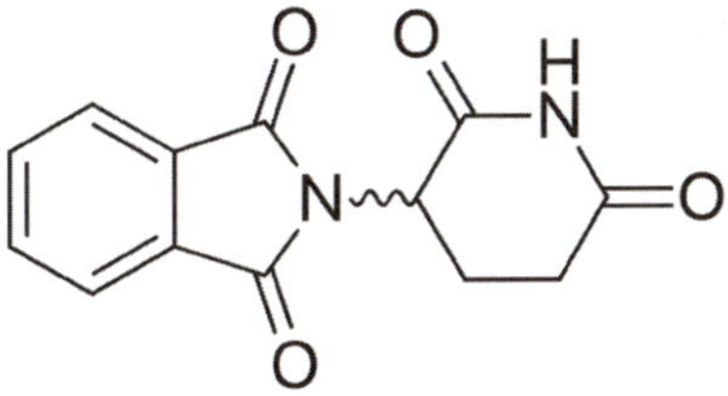

탈리도마이드의 화학적 구조 |

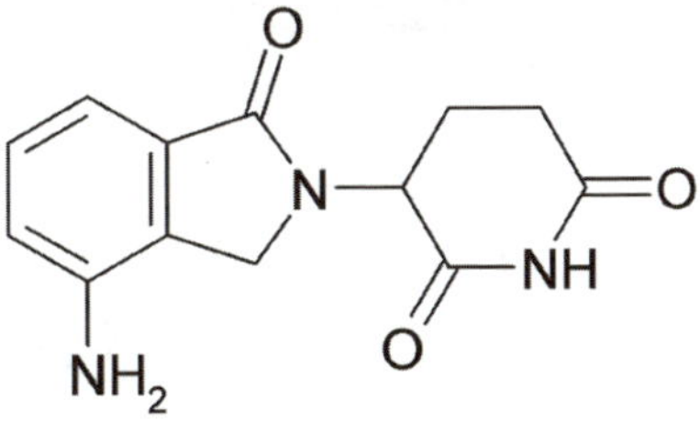

레날리도마이드의 화학적 구조 |

려 이용해서 지금의 비아그라를 만들었죠. 결국 비아그라는 발기부전 치료제 하면 가장 많은 사람들이 먼저 떠올릴 정도로 인기 있는 약이 되었습니다. 이토록 인기 있는 약이 원래는 다른 목적으로 개발된 약이었다니 참 신기하죠?

이처럼 모든 약은 여러 개의 얼굴을 가지고 있는 아수라 백작(...)과도 같습니다. 그래도 그나마 다행인 점은, 약이 우리 앞에서 좋은 얼굴을 드러낼지, 사악한 얼굴을 드러낼지는 우리가 사용하기 나름이라는 겁니다. 효능과 부작용이 동시에 있다면 효능을 최적화하면서 부작용을 줄이면 되고, 부작용이 너무 심하다 싶으면 복용을 금지하면 되니까요. 그 외에도 사악한 얼굴을 좋은 얼굴로 만드는, 즉 부작용을 효능으로 사용하는 혁신적인 방법도 있습니다. 위에 언급했던 레날리도마이드와 비아그라처럼 말이죠.

특히 이런 방법은 신약 연구를 다른 선진국들에 비해 늦게 시작한 우리나라에게는 매력적인 방법입니다. 원래 약 하나를 만들려면 15~20년이

나 되는 긴 시간과 수 조 원에 달하는 천문학적인 비용이 필요한데요. 위에서 언급한 방법은 이미 효능과 안전성 연구가 어느 정도 진행되어 있는 약을 연구하는 거라서 드는 시간과 비용이 훨씬 적거든요. 머지않아 우리나라에서도 이런 방법으로 세상을 이롭게 할 멋진 신약을 만들었으면 좋겠습니다.

실험동물

과학의 발전은 많은 동물들의 희생으로 이루어졌다

한 나라의 위대함과 도덕성은
동물을 다루는 태도로 판단할 수 있다.
- 마하트마 간디 (인도의 정치인) -

제가 실험동물을 처음 접해본 것은 대학교 1학년 실험수업 때입니다. 쥐를 안락사 시키고 배를 갈라 장기를 관찰하는 수업이었죠. 쥐를 안락사 시키려면 한 손으로 목을 잡고 다른 한 손으로 꼬리를 잡아당겨 목에 있는 경추를 탈골시켜야 했습니다. 경추는 뇌로 연결되는 신경과 동맥이 연결되어 있어서 탈골되면 바로 죽거든요. 하지만 저는 도저히 쥐를 죽일 수가 없어서 멀찌감치 쥐를 쳐다보기만 했습니다. 그러던 와중 같이 수업을 듣던 동기 한 명이 쥐의 꼬리를 잡아당기다가 경추 대신에 등 부분의 척추를 끊어버리는(...) 바람에 쥐가 고통에 몸부림치기 시작했습니다. 저는 그 모습을 보고 충격을 받아서 쥐를 잡고 어찌 하지도 못한 채 부들부들 떨기 시작했죠. 결국 보다 못한 옆의 친구가 저 대신 쥐를 안락사 해줬습니다.

어느덧 시간이 흘러 대학교를 졸업하고 대학원생이 된 저는 여전히 쥐

실험용 쥐 |

를 안락사 시켜본 적이 없습니다. 이 일 이후에도 대학생 때 쥐를 이용한 실험을 할 기회는 몇 번 있었지만 이럴 때마다 안락사는 항상 저 말고 다른 친구에게 부탁했거든요(...).

이처럼 많은 동물들이 과학자나 과학 분야 진로를 꿈꾸는 학생들에 의해 희생됩니다. 솔직히 너무 불쌍하죠. 이렇게까지 해야 하나 싶기도 합니다. 하지만 과학자들이 실험동물을 이용하는 데에는 어쩔 수 없는 이유가 있답니다. 1900년대 이후 노벨생리의학상을 받은 연구의 70~80%는 실험동물을 사용한 연구일 정도로 실험동물은 과학을 연구하는 과정에서 꼭 필요하거든요. 실험동물은 생명과학과 의학, 약학이 지금처럼 성장하기까지 가장 중요한 역할을 해왔다고 해도 과언이 아닙니다.

실험동물을 이용하는 이유 중에 하나는 동물이 사람과 유사하기 때문입니다. 제가 장기를 관찰하기 위해 쥐 실험을 했다고 말씀드렸죠? 쥐의 장기는 사람과 거의 흡사합니다. 사람의 장기보다 크기가 작은 건 흠이지만, 작은 덕분에 오히려 관찰하기가 좋죠. 사람을 해부할 수는 없으니 쥐를 해부하는 것입니다. 하지만 단순히 관찰만이 목적은 아니죠. 실험동물이 사람과 유사하기에 할 수 있는 일은 정말 많습니다.

대표적인 예로 사람이 세균에 감염되는 과정을 연구할 때 사람 대신에 쥐를 사용합니다. 세균을 사람에게 주입해서 병에 걸리게 할 수는 없으니 실험동물에게 주입해서 세균의 감염 원리를 파악하고, 추후에 치료기술이나 약을 개발하는 거지요. 마찬가지로 병을 치료하는 새로운 치료기술이나 신약이 사람들에게 판매되기 전에도 쥐나 원숭이와 같은 실험동물을 대상으로 임상실험을 거칩니다. 사람에게 얼마나 안전한지 알 수 없으니 일단 동물에게 실험을 해서 사람에게도 안전한지, 효과는 괜찮은지 확인하는 거죠. 실제로 병원에서 사용되는 치료기술들과 우리가 먹는 약들은 모두 동물실험을 거친 것들이랍니다.

조금 독특한 용도로 사용되는 실험동물도 있습니다. 바로 돼지인데요. 돼지의 장기는 사람의 장기와 닮아서 수술 연습이 필요한 의사들이 실험동물로 사용합니다. 수술 경험이 많은 의사들도 예외는 없는데요. 미세한 손기술을 요구하는 심장수술, 혈관수술, 신경수술, 장기 이식수술 등은 돼지를 환자라고 생각하고 여러 번 수술 연습을 합니다. 특히 심장은 쉬지 않고 계속 팔딱팔딱 움직이기 때문에 심장수술을 하기 전에 돼지 수술을 하면 도움이 많이 된다고 합니다. 의사들은 돼지 수술 덕분에 진짜 환자를 수술할 때 어떻게 해야 할지에 대한 노하우를

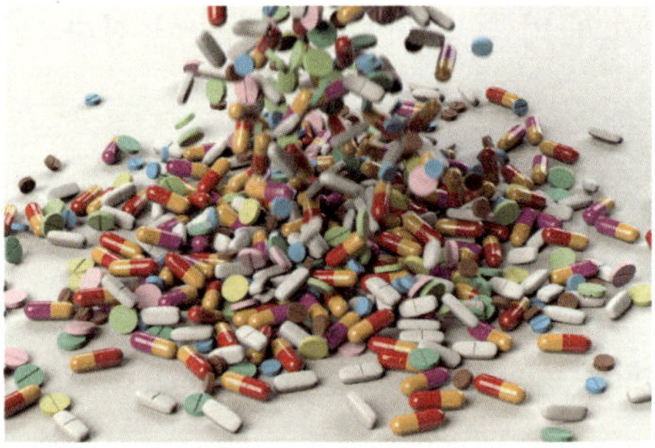

| 약의 임상실험에는 동물실험이 반드시 필요합니다.

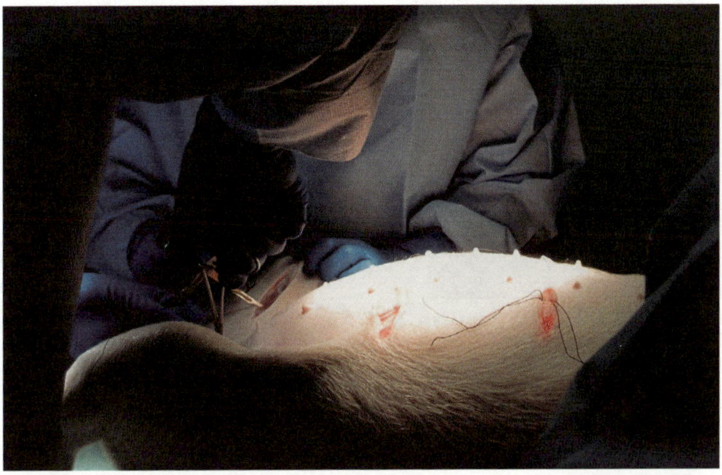

돼지를 수술하는 모습 |

미리 습득할 수 있지요. 이렇게 숙련된 의사들이라면 환자들은 의사들을 더욱 믿고 안심하고 수술을 받을 수 있을 겁니다.

사람과 유사한 부분이 적다고 해서 실험동물로 사용되지 않는 것은 아닙니다. 초파리는 사람과 닮은 부분이 거의 없는 곤충이지만 유전 연구에 많이 사용된답니다. 사람은 태어난 지 20~30년이 되어서야 자녀를 낳지만 초파리는 태어난 지 열흘만 지나면 번식하거든요. 한 번에 낳는 자손의 수도 많고요. 그래서 초파리를 실험동물로 이용하면 세대를 거칠수록 유전병이 어떻게 발병하는지를 신속하게 파악할 수 있습니다. 실제로 미국의 유전학자 토머스 모건Thomas Morgan은 초파리를 이용해서 색맹이나 혈우병 같은 유전병들이 어떻게 다음 세대에 전달되는지를 밝혀냈습니다. 만약 사람에게 실험했다면 자그마치 200년(!)이 걸렸을 실험이었다고 하네요.

이처럼 다양한 종류의 동물들이 다양한 목적으로 실험에 사용되는데요.

| 초파리

이 때 동물들에게 발생하는 고통이나 스트레스는 생각보다 엄청납니다. 때로는 보는 사람이 잔혹하다고 느껴질 정도로 말이죠. 동물실험의 잔혹성이 가장 잘 드러나는 대표적인 실험이 바로 토끼를 이용한 자극성 실험입니다. 자극성 실험이란 화장품, 자외선 차단제와 같이 피부에 바르는 화장품을 토끼의 눈에 떨어뜨려서 화장품이 우리의 피부에 얼마나 자극적인지 확인하는 실험입니다. 토끼는 다른 동물들에 비해 눈물의 양이 적고 눈 깜빡거림도 거의 없어서 실험하기 좋습니다. 문제는 화장품이 눈에 들어간 토끼가 엄청난 고통을 느낀다는 것이죠. 이때 토끼는 옴짝달싹 못하는 기계에 갇혀 있어서 몸부림치지도 못합니다. 실험을 마치고 나면 눈에서 피를 흘리거나 심하면 눈이 실명되기도 하죠.

차마 상상할 수 없을 정도로 잔인하고 끔찍한데요. 이건 빙산의 일각일 뿐입니다. 자극성 실험 외에도 실험동물들이 잔인하고 끔찍하게 실험당하는 일은 정말 많답니다. 그렇다고 해서 모든 동물실험을 금지할 수는 없습니다. 동물실험이 금지된다면 사람으로(...) 실험하는 것 외에는 선택지가 없거든요. 아마 사람들 중에서도 먹을 게 없어 굶주리거나 경제적인 여유가 없는 사회적 약자들이 실험대상이 될 겁니다. 사회적 약자들이 실험체로 사용되는 일은 절대로 벌어져서는 안 될 일이지요. 그렇다면 적절한 합의점을 찾아야 하는데요. 일단 선진국에서는 동물복지법이나 실험동물법을 제정하기 시작했습니다. 동물 실험은 할 수 있게 하되, 필요 이

상의 잔인한 동물실험을 진행하지 못하도록 하기 위해서요.

세계 각국에서 지정된 동물복지법이나 실험동물법은 대부분 3가지 원칙을 기본으로 해서 만들어집니다. 과학자들은 이 3가지 원칙에 따라 실험동물을 다뤄야 합니다. 첫 번째 원칙은 실험에 사용되는 실험동물의 희생을 줄여야 한다는 것입니다. 실험동물을 많이 죽이는 방법과 적게 죽이는 방법이 있다면 번거롭더라도 가급적 덜 죽이는 실험을 선택해야 합니다. 만약 실험에 실패하면 같은 동물실험을 또 반복해야 하니까 실험에 실패하지 않도록 주의하는 것도 중요합니다.

두 번째 원칙은 동물실험을 다른 실험으로 대체할 수 있다면 대체해야 한다는 것입니다. 위에서 언급한 토끼를 이용한 자극성 실험의 경우에는 실험실에서 배양한 각막세포나 도축된 소의 눈알을 이용해 대체할 수 있습니다. 물론 토끼를 이용한 실험보다 많은 돈과 시간이 소모된다는 단점이 있죠. 최근에는 컴퓨터 시뮬레이션이 자극성 실험을 대체할 수 있는 실험으로 검토되고 있답니다.

마지막 세 번째 원칙은 실험동물의 고통과 스트레스를 최소화시켜야 한다는 것입니다. 실험동물을 죽일 때에는 그냥 죽이지 말고 진통제나 마취제를 사용해서 안락사해야 합니다. 그리고 실험동물이 머무르는 공간을 너무 좁지 않게 하고 깨끗하게 관리하는 것도 중요합니다. 실험동물을 위해서이기도 하지만 나쁜 환경에서 자란 실험동물들에게서 올바르지 않은 실험 결과가 나오기도 하거든요.

다행이도 동물복지법과 실험동물법이 많은 나라에서 제정되면서 사람들이 점점 실험동물들에게 관심을 가지고 있습니다. 실험동물의 스트레스와 고통은 안중에도 없던 과거와 비교해보면 괄목할 만한 성과지요. 여기서 더 나아가 유럽에서는 2013년에 자극성 실험을 거친 화장품 판매를 금지시켰고, 우리나라의 화장품 기업들도 아모레퍼시픽을 시작으로 자극성 실험을 금지하고 있습니다.

그런데 어떤 분들은 동물에게 왜 이렇게까지 해줘야 하느냐고 의문을 제기합니다. 동물이 사람보다 지능도 낮고 판단도 못하니까 동물을 함부로 다뤄도 된다고 생각하는 거지요. 하지만 동물들도 사람처럼 지능이 있으며, 고통도 느낄 줄 압니다. 동물이 고통을 느낀다는 걸 아는데도 아랑곳없이 함부로 다루는 건 생명체에 대한 존중의식이 없지 않고서는 어려운 일이겠죠. 실험동물도 마찬가지입니다. 자고로 사람이 스스로를 동물보다 높은 존엄성을 가졌다고 생각한다면 동물실험을 할 때 동물의 희생과 고통을 최소화해주고, 동물실험을 대체할 방법을 고민해야 할 의무가 있습니다. 이건 단순히 동물을 위해서 뿐만 아니라, 더 나아가 우리 사회 곳곳에 존재하는 사회적 약자에 대한 존중이나 배려로도 연결될 수 있는 중요한 사안이라고 생각합니다.

우리 인류는 과학의 발전의 어두운 이면으로 실험동물에게 크나큰 빚을 졌습니다. 아마 앞으로도 계속 빚을 지면서 살아가겠죠. 실험동물에게 진 빚을 조금이나마 갚을 수 있는 방법은 지금으로서는 실험동물의 희생을 최대한 적게 하고 잘 관리해주며, 고통을 최소화해주는 것뿐입니다.

인공위성

인류가 스스로를 지구에 가둔다?

우주왕복선이 인공위성들과 충돌할 수 있으며,
그 결과 우주쓰레기가 급증해 우주탐사가 불가능해질 것이다.
- 도널드 케슬러 (미국항공우주국의 과학자) -

비록 우리는 인지하지 못하고 있지만 인공위성은 지금 이 순간에도 계속 우리의 머리 위를 지나가고 있습니다. 무려 수 천 개나 말이죠. 이제 인공위성은 우리 일상에서 사라진다면 어떤 일이 벌어질지 상상할 수 없을 정도로 중요한 과학기술이 되었습니다.

사람들은 왜 우주에 인공위성을 쏘아 올리려고 할까요? 이유는 아주 다양합니다. 소련이 쏘아올렸던 세계 최초의 인공위성인 스푸트니크 1호부터 살펴봅시다. 당시 소련은 미국과 라이벌이었습니다. 그래도 미국이 거의 모든 분야에서 소련을 앞서고 있는 상황이었죠. 그런 와중에 소련이 미국을 제치고 세계 최초로 인공위성을 쏘아올린 것은 미국에게는 자존심이 상하는 일이었습니다. 이처럼 소련이 인공위성을 쏘아올린 목적은 단 하나, 인공위성을 쏘아 올리는 행위 자체가 가지는 힘을 얻기 위해서였습니다. 이 힘이 어느 정도냐 하면, 지금도 스푸트니크 1호의 성공적인

인공위성 |

발사는 인류의 우주 개발의 시작을 알린 역사적인 순간으로 기록되어 있을 정도입니다. 하지만 몇 십 년이 지난 지금은 인공위성이 소련처럼 과시(...)하기 위한 목적으로 사용되지는 않습니다. 옛날이야 인공위성 발사가 놀라운 거였지만 지금은 보편적인 기술이거든요. 현재 인공위성은 통신, 지구관측, GPS위치정보시스템, 과학연구 등에 사용됩니다.

우리의 일상과 가장 밀접한 인공위성은 통신위성입니다. 우리가 외국에 있는 친구와 국제전화를 하고 외국에서 진행되는 올림픽 경기를 실시간으로 볼 수 있는 것도 다 통신위성 덕분입니다. 통신위성이 있으면 지구 저 멀리서 오는 전파를 원하는 지역으로 쉽게 보낼 수 있지요. 그런데 통신위성이 모든 통신에 사용되는 것은 아닙니다. 우리가 평소에 다른 사람과 연락을 주고받을 때에는 통신위성 대신에 기지국이 쓰이거든요. 통신위성은 너무 먼 거리에 있는 사람과 통신해야 할 때 주로 사용한다고 보시면 됩니다. 먼 거리에 있는 사람과 기지국으로 통신을 하려면 전파가

이동하는 경로마다 기지국을 설치해야 해서 불편한 점이 많거든요. 하지만 통신위성이 지구 멀리서 중개를 해 주면 일일이 기지국을 설치할 필요가 없습니다.

인터넷에도 통신위성이 사용됩니다. 인터넷은 원래 기지국들 사이에 광케이블을 연결해서 구축합니다. 하지만 사람들이 거의 살지 않는 지역에서는 광케이블의 효율이 낮아서 통신위성을 사용한답니다. 우리나라는 산간지역과 일부 농어촌 지역을 제외하면 통신위성을 사용할 일이 거의 없는데요. 허허벌판(...)에 사는 일부 외국 사람들은 통신위성으로 인터넷을 이용하는 것 외에는 선택지가 없습니다. 미국도 이런 사정은 마찬가지여서 시내까지 자동차를 타고 한참을 가야하는 거주지역에서는 통신위성 인터넷을 많이 이용합니다.

지구관측위성은 이름 그대로 지구의 표면을 관찰하기 위해 사용합니다. 관찰하는 것이 별것 아닌 것처럼 보일 수도 있지만 활용할 수 있는 방법이 꽤 많답니다. 우리가 내일 날씨가 어떨지 알 수 있는 것도 기상위성이 계속 대기현상을 측정하고 관찰해주는 덕분입니다. 만약 기상위성이 없다면 우리는 앞으로의 날씨를 예상할 수 없어서 여러모로 불편함을 겪어야 할 겁니다.

지구관측위성은 미국이나 러시아 같은 나라에서는 일기예보 외에도 군사위성으로도 사용합니다. 군사위성이 있으면 적국을 실시간으로 감시할 수 있고, 핵무기 발사를 포착하거나 전투기와 군함이 어디로 이동하는지도 쉽게 파악할 수 있거든요. 미국이 소련의 스푸트니크 1호 발사를 두려워했던 이유 중에 하나도 소련이 인공위성을 이러한 용도로 사용할 수도 있었기 때문이었습니다.

GPS도 위치정보위성을 이용한 기술입니다. 네이버지도나 카카오맵 같은 지도 애플리케이션이 개발된 이후로 많은 사람들 사이에서 사용되고 있죠. GPS를 이용하면 본인의 현재 위치를 파악할 수 있어서 길을 찾을 때 큰 도움이 됩니다. GPS의 원리는 생각보다 간단한데요. 지구 궤도의 각자 다른 곳에 위치한 여러 개의 인공위성에서 보내주는 신호를 장치스마트폰가 받아서 장치의 위치를 알아내는 원리입니다. 하지만 어디까지나 원리가 간단할 뿐 구현하는 게 쉽지는 않습니다. 최소 4개 이상의 위성이 필요하고 전 세계 어디에서든 위치 정보를 파악할 수 있게 하려면 20대 이상의 위성이 필요해서 비용이 많이 들거든요. 현재 GPS 위성을 보유한 나라는 전 세계에서 미국뿐입니다.

과학 연구를 목적으로 위성을 사용하기도 합니다. 주로 지구의 환경이나 우주를 관측하는 용도로 쓰이죠. 지구에서 우주를 관찰하면 구름과 대기, 도시의 불빛 등의 방해요소가 많지만 우주에서 관찰한다면 이러한 방

| 보이저 1호

| 탐사선이 촬영한 태양계 행성

해요소들이 사라지거든요. 하지만 지구 궤도만 맴도는 인공위성은 우주 관측에 한계가 있어서 지구에서 먼 거리를 관찰할 때에는 탐사선을 이용합니다. 매리너Mariner 1~10호, 보이저Voyager 1,2호 등이 대표적인 탐사선들입니다. 우리가 인터넷이나 과학 교과서에서 볼 수 있는 태양계 행성 사진들은 대부분 이 탐사선들이 근처까지 접근해서 찍은 것들입니다. 탐사선은 인공위성과 비슷해 보이지만 지구를 벗어나 우주공간을 계속 이동해야 하기 때문에 인공위성보다 훨씬 많은 비용이 든답니다. 때로는 탐사선을 인공위성으로 사용하기도 하는데요. 탐사선을 행성 근처까지 이동시킨 후에 행성의 궤도에 진입시키면 행성의 표면을 관찰하는 인공위성이 된답니다.

이처럼 인공위성 기술은 우리의 일상을 바꿔 놓았을 뿐 아니라 우리가 지금까지 몰랐던 우주와 태양계의 비밀도 밝혀냈습니다. 하지만 인공위성 기술이 지금처럼 계속 이렇게 우리에게 밝은 미래만을 제공해줄 것 같지는 않습니다. 아주 심각한 문제가 하나 있거든요. 바로 인공위성을 지금과 같이 계속 쏘아 올린다면 우주쓰레기가 증가한다는 겁니다. 여기서

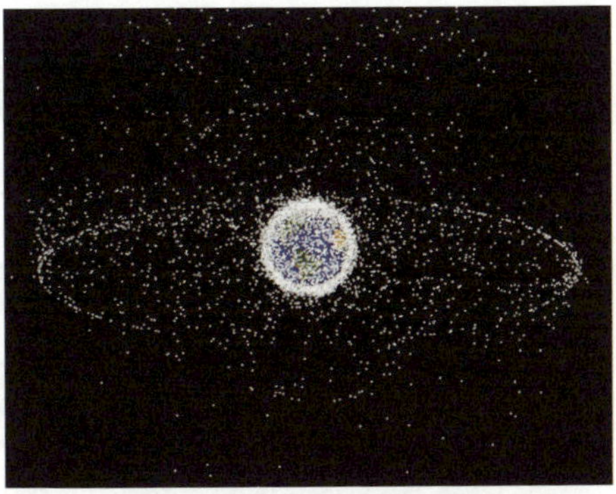

지구의 우주쓰레기 모식도 |

우주쓰레기란 인공위성 발사 시에 사용한 연료 탱크와 부스터, 수명이 다해 버려진 인공위성 등을 말합니다.

그냥 우주를 떠돌아다니는 쓰레기일 뿐인데 이게 왜 문제가 되냐고요? 우주쓰레기를 그냥 우주를 둥둥(?) 떠다니는 쓰레기로만 보면 오산입니다. 지구 궤도를 도는 물체들은 1초에 7~8km를 움직입니다. 우주쓰레기도 마찬가지죠. 발사된 총알이 1초에 1km 정도 움직이는 것을 감안하면 굉장한 속도라고 할 수 있습니다. 그런데 만약 이렇게 무서운 속도로 움직이는 우주쓰레기들이 인공위성과 충돌하면 어떻게 되는지 아세요? 인공위성은 산산조각나고 잔해들은 모두 우주쓰레기가 됩니다. 하지만 여기서 끝이 아닙니다. 이렇게 만들어진 무수히 많은 우주쓰레기들이 또 다른 인공위성과 충돌해서 결국 모든 인공위성들이 박살날 수도 있거든요. 과학자들이 우려하는 것이 바로 이런 연쇄 충돌입니다.

지구에서 고도 300~800km 정도의 낮은 궤도는 인공위성을 쉽게 쏘아올릴 수 있는 지점이라서 인공위성과 우주쓰레기가 많습니다. 만약 이 곳에서 연쇄 충돌이 발생한다면 모든 인공위성들이 파괴되고 셀 수 없이 많은 우주쓰레기 잔해가 궤도를 뒤덮어 버릴 것입니다. 이렇게 되면 더 이상 300~800km 궤도에 인공위성을 발사할 수 없는 것은 물론이고 더 높은 궤도에 있는 인공위성이나 탐사선도 더 이상 발사할 수 없게 됩니다.

그 결과 GPS, 위성 통신, 일기예보 등의 현대적인 기술들을 더 이상 사용할 수 없겠죠. 어쩌면 지구 밖으로 나아갈 수 있는 길이 무서운 속도로 움직이는 우주쓰레기들로 가로막혀서 인류의 우주 진출이 아예 불가능해지는(!) 어이없는 상황이 발생할 수도 있답니다. 우주 진출을 위해 인공위성을 쏘아 올렸는데 인공위성이 오히려 우주진출을 막는 방해물이 되어 버린 셈입니다.

상황이 이렇게 심각한데도 불구하고 전 세계의 국가들은 우주쓰레기에 대한 책임을 지려 하지 않고 있습니다. 우주쓰레기를 청소하려면 막대한 비용이 들 것이 뻔하거든요. 일부 국가가 인류 전체의 이익을 위해 굳이 막대한 비용을 들여가며 우주쓰레기를 청소해 줄 이유도 없고요. 만약 그런 국가가 있다고 해도 국민들의 심한 반대에 부딪힐 가능성이 높습니다. 국민들은 국가의 예산을 자국민을 위해 사용하는 것을 원하지, 인류 전체를 위해 사용하는 것을 원하지 않을 테니까요.

우주쓰레기를 청소하는 기술이 있다면 다행이지만 이마저도 없답니다.

우주쓰레기를 미사일(…)로 쏘자니 더 많은 우주쓰레기가 생기고, 그렇다고 해서 지구 궤도 밖으로 내보내는 것도 쉬운 일이 아니거든요. 그래서 현재 전 세계의 많은 과학자들은 우주쓰레기를 청소할 수 있는 인공위성이나 로봇을 개발해서 인류가 스스로를 지구에 가두는 엽기적인 상황이 발생하지 않도록 노력하고 있답니다. 많은 나라들이 우주쓰레기에 대한 책임을 피하려고만 하는 안타까운 상황에서 그나마 희망적인 소식이라고 할 수 있겠네요. 우주쓰레기 문제는 인류의 우주 시대를 열기 위해 반드시 넘어서야 할 과제가 될 것입니다.

인류는 스스로가 만든 과학기술로 인해 스스로를 멸망 또는 쇠퇴로 이끌 뻔했던 적이 참 많습니다. 지금까지는 잘 극복해 왔지만 우주쓰레기 문제도 현명하게 잘 극복해서 화려한 우주 시대를 맞이할 수 있을까요?

오존

오존층을 보호하자는데 오존주의보는 뭐야?

만물개유위(萬物個有位)
: 이 세상의 모든 존재는 저마다의 자리가 있다.
– 한자어의 일종 –

지상에서 20~30km 정도 되는 높이의 구간에는 많은 양의 오존이 있는데요. 이 구간을 오존층이라고 부릅니다. 대기 중의 전체 오존 중 90%가 이 곳 오존층에 모여 있지요. 여기서 오존O_3이란 산소원자가 3개 결합한 형태의 물질을 말합니다. 산소분자O_2에서 산소원자O 하나가 더 결합하면 만들어지지만 성질은 산소와는 완전히 다르답니다.

오존에 대해 설명해 드리기 전에 산소원자와 산소분자부터 차근차근 살펴볼까요? 우리가 머무르고 있는 지표면에는 산소원자O가 산소분자O_2로 존재합니다. 우리가 숨을 쉴 수 있는 것도 산소분자 덕분이죠. 그런데 산소분자가 지상 20~30km 부근으로 올라가면 태양의 강한 자외선을 흡수하여 2개의 산소원자로 분해되는 현상이 일어납니다. 분해된 산소원자는 불안정하고 반응성이 강해서 다른 산소분자와 결합하여 오존O_3을 만드는데요. 이게 바로 오존층이 생겨나는 원리랍니다.

오존층 하면 많은 분들이 지구를 감싸는 보호막이자 파괴되지 않도록 보호해야 하는 것으로 말씀하십니다. 실제로도 그렇죠. 오존층은 태양의 해로운 자외선으로부터 지구상의 생물들을 보호합니다. 오존이 자외선을 흡수해 주거든요. 대신 자외선을 흡수한 오존은 산소분자와 산소원자로 분해되지요. 오존이 스스로를 희생(?)해서 자외선이 지표면에 도달하지 못하게 막아주는 셈입니다.

그러므로 우리가 자외선 피해 없이 안정적으로 살아갈 수 있는 건 모두 오존층 덕분입니다. 만약 오존층이 소멸될 경우 생겨날 문제들은 생각보다 심각하답니다. 생물들이 자외선에 노출되면 세포가 손상되거나 암세포가 만들어지는 것은 물론이고 피부와 눈, 면역계가 손상될 수 있거든요. 오존층이 있는 지금도 자외선에 의해 피부노화, 암, 안구질환이 발생한다는 점을 생각해보면 오존층은 우리에게 반드시 있어야 할 중요한 보호막입니다.

오존층의 중요성은 여기서 끝이 아닙니다. 작물들은 자외선에 상당히

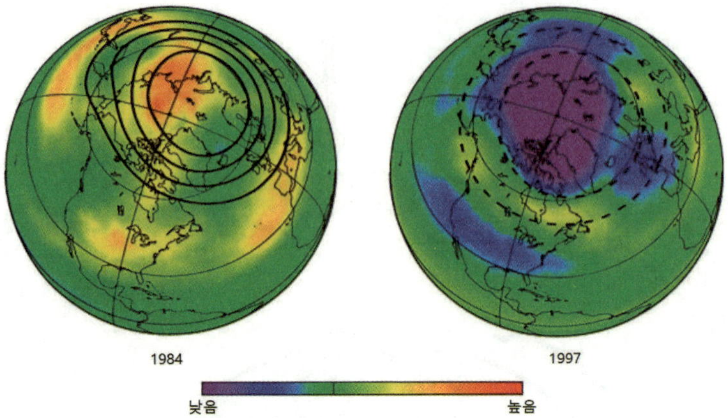

| 1984년과 1997년 오존층의 오존 농도 비교

민감하거든요. 그래서 만약 오존층이 파괴되면 전 세계 곡물의 생산량이 감소해 식량대란이 발생할 수 있습니다. 오존층의 오존 농도가 1% 감소하면 자외선은 무려 2%나 증가한다고 하니까 오존층의 오존이 아주 조금만 감소해도 위험하겠죠.

오존층이 없는 세상이 상상이 되시나요? 우리 인류는 오존층 없이는 절대로 정상적인 삶을 살아갈 수 없습니다. 그런데 이렇게 소중한 오존층이 한때 소멸될 위기에 처했던 적이 있습니다. 인류가 오존층을 파괴하는 화학물질을 사용하면서 무서운 속도로 파괴되기 시작했거든요. 이 중 가장 심각한 물질이 바로 프레온가스입니다. 프레온가스는 1930년에 미국에서 처음으로 만들어져 20세기 최고의 화학물질 중 하나로 각광받아 왔습니다. 색깔과 냄새, 독성이 없고 아주 안정적인 물질이라 쓰임새가 많았거든요. 냉장고나 에어컨의 냉매, 불을 끄는 소화기, 스프레이의 분사제, 반도체를 세척할 때 쓰이는 세제 등으로 산업에서 흔히 사용되었답니다. 그러나 오랜 기간 동안 인류는 프레온가스 사용으로 인해 오존층이 파괴되고 있었다는 사실을 전혀 알지 못했답니다. 남극의 오존층에 거대한 구멍이 생긴 이후에도 지구상의 공기의 흐름에 의한 자연스러운 현상이라고 생각했죠.

다행이도 오존층은 이대로 파괴되지만은 않았습니다. 폴 크루첸Paul Crutzen, 마리오 몰리나Mario Molina, 셔우드 롤랜드Sherwood Rowland 3명의 과학자가 프레온가스가 오존층을 파괴시키고 있다는 사실을 발견했거든요. 여러분은 프레온가스가 오존층을 파괴하는 원리를 아세요? 아이러니하게도 프레온가스가 안정적인 물질이라는 장점이 오존층을 파괴시키는 원인이었답니다. 프레온가스CCl_2F_2는 우리가 머무르는 지표면에서 잘 분해되지 않고 안정적으로 존재합니다. 오존층까지 올라가고 나서야 자외선을 흡수하고 염소원자Cl와 불소원자F로 분해되지요. 여기서 문제는 염소원자 녀석입니다. 염소원자Cl가 오존O_3과 반응을 일으켜서 일산화염소ClO와 산소분자O_2를 만들고 오존을 없애 버리거든요. 이게 바로 오존층이 파괴되는 원리랍니다.

그렇다면 우리는 이제 왜 남극과 북극에 오존층 파괴가 더 잘 일어나는지 쉽게 예상해 볼 수 있습니다. 모든 물질은 온도가 높은 곳에 있을수록 더 쉽게 변형되고 잘 분해됩니다. 여름철에 음식이 잘 상하지만 냉동실의 음식은 잘 보존되는 것과 같다고 보시면 됩니다. 동일한 원리로, 남극과 북극은 기온이 매우 낮아서 프레온가스가 지표면에서 거의 분해되지 못합니다. 다른 지역보다 훨씬 많은 프레온가스가 안정

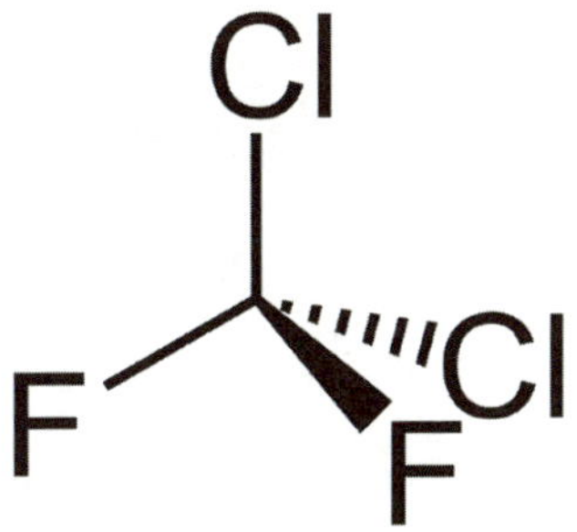

프레온가스의 화학적 구조 |

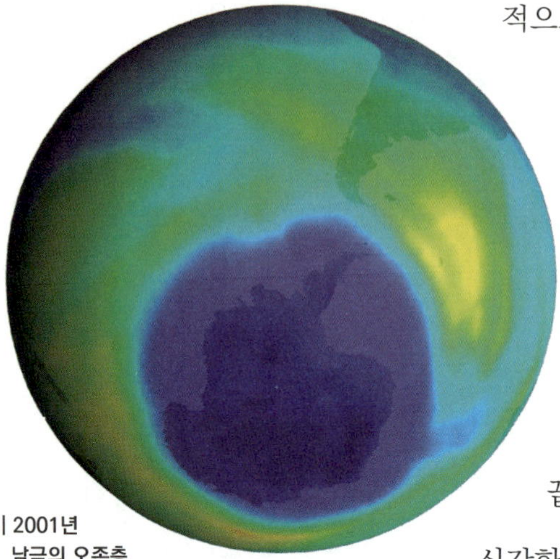

| 2001년
남극의 오존층

적으로 존재하다가 오존층까지 올라가 오존층을 파괴하는 거지요.

프레온가스의 오존층 파괴력은 상상 이상입니다. 일산화염소ClO를 만드는 것으로 오존층 파괴가 끝나지 않거든요. 애초에 여기서 파괴가 끝났다면 프레온가스가 이렇게 심각한 물질이 되지는 않았을 겁니다. 일산화염소ClO는 산소원자O와 결합하여 염소원자Cl와 산소분자O_2를 만듭니다. 염소원자가 다시 생성되는 반응이라는 것을 알 수 있는데요(...). 이렇게 만들어진 염소원자는 또 오존과 반응해서 오존을 없애는 일을 반복합니다. 이렇게 염소원자 하나는 최소 10만 개(!) 이상의 오존분자를 파괴시킵니다. 정말 어마어마하죠.

이처럼 프레온가스의 사용이 오존층을 심각하게 파괴시킨다는 사실이 알려지면서 전 세계의 지도자들은 1987년에 몬트리올 의정서를 체결해서 프레온가스의 사용을 줄여 나가겠다고 선언했습니다. 전 세계의 기업들도 이러한 흐름에 동참하여 프레온가스를 대체할 물질과 기술들을 개발했죠. 이러한 노력 덕분에 최근 들어서는 파괴되었던 오존층이 서서히 회복되어가고 있답니다. 오존층이 눈에 띄게 회복되려면 다음 세기 후반쯤 되어서야 가능할 것으로 보이지만 그래도 그나마 다행이죠.

그런데 오존이 좋은 점만 있는 건 아닙니다. 때때로 갑자기 말썽(...)을 부릴 때도 있습니다. 아마 일기예보를 자주 보시는 분이라면 오존주의보에 대해 여러 번 들어보셨을 것입니다. 여기서 오존주의보란 지표면의 오존 농도가 너무 높을 때 발령되는 주의보입니다. 이 때 좀 혼란이 생기지요. 한쪽에서는 대기 중의 오존 농도가 높아져서 오존주의보가 발령되었다는 소식이 들려오고, 다른 한쪽에서는 오존층의 오존이 줄고 있다고 하니까요. 같은 오존인데 완전히 다른 취급을 받고 있는 셈입니다. 왜일까요? 지표면 대기 중에 있는 오존은 그냥 오염물질에 불과하기 때문입니다. 오존은 원래 있어야 할 지상 20~30km의 오존층에 존재해야만 우리에게 유익한 물질이 됩니다.

사실 오존 자체는 생물들에게는 유익한 물질이라고 하기에는 어렵습니다. 오히려 독성물질에 더 가깝죠. 만약 오존이 숨을 쉬는 과정에서 폐로 들어가면 폐 속의 세포가 파괴되거든요. 오존이 워낙 불안정한 물질이라서 몸 속 세포와 쉽게 반응하기 때문입니다. 그러다 보니 아주 적은 양이라도 오랜 기간 호흡하면 사망할 수도 있답니다. 그래도 미세먼지보다는 괜찮지 않느냐고 생각하는 분들이 많으신데요. 미세먼지는 아무리 작아봤자 고체라서 마스크를 쓰면 어느 정도 걸러지지만 오존은 기체라서 아무리 값비싼 마스크를 써도 쉽게 걸러지지 않습니다. 당연히 미세먼지보다 더욱 위험할 수밖에 없죠.

그렇다면 지표면의 오존은 어떻게 만들어지는 걸까요? 자동차 배기가스의 물질들이 자외선과 반응해서 만들어집니다. 그래서 도시에서 주로 오존주의보가 발령되지요. 이외에도 자외선 살균기나 프린터, 복사기를 사용한 이후에 발생하기도 합니다. 자외선 살균기는 자외선에 의해, 프린

| 복사기(프린터)

| 자동차 배기관

터와 복사기는 전자기파에 의해 발생하죠. 아마 복사를 막 마친 종이에는 독특한 냄새가 난다는 사실을 잘 아실 겁니다. 이 냄새가 바로 오존 냄새입니다. 어떤 분들은 이 냄새가 좋다며 복사한 종이에 코를 갖다 대고 지긋이 냄새를 맡으시는데요(...). 이것은 굉장히 좋지 않은 행동입니다. 실내에서 프린터나 복사기를 사용한 후에도 창문을 열고 환기를 하는 것이 좋답니다.

지금까지 유익한 물질이 되기도 하고 오염물질이 되기도 하는 오존에 대해서 살펴보았습니다. 여러분은 정확히 어떤 물질을 오염물질이라고 부르는지 아시나요? 오염물질이라 하면 대부분의 사람들은 그저 더러운 물질 정도로만 생각하는 경향이 있는데요. 사실 오염물질은 있어서는 안 되는 장소와 시간에 존재하는 물질을 의미합니다. 하천으로 배출되는 폐수, 바닷가의 쓰레기 등도 원래 하천과 바다에 있어서는 안 되는 물질이기에 오염물질로 규정하는 것입니다. 우리가 있는 지표면에는 오존이 있으면 안 되는데 만약 있다면 그 오존은 오염물질인 것이죠. 반면 원래 있어야 할 지상 20~30km부근에 있다면 우리를 자외선으로부터 보호해 주는 보호막이 되는 것이고요.

동일한 물질이라도 어디에 존재하고 언제 존재하느냐에 따라 우리에게

전혀 다른 물질이 됩니다. 원래부터 좋은 물질, 나쁜 물질은 없답니다. 올바른 장소와 시간에 있다면 좋은 물질이고 그렇지 않다면 나쁜 물질이 되는 것이지요.

미세먼지

푸른 하늘을 뿌옇게 만드는 재앙의 물질

자연에 등을 돌리는 것은 결국
우리 행복에서 등을 돌리는 것과 같다.
- 사무엘 존슨 (영국의 시인) -

공기 중에 떠다니는 작은 물질들을 먼지라고 부르는데요. 먼지 중에서도 크기가 10μm마이크로미터보다 작은 먼지를 미세먼지라고 하고, 2.5μm보다 작은 먼지는 초미세먼지라고 합니다. 인터넷이나 스마트폰 앱으로 미세먼지를 검색할 때 PM 10, PM 2.5와 같은 기호를 보신 적이 있을 것 같은데요. PM 10이 10μm보다 작은 크기인 미세먼지의 농도를, PM 2.5가 2.5μm보다 작은 초미세먼지의 농도를 의미합니다. 1cm가 10000μm이고 사람의 머리카락 지름이 50~70μm정도 되는 것을 감안하면 굉장히 작은 거죠. 한국에서는 국내에서 자체적으로 만들어지는 미세먼지에 중국에서 바람을 타고 날아오는 미세먼지까지 더해져 하늘이 뿌옇게 변하는 스모그가 심각한 사회문제 중에 하나입니다. 미세먼지가 심한 날이면 스마트폰은 미세먼지 재난알림이 울리고 뉴스에서는 미세먼지 관련 보도가 주를 이루게 되지요.

여러분은 미세먼지가 생기는 원인을 아시나요? 미세먼지는 과학기술의 발전이 만들어낸 부작용이라고 보시면 된답니다. 중국의 미세먼지가 점점 심해지는 것도 중국의 과학기술과 산업이 빠르게 발전하고 공장과 발전소의 수가 증가하는 것과 관련이 깊지요. 미세먼지는 석유와 석탄을 태울 때 발생하는 매연, 자동차의 배기가스, 공장에서 사용하는 가루 형태의 물질, 건설현장에서 날리는 먼지 등에 의해 발생합니다. 우리나라에서는 석유와 석탄을 태우는 공장과 발전소, 자동차의 배기가스가 가장 큰 원인입니다.

미세먼지로 뒤덮인 중국 베이징 |

미세먼지가 없는 날의 서울 |

미세먼지가 심각한 사회문제가 되는 이유는 호흡 과정에서 우리 몸속에 들어와 온갖 좋지 않은 영향을 끼치기 때문입니다. 이와 관련해서는 1952년 영국 런던에서 4일간 발생했던 그레이트스모그Great smog가 좋은 사례입니다. 그냥 스모그도 아니고 그레이트스모그라는 이름이 붙은 이유는 이전의 스모그와는 비교할 수 없을 만큼 공기오염이 심각했기 때문입니다. 특히 공장이 밀집해 있던 런던 동부는 바로 앞 30cm 거리조차도 제대로 바라볼 수 없을 정도로 공기 중에 오염물질이 많았습니다. 런던 시민들은 이렇게 오염된 공기를 그대로 들이마시면서 호흡기 질환으

| 그레이트스모그 당시 런던의 모습

로 고통을 호소했죠. 호흡기 질환으로 인한 응급환자들도 많이 발생했지만 탁한 공기 때문에 구급차도 제대로 다니지 못했습니다(...). 고작 4일에 불과한 스모그였지만 무려 1만 명 이상이 폐렴, 천식 등과 같은 호흡기 질환으로 죽었고 10만 명 이상의 사람들이 심한 호흡기 질환에 시달렸습니다. 당시 런던의 인구가 800만 명이었으니 80명 중 1명이 심한 호흡기 질환에 시달렸거나 심하면 사망에 이르렀다는 거죠.

물론 우리 몸이 오염된 공기에 대처하지 못하는 것은 아닙니다. 우리 몸은 외부 물질들이 들어오면 이들을 최대한 걸러 내기 위해 기관지에서 가래를 만들거나 기침을 발생시킵니다. 우리가 들이마시는 먼지도 숨을 쉬는 과정에서 코털이나 기관지 점막에 있는 가래에 의해 걸러지지요. 문제는 미세먼지인데요. 미세먼지는 가래와 코털이 거르기에는 크기가 너무 작아서 꽤 많은 양이 우리 몸속으로 고스란히 들어간답니다. 몸속으로 들어간 미세먼지는 몸속 세포와 기관들에 자극을 줘서 손상시키고 수많은 병을 일으킵니다. 미세먼지의 크기가 작으면 작을수록 몸속으로 들어갈

확률은 더욱 높아지죠. 먼지보다는 미세먼지가, 미세먼지보다는 초미세먼지가 더욱 위험한 이유가 바로 이것 때문입니다.

또 다른 문제는 기침과 가래가 잦아지면 기관지가 건조해져서 세균이 침입하기 쉬워진다는 겁니다. 그렇게 폐렴균이 침입해서 생겨나는 질병이 바로 폐렴입니다. 런던 그레이트스모그 때에도 많은 수의 사람들이 폐렴으로 목숨을 잃었죠. 침입할 수 있는 세균이 폐렴균뿐이 아니므로 미세먼지로 인해 발생할 수 있는 질병의 종류는 어마어마합니다. 만약 폐로 침입한 미세먼지가 혈관까지 들어가면 더 심각해집니다. 혈관에 쌓여 혈관을 막아버리기 때문이죠. 이렇게 걸리는 병들이 바로 뇌혈관이 막혀서 생기는 뇌졸중, 심장에 피가 원활하게 이동하지 못해 생기는 협심증과 심근경색입니다. 심하면 심장마비까지 올 수 있지요.

그러므로 미세먼지 농도가 높은 날에는 호흡기가 좋지 않은 사람이나 심혈관 질환을 앓고 있는 사람은 가급적 밖으로 나가지 않는 것이 가장 좋습니다. 미세먼지 농도가 '매우 나쁨'이거나 '나쁨'이 아니라 '보통'이더라도 말이죠. 굳이 꼭 나가야 한다면 마스크를 착용하면 되지만 마스크를 착용한 채로 호흡을 하면 들이마시는 공기 중 본인이 이미 내뱉었던 공기의 양이 많아지므로 호흡기가 좋지 않는 사람들에게는 오히려 해로울 수 있답니다.

미세먼지는 폐암의 직접적인 원인이 되기도 합니다. 폐로 들어오는 미세먼지가 폐에 나쁜 자극을 주거든요. 실제로 세계보건기구WHO 소속의 국제암연구소IARC에서는 미세먼지를 1군 발암물질로 지정했습니다. 확실하게 암을 일으키는 것으로 밝혀진 물질만 1군 발암물질로 지정하는 것을 생각해보면 미세먼지는 우리가 생각하는 것 이상으로 해로운 물질이라는 것을 알 수 있습니다. 현재 1군 발암물질로 지정된 물질은 미세먼지를 포함해서 석면, 벤젠 정도랍니다. 세계보건기구는 미세먼지에 의해 원래 살 수 있는 수명보다 더 일찍 죽는 사람들의 수가 한 해에 700~1000만 명 정도 되는 것으로 추정하고 있습니다.

놀랍게도 사람의 지능에도 영향을 미친다는 연구결과도 있습니다. 몸속으로 들어온 미세먼지가 뇌까지 침입해 뇌를 손상시키면서 지능 저하가 발생하고, 치매 등과 같은 질병을 일으킨다는 거죠. 원래 치매는 노화가 가장 큰 원인이라서 60대 이상의 장년층에게 주로 발생하지만 미세먼지에 의한 치매는 20대, 심지어는 10대에게도 발생할 가능성이 얼마든지 있답니다.

미세먼지가 사람들의 건강 문제만 야기하는 것은 아닙니다. 우리나라는 반도체와 디스플레이를 많이 생산하는 나라인데요. 반도체와 디스플레이가 제작되는 공간은 가로, 세로, 높이 30cm의 공간에 먼지 입자 1개 정도만 허용됩니다. 반도체와 디스플레이는 극소량의 먼지만 노출되어도 불량품이 되기 쉽거든요. 실제로 중국에서 오는 미세먼지가 증가한 이후로 제품의 불량률이 올라갔다고 합니다. 관련 기업들도 미세먼지의 유입을 막기 위해 더 많은 돈을 들여야 하는 상황이지요.

디스플레이 |

반도체 |

밖에서 일하는 사람들의 건강도 생각해봐야 할 문제입니다. 미세먼지가 심한 날에 밖에서 일하다가 병에 걸린다면 기업과 근로자들 간에 법정 다툼이 벌어질 가능성은 얼마든지 있으니까요. 또한, 미세먼지가 심할 때에는 외출하는 사람들이 줄어드니까 가게를 운영하는 사람들과 관광지의 피해도 무시할 수 없답니다.

그런데 그거 아세요? 미세먼지가 일으키는 문제들이 이토록 심각하지만 사실 우리나라에서는 80년대까지만 해도 대기오염에 대한 인식이 거의 없었습니다. 미세먼지 농도도 측정하지 않았죠. 다양한 이유가 있었지만 무엇보다도 북한과 체제 경쟁을 하고 있는 상황에서 우리나라의 대기오염이 심각하다는 사실을 국민들에게 알릴 이유가 없었거든요. 실제로 70~80년대 우리나라의 미세먼지는 절대로 무시할 수 없는 수준이었음에도 그때 당시 우리나라에 미세먼지가 심했다고 기억하시는 분들은 거의 없습니다.

우리나라는 1988년 서울올림픽 이후로 사회적으로 크게 변화했다고 해도 과언이 아닌데요. 미세먼지 정책도 그 중 하나입니다. 국제올림픽위원회IOC에서 우리나라에 서울의 대기오염을 줄여야 한다고 건의하면서 미세먼지 문제가 개선되기 시작했거든요. 정부에서 기업의 오염물질 배출을 규제한 것도 이때부터입니다. 덕분에 우리나라에서 배출되는 미세먼지의 양이 획기적으로 감소했죠. 그런데 2010년대 이후로 중국에서 엄청난 수의 공장과 발전소가 지어지면서 중국에서 오는 미세먼지가 증가하여 미세먼지가 다시 심해지고 있답니다.

현재 우리나라의 미세먼지의 원인 중의 하나가 중국 때문이라는 것은 명백한 사실이고 이로 인해 중국에 좋지 않는 감정을 갖는 사람들도 많아지고 있는데요. 중국 정부도 미세먼지 문제가 심각하다고 느끼기는 마찬가지입니다. 호흡기질환으로 매해 많은 사람들이 죽는 데다 공장이 밀집된 일부 지역은 아예 앞을 보기도 힘들 정도거든요. 하지만 아직은 중국의 미세먼지를 해결할 만한 뚜렷한 방안이 없답니다. 방안이 생긴다 해도 미세먼지가 바로 개선되지는 않을 것이고요.

지금 미세먼지를 개선해나갈 수 있는 가장 좋은 방법은 우리나라에서 생산되는 미세먼지의 양을 앞으로도 더욱 줄여 나가는 한편, 주변 국가들과 미세먼지와 관련하여 적극적으로 협력하는 것입니다. 실제로 우리나라는 2014년 이후 중국의 공장에 미세먼지 저감시설을 설치하는 사업을 진행 중입니다. 2015년에는 한국과 중국이 서로 도시별 대기오염 정보를 공유할 수 있도록 합의하기도 했답니다. 2019년에는 중국의 미세먼지가 한국에 영향을 미친다는 한중일 공동연구 결과가 발표되었죠. 2020년에는 우리나라에서 인공위성 천리안 2B호를 쏘아 올리고 중국에서 유입되는 미세먼지를 더욱 면밀하게 연구하고 있습니다.

여기에서 그치면 안 됩니다. 미세먼지 문제는 앞으로 오존층 파괴 문제, 지구온난화 문제처럼 전 세계에 사는 사람들이 다 같이 해결해 나가야 할 것입니다. 미세먼지는 중국 뿐 아니라 서유럽, 인도, 북아프리카 등 전 세계적으로 심각한 문제니까요.

우리의 일상은 이미 과학으로 가득합니다. 우리는 매일 아침 스마트폰의 알람과 함께 일어나서 컴퓨터로 원하는 정보를 찾고, 자동차를 타고 원하는 곳으로 이동하며, 아프면 병원에 가서 약을 처방받습니다. 불과 몇 백 년 전만 해도 전혀 상상할 수 없던 모습이지요. 하지만 이게 다가 아닐 겁니다. 과학이 지난 몇 백 년에 걸쳐 우리의 일상을 바꿔 놓은 것처럼, 앞으로도 우리를 더욱 놀라운 일상으로 맞이해줄 테니까요.

4 장

과학 네가 그렇게 대단해?
과학이 알려주는 앞으로의 미래

맞춤의학

더 정확하게 진단하고 정밀하게 치료한다!

미래의 의사는 환자가 자신의 체질과
음식, 질병의 원인과 예방에 관심을 갖게 할 것이다.
- 토머스 에디슨 (미국의 발명가) -

전 세계의 사람들은 각자 다릅니다. 얼굴의 모양, 피부의 색, 머리카락의 색, 몸무게, 키까지 말이죠. 물론 부모님과는 서로 조금 닮긴 했지만 다른 점도 많습니다. 왜일까요? 개개인의 유전체가 사람마다 조금씩 다르기 때문입니다. 여기서 유전체Genome란 한 생물이 가지는 유전 정보 전체량을 말합니다. 유전자가 유전 정보를 담고 있는 부위라면 유전체는 이러한 유전자들의 총 집합체라고 생각하면 됩니다. 한 사람이 가지고 있는 전체 DNA가 하나의 유전체가 되지요.

사람들의 유전체를 비교해 보면 99.9%는 서로 완전히 일치합니다. 차이가 있는 부분은 고작 0.1%정도지요. 하지만 이 0.1%의 차이는 꽤 중요합니다. 0.1%의 아주 미세한 차이가 얼굴의 모양, 피부의 색 등의 차이를 만드는 것이거든요. 한국인들 간의 차이로 예를 들어볼까요? 한국인은 아주 오랜 기간 동안 쌀이 주식이 되는 농경사회에서 살아 왔기에 우유를

각자 다른 외모와 생활방식을 가지고 살아가는 사람들 |

쉽게 소화시키지 못하는 사람들이 많습니다. 하지만 다 그런 건 아니죠. 일부는 우유를 잘 먹는데요. 이것도 0.1%의 미세한 차이에서부터 비롯된 것이랍니다.

사람들 사이의 차이는 유전자에 의해서만 일어날까요? 그렇지 않죠. 어떠한 지역에서 살아가는 사람이느냐에 따라서도 차이가 발생합니다. 사람들은 각자 먹는 것, 마시는 것, 입는 것이 다르죠. 지금 우리가 사는 지역에서 더욱 멀리 사는 사람들일수록 이러한 차이는 더욱 두드러지게 나타납니다. 시베리아나 알래스카에 사는 사람들은 우리보다 더욱 추운 환경에서 살아가므로 옷을 훨씬 두껍게 입고, 미국인들은 한국인들보다 기름진 식단을 더 즐겨 먹죠.

그런데 문제는 이렇게 서로 다른 사람들이 아플 때는 모두 같은 방법으로 치료를 받는다는 겁니다. 병원에서는 환자의 개인별 특성을 고려하지 않고 질병 종류에 따라서 동일한 치료 방법을 제공하죠. 그 결과 어떤 사

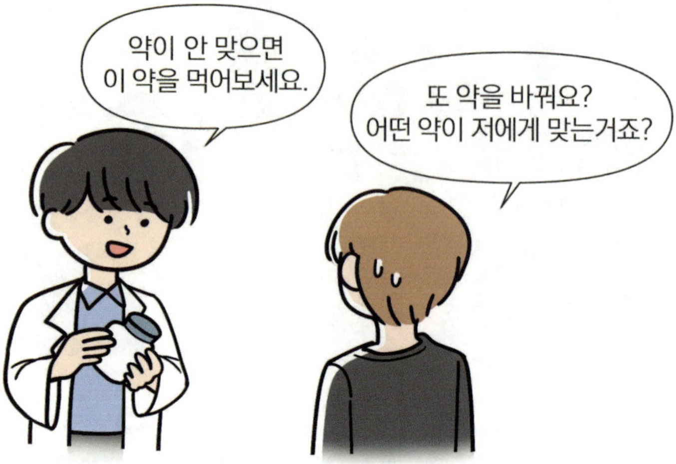

람에게는 약의 효과가 없기도 하고 어떤 사람은 오히려 너무 과도한 효과가 나타나서 부작용을 일으키기도 합니다.

이러한 한계점을 극복하기 위해 등장한 것이 바로 맞춤의학Personalized medicine입니다. 환자 개인의 특성에 따라 질병을 진단하고 적절한 치료방법을 찾아 치료효과를 높이는 거죠. 이미 개발된 다양한 치료방법들 중에서 환자에게 제일 효과가 좋은 치료방법을 사용하므로 더 빨리 치유할 수 있고 부작용도 적다는 장점이 있답니다. 게다가 불필요한 방법으로 환자를 치료할 일이 줄어들어서 비용 절감의 효과도 있지요. 지금 우리는 질병에 따라 치료 방법이 정해지는 표준의학 시대에서 개인별로 다른 치료방법을 제공하는 맞춤의학 시대로의 전환점에 놓여 있습니다.

하지만 맞춤의학이 현대 들어서 새롭게 나타난 건 아닙니다. 환자에 따라 치료 방법을 다르게 하는 시도는 오래 전부터 있었습니다. 한의학만 보아도 사람의 체질을 태음인, 소음인, 태양인, 소양인의 4가지 유형으로 나눠서 체질마다 다른 치료법을 사용합니다. 게다가 체질별로 먹는 약재도 각각 다르고, 유익한 음식과 해로운 음식, 발병률이 높은 질병도 정해져 있죠. 하지만 아시다시피 이러한 맞춤의학들은 모두 현대의학의 주류로 자리 잡지 못했습니다. 암이나 당뇨병에 걸린 환자가 한의학으로 병을 치료하지는 않으니까요.

체질별로 다른 약재를 사용하는 한의학 |

왜일까요? 의학의 발전을 이끌어 왔던 근대의 과학자들이 병의 원인에 주목했기 때문이랍니다. 근대 시기에 다양한 병들이 세균에 의해 발병된다는 사실이 처음으로 밝혀졌는데요. 당시 학자들은 병의 원인은 세균이므로 세균을 죽이는 방법만 알아낸다면 모든 사람들의 질병을 치료할 수 있다고 생각했습니다. 결국 세균을 죽이는 물질인 페니실린이 개발되고 당시 수많은 사람들을 죽음으로 몰아넣었던 세균성 질병들이 페니실린과 같은 항생제로 치료되면서 맞춤의학을 도입하려는 시도가 빠르게 줄어들었습니다(...). 병의 원인을 없애버리기만 하면 체질과는 상관 없이 병이 치료되었으니까 맞춤의학을 적극적으로 도입할 필요를 느끼지 못했던 거죠. 물론 이런 획일화된 치료법에는 위에 말씀드린 한계점이 있긴 한데요. 의학이 발전을 거듭하고 있던 당시로써는 충분히 혁신적인 치료법이었습니다.

그렇다면 왜 갑자기 현대 들어서 맞춤의학이 주목받게 된 걸까요? 이건 인간 유전체 프로젝트Human genome project의 역할이 컸습니다. 인간 유전체 프로젝트란 1990년부터 2005년까지 약 15년 동안 사람의 유전체를 밝혀내는 것을 목표로 했던 국제적인 프로젝트입니다. 이 프로젝트로 전 세계의 과학자들은 사람의 유전자에 대해 더 잘 이해할 수 있게 되었고, 유전자 연구도 더욱 활발해졌습니다. 이런 유전자 연구들은 맞춤의학의 중요한 기술적 기반이 되었지요. 맞춤의학을 하려면 다양한 사람들의 유전적 차이에 대한 연구가 꼭 필요하니까요.

하지만 아직까지는 넘어야 할 산이 많답니다. 무엇보다도 특정 질병을 일으키는 유전자, 특정 치료기술이나 약이 효능이 있도록 하는 유전자 등에 대한 기초자료가 많이 부족하거든요. 그래서 맞춤의학이 상용화되려면 앞으로도 꾸준히 유전자 연구를 계속 해나가야 합니다. 요즘 전 세계적으로 사람 유전체에 대한 연구와 사람들 간의 유전자의 차이에 대한 연구가 활발하게 이루어지는 것도 이러한 흐름 중의 하나입니다. 우리나라의 많은 의과대학에서도 유전체의학 관련 연구소를 설립해 많은 성과를 내고 있지요.

유전자 연구 외에도 맞춤의학에 꼭 필요한 기술이 하나 더 있습니다. 바로 빅데이터Bigdata 기술입니다. 빅데이터는 이름 그대로 엄청난 양의 데이터를 말합니다. 맞춤의학에 왜 빅데이터 기술이 필요하냐고요? 환자별 유전체 분석 자료와 치료 효과에 대한 수많은 데이터가 모아져야 이러한 데이터들을 바탕으로 어떠한 환자에게 어떠한 치료법이 효과가 좋을지 알 수 있기 때문입니다. 그러나 병원들이 각자 가지고 있는 환자들의 데이터들이 서로 활발하게 공유되기가 어려워서 이쪽도 아직 갈 길이 멀답니다. 데이터의 양이 다양하고 많을수록 환자 개개인에게 보다 올바른 치료법을 찾아줄 수 있지만 병원들이 가지고 있는 환자 데이터의 양은 현저

히 부족하거든요.

그리고 환자 데이터의 공유에 대한 명확한 지침이 아직 정해지지 않아서 환자들도 자신의 정보를 쉽게 공유하지 못하고 있습니다. 자신의 의료 정보가 아무런 제도적 보호 없이 공개되는 것은 환자 입장에서는 불안할 수밖에 없지요. 환자가 공유에 동의한다고 해도 병원마다 환자들의 데이터를 저장할 때 사용하는 시스템 기반이나 방법이 달라서 쉽지 않답니다. 그래서 일부 병원들은 이런 한계를 극복하기 위해 다른 병원들과 데이터를 서로 공유하는 시스템 기반을 마련하고 있습니다. 대표적으로 의료기술 선진국인 스위스는 취리히, 베른, 제네바, 바젤, 로잔 5개의 대학병원들이 서로 데이터를 공유할 수 있는 시스템을 구축해 맞춤의학의 시대에 한 발짝 앞서 나가기도 했답니다.

맞춤의학의 시대에 대응하려는 곳이 병원뿐일까요? 그렇지 않습니다. 요즘은 기업에서도 환자 데이터 공유 시스템을 제공한답니다. 미국의 유전체 회사로 잘 알려진 23앤드미23andMe는 자신의 데이터를 제공해 주는

| 23앤드미

| 안젤리나 졸리

환자들에게 이에 따른 보상으로 적절한 치료법을 찾아주고 있습니다. 환자들에게 별다른 보상 없이 데이터를 요구한다면 대부분 데이터를 제공해주지 않겠지만(...) 23앤드미처럼 적절한 치료법을 찾을 수 있도록 보상을 준다면 상황이 달라집니다. 데이터를 제공하는 환자들이 더욱 많아지고 그만큼 환자들에게도 더욱 적절한 치료법을 찾아 제공해 줄 수 있겠지요.

맞춤의학의 시대가 오면서 예방의학Preventive Medicine에 대한 관심도 높아지고 있습니다. 위에서 언급한 미국의 유전체 회사인 23앤드미는 일정량의 돈을 지불하면 유전체를 분석해서 어떤 질병에 취약할지 알려주기도 한답니다. 미국의 유명한 할리우드 배우인 안젤리나 졸리Angelina Jolie도 2016년에 본인의 유전체를 검사했는데요. 검사 결과에서 유방암에 걸릴 확률이 87%나 된다는 걸 깨닫고 유방절제술을 받았다는 사실이 알려지면서 전 세계적으로 크게 화제가 되기도 했습니다. 검사 결과를 보니 졸리에게는 BRCA1라는 돌연변이 유방암 유전자가 있었으며, 졸리의 어머니도 10년간의 유방암 투병 끝에 56세에 돌아가셨다고 합니다. 지금까지 질병을 예방할 수 있는 의료기술은 백신 외에는 딱히 없었다는 걸 생각해보면 놀랍지요. 앞으로는 예방의학도 맞춤의학과 함께 의학의 큰 축을 이루게 될 것입니다.

맞춤의학과 예방의학의 시대가 머지 않았습니다. 우리는 이제 스스로가 어떤 질병에 걸릴 위험이 높은지 파악하고 조기에 예방할 수 있습니다. 만약 예상 밖의 심각한 병에 걸렸다 하더라도 자신에게 가장 잘 맞는 최선의 치료법으로 치료를 받으면 됩니다. 22세기 또는 23세기나 되어야 가능할 것 같았던 일들이 지금 현실로 이루어지고 있는 거지요. 유전체 기술과 빅데이터 기술 등이 맞물려 새롭게 등장한 맞춤의학과 예방의학이 우리의 삶을 얼마나 더 건강하게 바꿔놓을지 기대해도 좋을 것 같습니다.

오가노이드

장기가 망가지면 만들면 된다?

사람의 생명을 구하는 것은 오직 한 걸음을 내딛는 것이다.
그리고 또 한 걸음, 항상 같은 걸음일지라도 내딛어야 한다.
– 생텍쥐페리 (프랑스의 소설가) –

불의의 사고나 병으로 인체의 장기가 손상된 환자들에게는 장기이식이 유일한 희망입니다. 그러나 이식할 수 있는 장기의 수는 항상 턱 없이 부족한 게 현실이죠. 장기를 기증받지 못해 사망하는 사람이 우리나라에만 하루에 5명이 넘습니다. 이런 사정은 다른 나라도 마찬가지라서 전 세계에서 매일 수십 명 이상의 사람들이 장기이식을 받지 못해 소중한 생명을 잃고 있지요. 장기기증을 할 수 있는 사람은 뇌사자나 사망자 중에서 생전에 장기기증에 서약한 사람들뿐입니다. 현실적으로 장기기증자가 적을 수밖에 없죠.

장기기증자가 많아진다고 해도 문제가 해결되는 것은 아닙니다. 다른 사람의 장기를 이어붙이는 일이기에 부작용이 발생할 수 있거든요. 특히 면역계가 새로 들어온 장기를 외부의 이물질로 인식하면 상황이 심각해집니다. 면역계가 외부의 장기를 제거하려고 하거든요. 이러한 현상을 거

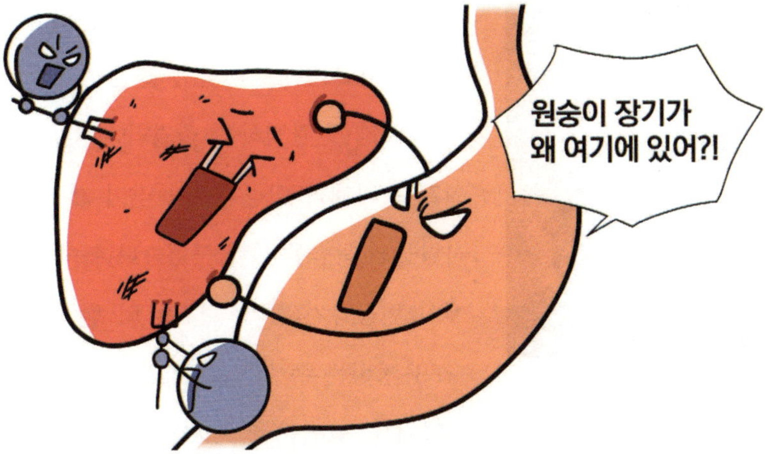

부반응이라고 하는데요. 거부반응이 일어나면 환자가 사망하기도 합니다. 장기를 어렵게 기증받아도 잘못하면 그동안의 수고가 헛수고가 될 수도 있는 것이지요.

이런 이유로 돼지나 원숭이의 장기는 사람의 장기와 비슷해도 장기이식을 할 수 없습니다. 면역계가 돼지와 원숭이의 장기를 외부의 이물질로 인식하기 쉽거든요. 게다가 사람의 장기도 아니고 다른 동물의 장기이므로 거부반응이 더욱 격렬(!)하게 일어납니다. 동물의 장기를 이식받은 환자는 몇 분에서 몇 시간 내에 바로 사망하죠. 거부반응을 줄이기 위해 면역억제제를 먹어도 사망시간이 늦춰질 뿐이지 얼마 지나지 않아 결국 사망하게 되어 있습니다. 여차저차해서 거부반응 문제를 해결해도 동물성 바이러스에 감염되어 수많은 시민들에게 바이러스를 퍼뜨릴 가능성도 무시할 수 없습니다. 이처럼 기존의 장기이식은 여러모로 해결해야 할 난제가 많습니다.

그렇다고 해서 기존의 장기이식 문제를 해결할 수 있는 방안이 아예 없

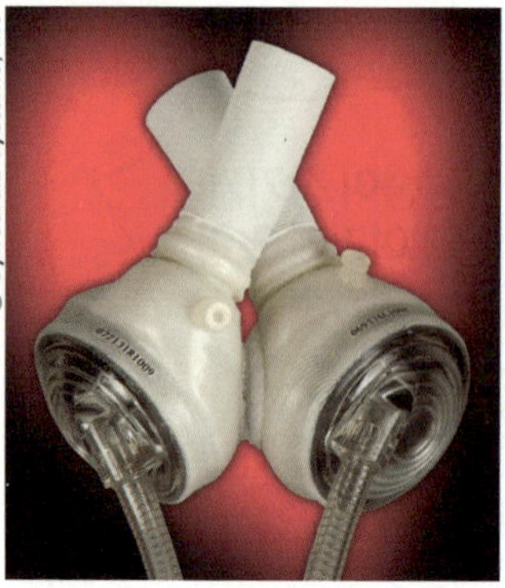
© SynCardia Systems, Inc

| 인공심장

는 것은 아니랍니다. 사람에게 거부반응을 일으키지 않는 인공장기를 만들면 기존의 장기이식 문제를 완벽하게 해결할 수 있거든요. 실제로 기계식 인공장기가 많이 개발되었고 사람들의 목숨을 여럿 구했습니다. 하지만 기계식 인공장기의 가격은 수 억 원에 달합니다. 유지비는 수 천 만원이고요. 웬만한 부자가 아니고서야(...) 사용할 수 없지요. 당연히 의료보험도 적용되지 않습니다. 게다가 많은 돈을 들여가며 기계식 인공장기를 이식해도 오래 사용하다 보면 오류가 발생하기 십상이랍니다. 아무리 실제 장기와 유사하더라도 실제 장기보다 성능이 떨어질 수밖에 없거든요. 기계식 인공장기를 이용한다면 수명 감소는 필연적이라고 보면 됩니다.

이처럼 기계식 인공장기도 문제점이 많아 보이는데요. 이 상황을 이대로만 두고 볼 수는 없잖아요? 다행이도 줄기세포 기술이 발달하면서 기존 기계식 인공장기의 문제점을 해결할 길이 열렸습니다. 여기서 줄기세포Stem cell란 피부세포, 근육세포, 간세포 등 우리 몸을 이루는 세포로 분화할 수 있는 세포를 말합니다. 대표적인 줄기세포 중에 하나가 바로 수정란입니다. 정자와 난자가 만나서 생성된 수정란은 단 하나의 세포로 이루어져 있지만 세포분열을 하면서 피부세포, 근육세포, 간세포 등으로 분화됩니다. 우리도 한 때에는 단 하나의 세포로 이루어진 수정란이었습니다. 수정란이 세포분열과 분화를 거치면서 지금의 우리가 된 것이죠. 이 수정란의 줄기세포를 원하는 장기의 세포로 분화시키면 인공장기를 만들 수 있습니다.

그러나 수정란을 줄기세포로 사용하는 것은 문제가 있습니다. 수정란은 하나의 생명체, 즉 사람이 될 존재입니다. 수정란을 줄기세포로 사용한다는 건 사람을 죽이는 행위나 다름이 없지요. 그러므로 수정란 말고 다른 방법으로 줄기세포를 만들어야 했는데요. 이 문제는 금방 해결되었습니다. 2006년 일본의 과학자 야마나카 신야やまなかしんや가 환자로부터 추출한 세포로 줄기세포를 만드는 기술을 개발했거든요. 바로 이 줄기세포를 재료로 만드는 인공장기를 오가노이드Organoid라고 합니다. 오가노이드는 기존의 장기이식과 비교해도 장점이 많은데요. 그 중 몇 가지를 꼽자면, 오가노이드는 환자로부터 추출한 세포로 만들기 때문에 환자에게 거부반응이 일어나지 않고, 실제 장기와 기능도 동일하다는 겁니다.

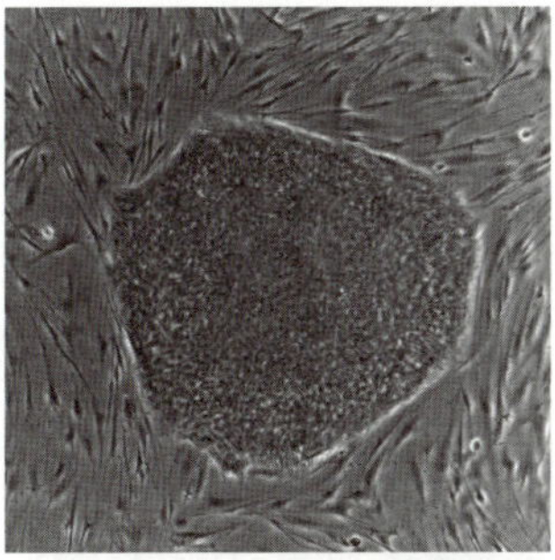

줄기세포 |

야마나카 신야 |

물론 줄기세포 하나만으로 오가노이드를 만들 수 있는 것은 아닙니다. 왜냐고요? 줄기세포가 장기를 구성하는 세포로 알맞게 분화되어야 하거든요. 예를 들어서 심장을 대체하는 오가노이드를 만들려면 줄기세포가 심장세포로 분화되어야 하는 식이죠. 하지만 줄기세포를 원하는 세포로 분화시키는 기술은 많이 부족합니다. 아직까지는 많은 연구가 필요하지요. 물론 성공 사례가 전혀 없는 것은 아닙니다. 미국에서 줄기세포를 뼈세포로 분화시키는 데 성공하기도 했거든요. 줄기세포를 뼈세포로 분화시켜주는 물질을 줄기세포에 투여했더니 줄기세포가 뼈세포로 분화했다고 합니다. 이런 방법을 이용하면 줄기세포를 뼈세포 외에도 다른 세포로 분화시키는 게 가능해질 것입니다.

하지만 넘어야 할 산은 여기에서 끝이 아닙니다. 줄기세포를 원하는 세포로 분화시킬 수 있는 것만으로는 오가노이드를 만들 수 없습니다(...). 줄기세포를 쌓아 올려서 실제 장기와 같은 모양으로 만들어야 하거든요. 여기에는 3D 프린팅3D printing 기술이 사용됩니다. 원래 사람들이 생각하는 프린터는 종이에 잉크를 분사하는 방식인데요. 3D 프린터는 잉크 대신에 플라스틱이나 금속 등의 재료를 겹겹이 쌓아서 3차원 형태의 입체 구조물을 만드는 장치랍니다. 3D 프린터를 이용하면 콘크리트를 재료로 집을 지을 수도 있고, 플라스틱을 재료로 셀 수 없이 다양한 부품들을 만들 수 있습니다.

잠시 3D 프린터에 대한 이야기를 해 볼까요? 3D 프린터의 장점은 아무

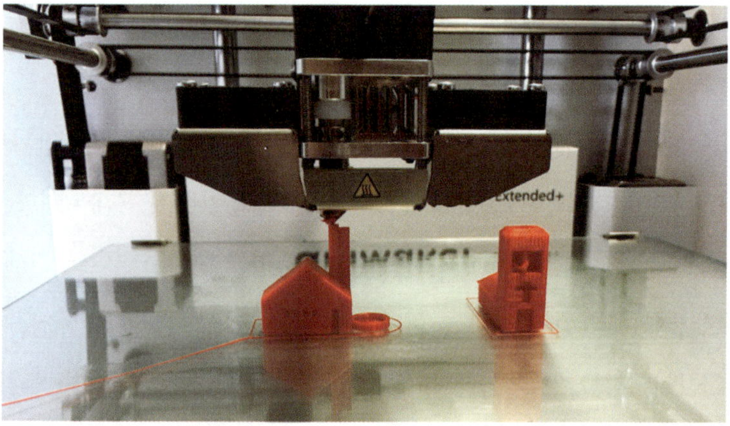

| 3D 프린터로 모형을 제작하는 모습

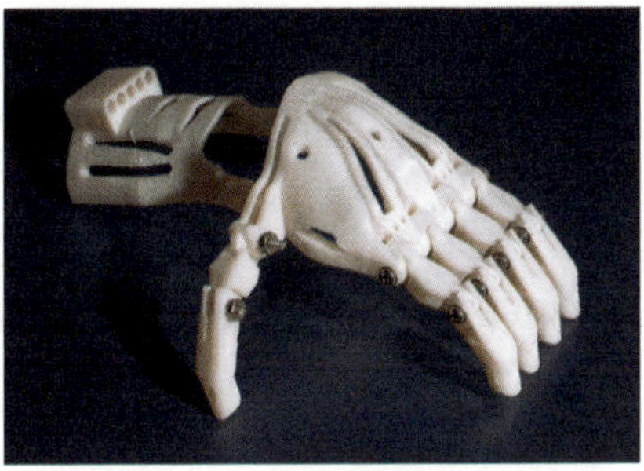

3D 프린터로 만든 인공 손 |

리 복잡하고 정교한 장치도 쉽게 만들어낼 수 있다는 것입니다. 특히 인공 보형물을 만들기가 용이하죠. 실제로 전 세계 곳곳에서 3D 프린터를 이용해서 인공 턱이나 인공 귀, 인공코, 인공 피부 등을 만드는 움직임이 활발합니다. 팔이나 다리, 손도 마찬가지지요. 사고나 질병으로 신체의 일부가 손상된 사람에게는 이보다 좋은 소식은 없을 겁니다. 만드는 방법도 생각보다 간단한데요. 컴퓨터 시뮬레이션으로 환자에게 적합한 크기의 인공 보형물을 디자인하고 3D 프린터로 인쇄해서 환자에게 이식하면 됩니다.

3D 프린터로 만든 인공 보형물의 용도는 여기서 다가 아닙니다. 최근에는 병원에서 복잡한 수술을 진행하기 전에 3D 프린터로 환자의 수술 부위 모형을 인쇄해서 수술 계획을 세우기도 합니다. 실패할 확률이 높은 수술이라도 모형을 이용해 사전에 연습을 한다면 수술 성공확률을 높일 수 있겠죠. 어떤 병원에서는 이 모형을 환자에게 직접 보여주면서 수술 과정을 쉽게 설명하기도 하는데요. 모형으로 수술 과정을 들은 환자는 그렇지 않은 환자보다 심리적인 안정감이 높다고 합니다.

이처럼 인공 보형물은 제작이 간단합니다. 모양만 잘 갖추고 있으면 되니까요. 하지만 오가노이드는 다릅니다. 오가노이드는 모양 뿐 아니라 장기로서의 기능도 갖추고 있어야 합니다. 단순히 세포들이 장기 모양으로 모여 있다고 해서(...) 완전한 장기가 되는 건 아니거든요. 세포들이 서로 협동해서 하나의 완전한 장기로 기능할 수 있도록 해야 합니다. 하지만 이건 절대로 쉬운 일이 아닙니다. 아마도 오가노이드를 상용화 시키기 위해 반드시 넘어서야 할 가장 어려운 과제일 겁니다.

지금까지 오가노이드가 상용화되기까지 얼마나 많은 기술이 필요한지 알아보았습니다. 아직까지는 넘어야 할 산이 많다는 걸 알 수 있는데요. 과학자들은 오가노이드가 상용화되려면 앞으로 약 10~30년이 소모될 것이라고 전망하고 있습니다. 아마 단순한 구조를 가진 장기부터 순서대로 개발될 것으로 보이는데요. 만약 오랜 시간이 지나서 결국 모든 장기들을 오가노이드로 만들 수 있게 된다면 기존의 장기이식 문제는 완벽하게 해결될 것입니다.

그런데 오가노이드를 장기이식 문제만 해결해주는 기술 정도로만 생각하셨다면 큰 오산입니다. 한 발 더 나아가 볼까요? 오가노이드가 상용화되고 시간이 좀 더 흐르면 오가노이드가 원래의 장기보다 성능이 더 우수할지도 모를 일입니다. 이런 사회는 과연 어떤 모습일까요? 아마 소화 기

능이 약한 사람은 소화기관들을 오가노이드로 교체할 수 있을 것입니다. 술을 못 마시는 사람은 간과 신장을 오가노이드로 교체해서 마음껏 음주(...)를 즐기겠죠. 잦은 컴퓨터 게임으로 눈이 나빠진 사람도 각막을 교체하면 그만입니다. 사람별로 장기의 기능에는 조금씩 차이가 있고, 이로 인해 불편함을 겪는 분도 많이 계시는데요. 기능이 약한 장기로 인한 건강 문제들이 모두 해결된다는 거죠. 사람들이 지금보다 더욱 건강한 삶을 영위할 수 있겠지요?

요즘 들어 100세 시대를 넘어 120세, 150세 시대가 될 거라는 전망이 있습니다. 어쩌면 오가노이드가 120세, 150세 시대의 도래에 결정적인 역할을 하게 될지도 모릅니다. 나이가 들어서 장기가 하나 둘 기능이 약화될 때마다 오가노이드로 교체하면 되니까요.

가상현실

포켓몬과 디지몬의 세계가 우리 앞으로?

텔레비전은 현실이 아니다.
현실에서는 커피를 마셨으면 일을 시작해야 한다.
- 빌 게이츠 (미국 마이크로소프트 대표) -

누구나 한 번쯤은 시공간을 초월해서 원하는 곳으로 마음껏 이동하는 상상을 해봤을 겁니다. 시공간을 초월할 수만 있다면 백악기로 가서 공룡을 보고 미국 뉴욕의 아름다운 야경도 얼마든지 구경할 수 있죠. 지구에는 존재하지 않는 포켓몬과 디지몬의 세계를 여행할 수 있을지도 모를 일입니다. 상상만 해도 흥분되고 설레지만 우리는 아직 시공간을 초월하지 못합니다. 그런데 시공간을 초월하지 못한다고 해서 이런 공간을 체험할 수 없다는 것은 아닙니다(!).

가상현실Virtual reality, VR이란 사람을 가상의 공간에 몰입시켜 실제 공간에 있는 것 같은 느낌이 들게 하는 기술을 말합니다. 모니터 화면 안에 있는 공간과 아바타도 일종의 가상현실이죠. 키보드와 마우스를 이용하면 아바타를 내 마음대로 조종할 수 있습니다. 아바타에게 사냥을 시켜서 레벨 업을 하고, 특정한 임무를 수행하기도 합니다. 하지만 모니터 속 가상

현실에 우리가 직접 들어가는 것은 불가능합니다. 그래서 우리는 충분히 모니터 속 공간에 몰입할 수는 있지만 분명한 한계가 있습니다. 그런데 HMDHead mounted display를 이용한 새로운 가상현실 기술이 등장하면서 상황이 달라졌습니다. 아바타 없이 사람이 가상현실에 직접 들어가 그런 공간을 직접 경험할 수 있게 되었거든요.

HMD는 사람의 감각기관 중에서 눈을 속이는 장치입니다. 외부의 시야를 완전히 차단하고 가상공간의 장면을 보여주지요. 눈만 완벽히 속여도 충분히 가상현실에 있는 것 같은 느낌을 받을 수 있답니다. 눈은 사람의 감각기관 중에서 가장 많은 정보를 받아들이거든요. 그래서 HMD를 착용하면 눈에 보이는 공간이 진짜처럼 느껴집니다. 게다가 HMD는 머리의 움직임을 감지하는 센서가 있어서 고개를 돌리거나 올리면 그 시선에 맞는 장면이 펼쳐집니다. 여기에 눈의 움직임을 파악하는 기술과 몸의 흔들림을 감지하는 기술이 더해지면 가상현실은 더욱 진짜처럼 느껴지게 됩니다. 롤러코스터를 탈 수도 있고, 자동차를 운전할 수도 있고, 깊은 바

| HMD

다에서 스쿠버다이빙을 할 수도 있고, 패러글라이딩을 즐길 수도 있답니다.

이처럼 HMD는 가상현실 기술의 새로운 발걸음이라 해도 과언이 아닌데요. 최초의 HMD는 굉장히 비쌌습니다. 당시 HMD 안에는 해상도가 매우 높은 스크린이 들어 있었거든요. 가격이 낮아지기 시작한 것은 스마트폰의 등장 이후입니다. 해상도가 높은 스마트폰이 하나 둘 만들어지면서 HMD의 스크린을 스마트폰이 대체할 수 있게 된 거지요. 그래서 현재 시중에 판매하는 대부분의 HMD는 스크린이 없습니다. 스크린이 있어야 할 곳에 스마트폰을 넣으면 가상현실을 구현할 수 있으니까요. 유튜브에서 360도 가상현실 영상을 제공하므로 스마트폰에서 유튜브 영상을 켠 후 HMD에 넣어서 머리에 착용하면 됩니다. 최근에는 단 돈 몇 천원이면 살 수 있는 조립식 카드보드 HMD가 등장해서 더욱 값싸고 쉽게 가상현실을 즐길 수 있게 되었습니다. 만약 시중에 판매하는 HMD로 체험하는 것보다 더욱 현실감이 높은 가상현실을 체험하고 싶다면 가상현실 테마파크에 놀러가는 것도 좋은 방법입니다. 이미 국내 곳곳에는 가상현실 테마파크가 위치해 있습니다. 오

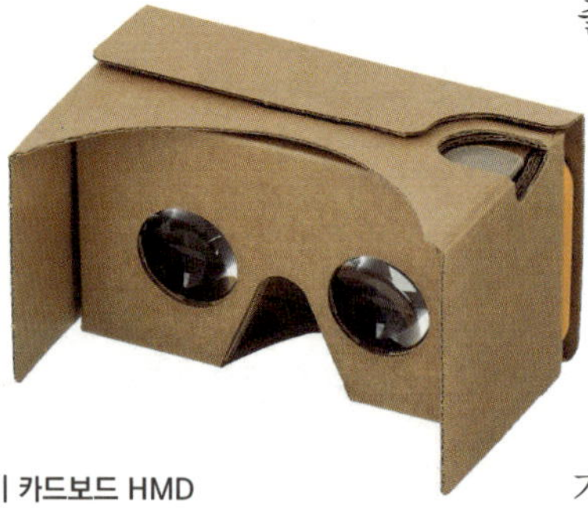
| 카드보드 HMD

가상현실 테마파크에서 롤러코스터를 타는 사람들 |

락실에도 점점 가상현실 장치들이 많아지고 있는 추세이지요.

최근에는 테마파크 외에도 교육이나 의료 분야에 가상현실 기술을 도입하려는 움직임이 활발해지고 있습니다. 예를 들어 인체의 구조에 대해 공부할 때 혈관 속으로 들어가 인체를 탐험하면서 공부한다면 훨씬 재미있고 빠르게 지식을 습득할 수 있겠죠? 운전을 배울 때에도 도로주행을 하기 전에 가상현실 내에서 운전 연습을 한다면 사고가 날 걱정은 하지 않아도 될 것입니다.

의료 분야에서는 주로 정신병을 치료하는 데에 사용됩니다. 미국에서는 전쟁에 참여한 후 PTSD외상 후 스트레스 장애로 고통 받는 군인들을 가상현실 기술로 치료하고 있습니다. 전쟁 당시의 모습이 그대로 재현된 가상현실로 들어가 군인이 가진 트라우마가 무엇인지 알아내고 상담을 해서 치료 효과를 높인다고 합니다. 실제로 미국에서는 이라크 전쟁에 참여했던 군인들의 PTSD를 치료하기 위해 Virtual Iraq버추얼 이라크라는 가상현실 장치가 사용되었던 적이 있습니다.

가상현실 기술이 머지않아 발표나 면접, 소개팅(...) 연습의 용도로 사용될 가능성도 있어 보입니다. 발표를 할 때 긴장을 많이 하는 사람이라면 가상현실 속에서 실제 발표를 해 보면서 발표실력을 키울 수 있겠죠. 면접이랑 소개팅도 마찬가지입니다. 하지만 이러한 것들이 더욱 효율적으로 이루어지려면 가상현실이 진짜 현실처럼 느껴져야 합니다. 가상현실 속에서 발표 연습을 하는데 현실과 거리감이 느껴지고 몰입도도 떨어진다면 긴장을 줄이는 데 별로 도움이 되지 않을 테니까요. 아직 가상현실 기술은 몰입감이 그리 높지 않고 구현할 수 없는 것들도 있습니다. 앞으로 가상현실 기술이 더 발전하려면 어떠한 한계를 극복해야 하는지 알아봅시다.

사람의 감각기관이 눈만 있는 것은 아니잖아요? 시각 외에도 구현해야 할 것들이 꽤 많습니다. 그 중 가장 구현이 어려운 게 바로 촉감입니다. 가상현실 내에서 무언가를 만지더라도 실제로 그 촉감을 느끼게 만들기는 쉽지 않거든요. 그래서 일본의 남코 게임센터에서는 가상현실 게임에 고양이 인형을 사용하기도 했습니다. 가상현실에 있는 고양이를 만지면 실제로 현실에 있는 고양이 인형을 만지게 되지요. 그러면 가상현실 내에서도 고양이의 털 촉감을 느끼면서 실제 고양이를 만지고 있다고 느끼게 될 것입니다.

HMD를 착용한 사람의 행동의 결과가 가상현실에 반영되기 어려운 것도 해결해야 할 과제입니다. 이게 무슨 말이냐고요? 만약 가상현실에서 사용자가 몸을 움직여서 특정한 행동을 했다면, 그 행동에 대한 결과가 나와야 합니다. 예를 들면 가상현실 방 안에 있는 조명의 스위치를 누르면 조명에 불이 들어오는 식으로 말이죠. 하지만 대부분의 가상현실 기기들은 이런 게 불가능합니다. 가상현실 테마파크의 컨텐츠가 대부분 가만히 앉아서 놀이기구를 타는 정도에 그칠 수밖에 없는 이유죠. 하지만 아예 구현 불가능한 건 아닙니다. 키넥트 센서Kinect sensor를 이용하면 충분히 가능합니다. 키넥트 센서는 빛을 감지하는 센서를 이용해서 사용자의 행동을 파악하는 장치입니다. 사용자의 행동에 대한 정보가 가상현실 기기로 전송되면 가상현실 내에서 행동에 대한 결과가 바로 나타나게 할 수 있지요.

가상현실 내에서 사람이 자유롭게 걷고 뛰는 것도 가능해야 하는데요. 이걸 현실에서 구현하려면 넓은 공간이 필요합니다. 그리고 공간 내에는 그 어떤 방해물도 있어서는 안 되죠. 하지만 방해물이 없는 넓은 공간을 확보하는 것은 현실적으로 어렵습니다. 이러한 한계점을 극복하기 위한 장치가 바로 전방위 트레드밀Omnidirectional treadmill입니다. 전방위 트레드밀은 좁은 공간에서도 사용자가 마음껏 걷거나 뛰는 게 가능하도록 해줍니다. 러닝머신과 원리가 조금 비슷한데요. 한 방향으로만 뛸 수 있는 러닝머신과는 다르게 모든 방향으로 걷거나 뛰는 것이 가능하답니다. 또 허리가 고정되어 있어서 그때그때 다른 속도로 원하는 만큼 이동할

키넥트 센서 |

전방위 트레드밀 |

수 있지요. 물론 사용자가 전방위 트레드밀 위에서 걷거나 뛰면 가상현실 내에서도 걷거나 뛴 만큼 이동하고요.

이쯤 되면 가상현실이 진짜 현실처럼 느껴질 것 같은데요. 여기에 더해서 인공지능 기술이 발전한다면 가상현실 내에서 인공지능으로 만들어진 가상의 사람들과 만나게 될 수도 있습니다. 이게 바로 가상현실의 완성 단계라고 보시면 됩니다. 머지않아 가상현실에서 본인의 이상형인 사람들과 마음껏 관계를 형성하게 되겠죠. 실제 현실보다 훨씬 매력 있는 독특한 경험이 될 겁니다. 어쩌면 가상현실 내에서 스스로가 멋진 주인공(...)이 되어 다양한 친구들을 만나고 관계를 맺게 될지도 모를 일입니다. 이게 가능해지면 본인이 원하는 이상적인 사회를 가상현실에 구축하고 그 사회 내에서 살아가게 되겠죠. 지금까지는 사회 속에 개인이 존재하는 시대였다면 앞으로는 개인이 본인이 원하는 사회를 구축하는 새로운 시대가 열리게 될 것 같습니다.

하지만 가상현실 기술이 발전할수록 발생하게 될 부작용도 만만치 않습니다. 가장 심각한 문제는 현실도피입니다. 현재 전 세계적으로 경쟁, 취업난, 빈곤 등의 사회 문제들이 점점 심해지고 있는데요. 가상현실 기술이 발전하면 발전할수록 이러한 현실을 피해 가상현실로 들어가려는 사람들이 많아질 것입니다. 인간관계에서의 외로움을 극복하고자 가상현실 안에서 가상의 사람들과 관계를 맺는 것으로 만족하게 될 수도 있습니다. 가상의 사람들이 현실의 사람들보다 더욱 친절하고 잘해 준다면 굳이 현실의 사람들과 관계를 맺을 필요가 없겠죠? 현실이 점점 더 삭막해질 겁니다. 특히 앞으로 1인 가구의 수가 빠르게 늘어날 것으로 예상되는 우리

나라는 깊이 고민해봐야 할 문제가 아닐까 하는 생각이 듭니다.

가상현실 기술은 이제 첫 발걸음을 내딛었을 뿐입니다. 지금 이 순간에도 가상현실 기술은 빠르게 발전하고 있습니다. 컴퓨터와 스마트폰을 거의 모든 사람들이 가지고 있게 되었듯이, 가상현실 기술도 머지않아 어떠한 형태로든 우리 곁에 있게 될 가능성이 높습니다. 그러므로 사회 구성원들은 이 기술이 사회와 개인에 어떠한 영향을 미칠지 고민해야 합니다. 고민의 과정이 없다면 사람들은 가상현실이 제공하는 이상적인 공간에 잠식되어 수많은 사회적 문제가 발생할 것입니다.

이런 고민은 미래 세대를 위해서도 꼭 필요합니다. 가상현실 기술의 완성 이후 태어날 미래 세대들은 가상현실과 실제현실을 오고가며 자랄 것입니다. 일부는 현실에서의 인간관계보다 가상현실에서의 인간관계를 가장 먼저, 더 많이 경험하게 되겠죠. 미래 세대들은 이미 현실의 삶에 익숙해진 우리 세대들과 다르답니다. 미래 세대는 자라는 과정에서 가상현실에 더 무방비하게 방치될 확률이 높거든요. 미래 세대를 위해서라도 이

기술이 야기할 문제들이 무엇이고, 어떻게 대처해야 할지 대책을 마련해야 할 것입니다.

여러분은 가상현실에서 만나게 될 사람들을 어떻게 바라보아야 할지 고민해 본 적 있나요? 더군다나 가상의 사람들이 우리랑 똑같이 감정을 느끼고 판단을 할 줄 안다면 어떻게 해야 할까요? 그리고 이런 가상의 사람들과 사귀는 것은 어떠한 의미가 있을까요? 만약 현실에서 친구를 사귀는 것보다 더 즐겁다면 앞으로 현실에서 친구를 사귈 필요가 없지 않을까요? 가상현실이 우리에게 던지는 질문들은 수도 없이 다양하고 복잡하답니다. 쉽게 답을 내리기도 어렵죠. 그래도 한 번쯤은 고민해 보시기 바랍니다.

유비쿼터스

인터넷이 언제 어디서든 존재하는 세상

인류의 가장 심오한 기술은
우리의 일상 속으로 스며들어 생활의 일부가 된다.
- 마크 와이저 (미국의 컴퓨터공학자) -

여러분은 영어단어 유비쿼터스Ubiquitous의 뜻을 알고 계시나요? 유비쿼터스는 '언제 어디서든 존재하는'이라는 의미를 담고 있답니다. 공기나 물처럼 이곳저곳에서 쉽게 볼 수 있는 것들을 의미한다고 보시면 되지요. 그런데 현대 들어서 유비쿼터스는 이러한 뜻보다는 약간 다른 의미의 용어로 더욱 많이 사용되는 듯합니다. 바로 '언제 어디서든 인터넷과 컴퓨터를 마음껏 사용할 수 있는 세상'이라는 새로운 의미로 말이지요. 그리고 이러한 세상은 이미 우리 앞에 와 있습니다. 대부분의 사람들이 스마트폰을 이용해서 언제 어디서나 인터넷에 접속해 원하는 콘텐츠를 즐겁게 감상하고 정보를 얻을 수 있는 지금은 유비쿼터스의 시대라고 해도 과언

스마트폰 |

이 아닙니다.

우리는 쉽게 실감하지 못하지만 우리 인류가 오래 전부터 유비쿼터스의 시대에서 살아왔던 것은 아닙니다. 지금 우리는 스마트폰이 절대로 없어서는 안 되는 시대에 살고 있지만, 우리가 현재 사용하는 형태의 스마트폰이 만들어지기 시작한 것은 불과 2007년입니다. 2007년 이전에는 지금보다 크기가 작은 휴대전화를 사용했습니다. 전화와 문자, 게임 몇 개 외에는 별도의 기능이 없었죠. 지금처럼 휴대전화로 인터넷을 한다는 건 상상하기 어려웠답니다. 당시에는 인터넷을 할 수 있는 장치가 컴퓨터 외에는 딱히 없었습니다.

이처럼 당시의 휴대전화는 여러모로 한계점이 많고 불편해 보이는데요. 그때 당시에는 전혀 그렇지 않았습니다. 당시 휴대전화는 유비쿼터스의 시대를 열은 혁신적인 장치였습니다. 휴대전화의 등장으로 사람들이 시간과 장소에 얽매이지 않고 연락을 주고받고 정보를 전달받을 수 있게 되었기 때문이죠. 불과 몇 십 년 전만 해도 혼자 길을 걸으면서 멀리 있는 친구와 사소한 대화를 나누고, 저 멀리 해외로 떠나서 부모님과 실시간으로 문자를 주고받는 일은 결코 상상할 수 없었습니다. 휴대전화가 사람과 사람을 서로 연결했고, 이에 더해 스마트폰이 등장하면서 언제든지 인터넷에 접속해 원하는 정보를 얻을 수 있게 된 거지요.

유비쿼터스 시대에 살고 있는 지금과 과거를 비교해보기 위해 좋은 예시를 하나 들어보겠습니다. 조선시대에 흔히 사용되었던 통신 기술인 봉수대를 아시나요? 봉수대는 연기나 불빛을 이용해서 신호를 전달하는 장치입니다. 적의 침입을 알리거나 적과 전투를 시작했다는 사실을 알릴 때

주로 사용되었지요. 봉수대 한 곳에서 최초로 신호를 보내면 인근의 봉수대에 차례대로 전달되어 당시 왕이 거처하고 있던 한양까지 전달되었습니다. 임진왜란이 발발했을 때에도 일본군의 최초 상륙지인 부산에서 한양까지 봉수대로 침략 사실이 전달되기도 했지요. 그런데 이 사실이 한양에 전달되기까지 무려 12시간(...)이 걸렸습니다. 지금 생각해보면 참 원시적이고 불편해 보이지만 당시 봉수대를 이용한 통신은 조선시대 말까지 적의 침입을 알리는 가장 빠른 방법이었습니다.

이처럼 유비쿼터스 기술들은 우리의 삶을 송두리째 바꿔놓았다고 해도 과언이 아닙니다. 스마트폰을 사용하는 현대와 봉수대를 사용하던 과거의 모습을 서로 비교하면 격세지감이 느껴질 정도이지요. 고작 한 세기 사이에 각종 유비쿼터스 기술이 바꿔놓은 것은 우리가 상상하는 것 이상입니다.

하지만 유비쿼터스 기술은 여기에서 끝이 아니랍니다. 기존의 유비쿼터스 기술을 더욱 발전시키기 위한 움직임이 지금도 활발하거든요. 그렇게

| 스마트워치

만들어진 것 중 하나가 바로 웨어러블 장치Wearable device입니다. 여기서 웨어러블이란 '착용할 수 있는' 이라는 의미입니다. 그러므로 웨어러블 장치는 몸에 착용할 수 있는 장치라고 보시면 됩니다. 웨어러블 장치의 가장 큰 장점은 장치를 몸에 착용하고 있으므로 장치를 손에 들지 않아도 유비쿼터스 환경을 구축할 수 있다는 것입니다. 지금까지 시계 모양, 안경 모양, 목걸이 모양 등 다양한 웨어러블 장치들이 개발되었답니다. 심지어는 신발이나 바지, 옷 모양도 있지요.

사람들 사이에서 가장 잘 알려진 웨어러블 장치는 스마트워치Smart watch가 아닐까 싶습니다. 아시다시피 스마트폰은 손으로 들어야 하는 불편함(?)이 있는데요. 만약 스마트폰을 시계처럼 착용할 수 있다면 굳이 손으로 장치를 들어야 할 필요가 없습니다. 하지만 실제로 스마트워치를 사용하는 사람들은 스마트폰을 손으로 들어야 하는 불편함을 덜기 위해서보다는 본인의 건강관리를 위해 많이 사용합니다. 스마트워치는 몸에 부착되기에 하루 동안의 발걸음 수, 심장박동 수, 혈당 수치 등의 측정이 가능하거든요. 이렇게 기록된 건강 정보는 스마트폰의 모바일 앱으로 전송되어 실시간으로 본인의 건강 상태를 확인할 수 있습니다. 담당 의사도 모바일 앱으로 환자의 건강 상태를 확인할 수 있지요. 덕분에 환자는 병원에 가지 않아도 의사와 온라인 상담이 가능합니다.

최근에는 곳곳에 있는 다양한 사물들을 인터넷에 연결하는 기술이 빠르게 발전하고 있답니다. 여러분 주변에 인터넷에 연결되어 있는 장치는 얼마나 되나요? 일단 컴퓨터와 스마트폰, TV가 있을 것입니다. 어디 그 뿐일까요? 집 밖에 나가도 인터넷에 연결된 사물들을 쉽게 볼 수 있습니다. 버스정류장에서 버스의 도착 정보를 알려주는 모니터를 아시나요? 이 모니터는 그냥 화면을 띄우는 장치가 아닙니다. 실시간으로 버스의 위치 정보를 추적해 사람들에게 알려주는 장치입니다. 이 장치가 인터넷에 연결되어 있기에 가능한 것이지요. 게다가 이 버스 도착 정보는 모바일 지도 앱에도 전송되기 때문에 스마트폰을 통해서도 버스의 도착 정보를 실시간으로 확인할 수 있습니다. 불과 몇 년 전 사람들이 버스가 언제 도착할지도 알지 못한 채 막연히 버스정류장에서 버스를 기다리던 모습을 생각하면 놀라울 따름이지요.

이처럼 사물에 인터넷을 연결해서 사물이 스스로 정보를 전달하고 주고받을 수 있게 하는 기술을 사물인터넷Internet of things, IoT 기술이라고 합니다. 아직까지 인터넷에 연결된 사물은 그리 많지 않지만 시간이 지나면 지날수록 우리 주변에 인터넷에 연결된 사물들이 폭발적으로 증가하게 될 것으로 보입니다. 지금보다 더욱 편리하고 정교한 유비쿼터스 시대가 오겠지요.

우리 주변에 있는 사물 중에서 인터넷에 연결하면 더욱 사용이 편리해질 사물이 무엇이 있을까요? 여러분이 조명과 보일러의 전원을 끄는 것을 깜박하고 집 밖으로 여행을 떠났다고 생각해 봅시다. 이 상황에서 조명과 보일러를 끌 수 있는 방법은 귀찮더라도 다시 집으로 돌아가는 것 밖에 없죠. 아마 많은 사람들이 자주 겪는 일이라고 생각합니다(...). 하지

| 사물인터넷 (IoT)

만 이것은 어디까지나 조명과 보일러가 켜져 있다는 사실을 빨리 깨달았을 때에만 가능합니다. 이미 집 밖으로 한참 멀리 와 버렸다면 다시 집으로 돌아가기 애매하니까요. 그런데 만약 조명과 보일러가 인터넷에 연결되어 있다면 어떨까요? 굳이 다시 집으로 돌아갈 필요가 없을 것입니다. 스마트폰으로 조명과 보일러의 전원을 끄면 되기 때문이죠. 이 뿐만이 아닙니다. 여행을 마치고 집으로 돌아오는 길에 보일러를 미리 켜 놓는다면 도착하자마자 따뜻한 집 안에서 푹 쉴 수 있을 것입니다. 사물이 인터넷에 연결되었을 뿐인데 여러모로 편리하지요. 조명과 보일러 외에 다른 가전제품들도 마찬가지일 것입니다.

이처럼 사물인터넷은 우리의 삶을 더욱 편리하게 바꿔놓을 혁신적인 기술입니다. 지금의 과학기술로도 충분히 실현 가능하지요. 그럼에도 불구하고 아직 사람들이 사물인터넷 기술을 사용하지 않는 이유는 돈이 많이 들어가고, 오히려 불편해지는 경우도 있기 때문입니다.

쉬운 설명을 위해서 인터넷에 연결된 화분을 예로 들어보겠습니다. 이 화분은 사람이 집에 없어도 식물에게 물을 줄 수 있습니다. 하지만 잘 생각해보면 좋은 점은 이것뿐입니다. 왜냐하면 화분을 인터넷에 연결하기 위한 통신 장치, 식물에게 줄 물을 미리 저장해 놓는 물탱크(...), 물이 화분까지 이동하도록 돕는 장치 등이 필요하거든요. 이런 장치들의 가격은 꽤 비쌀 것입니다. 어쩌면 키우는 식물과 화분 가격의 몇 배에 달할 수도 있습니다(...). 식물을 키우기 위해서 이렇게 많은 돈을 소모할 필요가 있나 싶지요. 아무리 돈이 많은 부자라도 이렇게까지 하지는 않을 것입니다. 하지만 불편한 점은 여기서 다가 아닙니다. 물탱크에 물을 꾸준히 채워 넣어줘야 하고, 콘센트에 전원을 연결해주는 번거로움도 있거든요. 콘센트에 연결하는 대신에 배터리로 대체할 수 있지만 마찬가지로 배터리를 꾸준히 충전해줘야 할 것입니다. 편리해지기 위해 사물인터넷을 도입했는데 가격이 비싸진 것도 모자라서 관리까지 더욱 번거로워진 셈입니다. 차라리 기존에 사용하던 화분을 그냥 사용하는 것이 훨씬 낫겠다는

생각이 들 정도죠.

그렇다고 해서 사물인터넷을 이용한 유비쿼터스 시대의 전망이 어둡다는 것은 아닙니다. 중요한 것은 어떤 사물에 인터넷을 연결해야 우리에게 편리함을 가져다줄 수 있을지 파악하는 것이겠지요. 제가 화분 이전에 예로 들었던 조명과 보일러는 인터넷에 연결하면 연결 비용은 들더라도 충분히 편리하니까요.

우리는 지금 컴퓨터와 스마트폰을 넘어 다른 사물들에도 인터넷을 연결하려는 새로운 시대에 살고 있습니다. 세계적인 미래학자 제레미 리프킨Jeremy Rifkin도 "앞으로 모든 기기와 제품들이 서로 연결되어 대화를 나누는 슈퍼 커넥티비티Super connectivity의 시대가 오게 될 것이다"라는 멋진 말을 남겼죠. 인터넷의 발전으로 등장하게 된 사물인터넷 기술이 앞으로의 우리 일상생활을 얼마나 놀랍도록 멋지게 바꿔놓을지 기대됩니다.

핵융합

태양처럼 에너지를 생산하는 기술

언젠가는 석유의 시대가 끝나겠지만
그것이 석유가 부족하기 때문은 아닐 것이다.
- 자키 야마니 (사우디아라비아의 석유 장관) -

인류는 기존 에너지원의 문제점과 한계를 극복하고 신에너지를 개발하려는 노력을 꾸준히 해오고 있는데요. 이러한 노력의 일환으로 주목받기 시작한 기술이 바로 핵융합 발전 기술입니다.

일단 핵융합이 무엇인지부터 살펴볼까요? 이 세상에 존재하는 물질의 기본 입자는 원자입니다. 원자는 가운데에 중성자와 양성자로 이루어진 원자핵과 그 주위를 도는 전자로 구성되어 있죠. 그런데 원자가 만약 초고온의 환경에 놓이면 원자에 있던 전자들이 하나 둘 떨어져 나가기 시작하는데요. 이렇게 전자들이 모두 떨어져 나가고 원자핵만 남는 상태를 플라즈마Plasma 상태라고 합니다.

플라즈마 상태가 되면 독특한 현상이 일어납니다. 원자핵들이 서로 하나로 뭉쳐 더 무거운 원소를 만들려고 하거든요. 이러한 반응 과정을 바로 핵융합Nuclear fusion이라고 합니다. 핵융합은 지구상에서는 잘 일어나

| 별(태양)이 열과 빛을 내는 것은 핵융합 덕분입니다.

지 않는 현상이라 그다지 친숙하지는 않은데요. 핵융합이 일어나는 대표적인 장소가 바로 태양과 별입니다. 태양 내부에서는 수소 4개의 원자핵이 뭉쳐서 하나의 헬륨이 만들어지는 핵융합 반응이 일어나죠. 이 과정에서 질량이 약간 줄어들고 줄어든 만큼의 질량이 에너지로 방출되는데, 이게 바로 태양에너지입니다. 태양이 지금처럼 계속 열과 빛을 낼 수 있는 것도 바로 핵융합 덕분이랍니다. 태양은 내부 온도가 무려 1000만℃에 달하고 압력은 2600억 기압이라서 플라즈마 상태를 유지하며 계속 핵융합 반응을 일으키기 좋은 조건을 갖추고 있지요. 태양은 플라즈마 상태의 거대한 덩어리라고 보시면 됩니다.

그렇다면 이제 핵융합 발전 기술에 대해서 설명드릴 수 있을 것 같습니다. 핵융합 발전 기술이란 작은 인공 태양(!)을 만들어서 태양에서 일어나는 핵융합을 지구에 재현시키는 기술입니다. 인류가 사용하는 모든 자원은 태양에너지 덕분에 만들어진 것인데, 이러한 태양에너지를 직접 만들고 조절하는 기술이라는 거죠. 인공태양에서 나오는 엄청난 양의 에너지로 물을 증발시켜 터빈을 돌리면 전기를 생산할 수 있거든요.

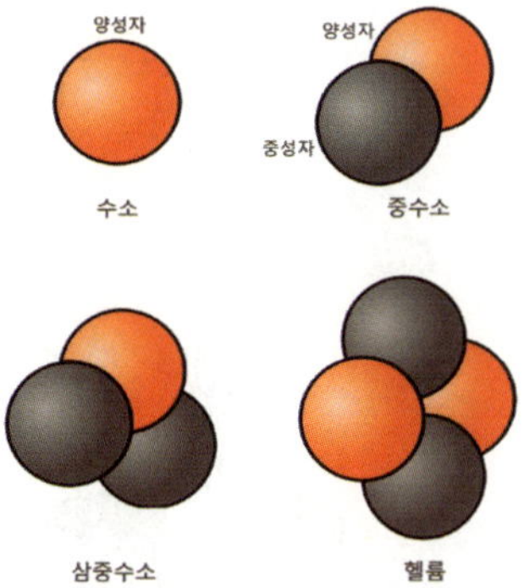

수소의 종류와 헬륨 |

모든 에너지 발전 기술이 그렇듯이 핵융합 발전 기술도 재료가 필요합니다. 태양이랑 동일하게 수소를 사용하지요. 수소는 양성자 하나로 이루어져 있는 경수소Protium, 양성자 하나와 중성자 하나로 이루어진 중수소Deuterium, 양성자 하나와 중성자 2개로 이루어져 있는 삼중수소Tritium가 있는데요. 이 중 중수소와 삼중수소는 1억℃의 환경에 놓이면 플라즈마 상태가 되어 핵융합이 일어납니다. 그래서 이 두 수소는 가장 유력한 핵융합의 원료로 주목받고 있지요. 왜 1억℃나 되는데 주목을 받냐고요? 다른 수소들은 1억℃보다 더 높은 온도에 놓여야 핵융합이 일어나기 때문입니다. 하지만 1억℃도 태양 내부의 온도가 고작(?) 1000만℃라는 것을 감안하면 정말 엄청난 온도지요. 태양 내부보다 무려 10배나 더 높습니다. 지구는 태양처럼 압력이 높지 않아서 핵융합 반응이 일어나려면 온도가 태양보다 높아야 합니다.

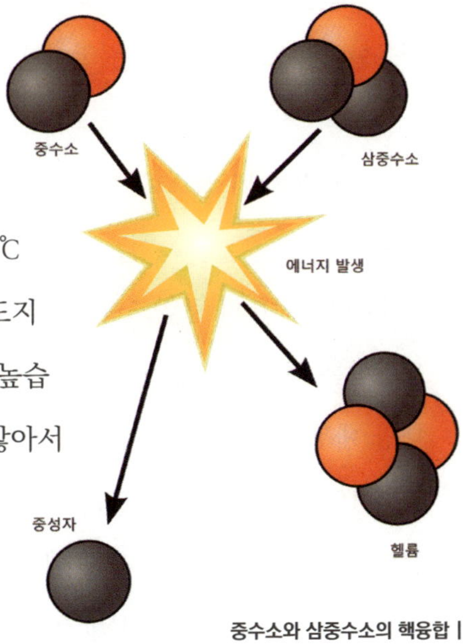

중수소와 삼중수소의 핵융합 |

그런데 단순히 1억℃의 온도를 달

성한다고 해서 끝이 아닙니다. 이 높은 온도를 꾸준하게 유지시켜줘야 하거든요. 영국의 물리학자 로손John Lawson의 연구에 따르면 중수소와 삼중수소로 핵융합 발전을 하기 위해서는 1억℃의 플라즈마 상태를 1000초 이상 유지해야 합니다. 1000초 이후부터는 더 이상 가열해주지 않아도 핵융합 반응으로 발생하는 열이 1억℃의 플라즈마 상태를 유지할 수 있도록 해 주지요. 이때부터는 그냥 핵융합의 재료인 중수소와 삼중수소를 넣어주기만 하면 스스로 핵융합이 일어나서 많은 에너지를 생산할 수 있답니다.

하지만 1억℃의 플라즈마를 1000초 이상 유지시키기는커녕, 1억℃에 도달하는 것부터가 쉽지 않습니다. 한 번 생각해보세요. 그렇게 뜨겁다는 태양 내부의 온도도 1000만℃ 정도인데 어떻게 지구에서 태양 내부 온도의 10배에 달하는 1억℃를 1000초나 유지할 수 있겠어요? 왠만한 기술력을 갖추지 않고서야 보통 쉬운 일이 아니지요.

결국 과학자들은 핵융합 발전 기술은 절대로 한 국가의 노력과 실험실

태양은 플라즈마 상태의 거대한 덩어리입니다. |

수준의 연구만으로는 이뤄낼 수 없다는 것을 깨닫습니다. 그리하여 미국, 소련러시아, 유럽연합, 일본은 1988년에 국제핵융합실험로인 ITER를 공동 개발하기 시작했습니다. 여기에 우리나라와 중국, 인도가 참여하면서 지금은 인류 역사상 최대 규모의 과학기술 국제협력으로 성장했답니다. 지금 ITER은 프랑스 카다라슈에 위치하고 있지요.

우리나라는 ITER 개발에 참여하는 수준에 그치지 않고 KSTAR라 불리는 핵융합 연구 장치를 만들기도 했습니다. 2020년에는 KSTAR가 세계 최초로 1억℃ 이상의 플라즈마 상태를 20초간 유지하는 데 성공해서 전 세계를 깜짝 놀라게 만들었지요. KSTAR의 최종 목표는 1억℃ 이상의 플라즈마를 300초 이상 유지하는 것이라고 합니다. 이에 더해 ITER 연구가 본격적으로 시작되어 플라즈마 유지 시간을 늘려 간다면 인류는 곧 핵융합 발전 기술을 상용화할 될 것입니다.

핵융합 발전 기술이 상용화된다면 우리의 일상은 어떻게 바뀔까요? 일단 원자력 발전, 화력 발전, 태양열 발전 등이 모두 핵융합 발전으로 대체되고 인류의 에너지 문제들이 대부분 완벽하게 해결될 것입니다. 핵융합 발전은 정말 장점밖에 없는 기술이거든요. 무엇보다 지구에는 수소가 풍부해서 다른 에너지처럼 고갈의 우려가 전혀 없답니다. 바닷물에는 중수소가 수조 톤(!)이 녹아 있으니까 바닷물에서 중수소를 얻으면 되고, 삼중수소는 리튬을 중성자와 충돌시켜 핵분열해서 구하면 되지요.

만약 인류가 미래에 우주로 진출한다면 사용할 수 있는 수소의 양은 더욱 많아집니다. 우주에 존재하는 원소의 90% 이상이 수소일 정도로 우주에는 수소가 풍부하거든요. 특히 목성이나 토성에는 인류가 몇 억 년 동안 핵융합 발전으로 마음껏 사용하고도 남을 엄청난 양의 수소가 있답니다. 미래에는 인류가 어쩌면 목성이나 토성을 차지하기 위해 서로 영유권 분쟁을 벌일지도 모를 일입니다(...). 이건 미래의 인류가 해결해야 할 과제가 되겠지요.

핵융합 발전이 다른 발전 기술과 비교했을 때 에너지 효율이 높은 것도

훌륭한 장점입니다. 아주 적은 양의 수소로도 엄청난 양의 에너지를 생산할 수 있거든요. 제가 원자력 장에서 원자력의 에너지 효율이 상당히 높다고 말씀드렸지만, 사실 원자력의 효율은 핵융합에 비하면 낮은 편이랍니다. 우라늄-235 1kg이 핵분열을 하면 석유 180만 리터만큼의 에너지가 발생하지만 수소 1kg이 핵융합을 하면 무려 석유 1300만(!) 리터만큼의 에너지가 발생합니다. 잘 와닿지 않는 분들을 위해 단위를 약간 바꿔보면 고작 수소 1g으로 석유 13000리터만큼의 에너지를 생산할 수 있다는 것입니다. 효율이 원자력과 7배나 차이가 나지요.

핵융합 발전은 발생하는 유해물질도 없습니다. 석유와 석탄은 이산화탄소를, 화력발전은 미세먼지와 이산화탄소를, 원자력은 핵폐기물을 발생시키는 것과 비교되지요. 물론 핵융합 과정에서 헬륨이 생겨나기는 하는데요. 헬륨은 입으로 마셔도 반응성이 낮아서 상관이 없고 방사능도 발생하지 않는 물질이라서 문제가 없답니다.

핵융합 발전은 안전성도 높습니다. 핵융합 발전은 초고온의 플라즈마 상태에서 이루어지고 발생하는 에너지도 원자력의 7배나 되어서 언뜻 보면 원자력보다 위험해 보이는데요. 알고 보면 전혀 그렇지 않답니다. 평소에는 플라즈마에 수소를 공급하면서 핵융합 발전을 하다가 문제가 생기면 수소 공급을 중단하면 됩니다. 수소 공급이 중단되면 플라즈마는 더 이상 플라즈마 상태를 유지하지 못하고 핵융합도 멈춥니다.

이처럼 핵융합 발전 기술은 기존 에너지 발전 기술들의 문제점들을 모두 해결하는 완벽한 기술입니다. 단점을 굳이 말하자면 높은 수준의 기술력을 요구한다는 것 정도죠. 하지만 이것은 기술력의 발전으로 충분히 극복 가능합니다. 만약 인류가 지금의 부족한 기술력을 극복하고 핵융합 발전 기술을 성공적으로 상용화시킨다면 인류의 삶은 지금과는 비교할 수 없을 정도로 바뀔 겁니다. 이 때의 인류는 과연 얼마나 풍족한 삶을 살고 있을까요?

무인기술

힘들고 번거로운 일은 기계가 대신 해준다?

앞으로 사람들은 근로시간이 줄고 여가가 늘면서 행복해질 것이다.

- 할 베리언 (미국 구글의 수석 경제학자) -

옷차림이 수상해 보이는 남성 한 명이 마트에 들어옵니다. 그는 마트 진열대에 놓은 물건들을 계속 주머니와 옷 안에 집어넣기 시작했습니다. 물건을 훔치는 도둑이었던 거지요. 그런데 상식적으로 생각해보면 마트에서 근무하는 보안요원이 이 도둑을 잡아서 물건을 훔치지 못하도록 해야 하는데요. 보안요원은 물건을 훔치는 남성을 발견한 후에도 그냥 쳐다보기만 할 뿐 내버려둡니다. 그 사이 남성이 입은 옷은 훔친 물건으로 두툼해졌지요. 남성은 이제 마트 밖으로 나갑니다. 이 때 보안요원이 갑자기 달려와서 남성에게 영수증을 깜빡하셨다며 영수증을 건네줍니다. 영수증을 보니까 이미 계산이 완료되어 있네요? 마트 밖으로 나가는 순간에 특정한 장치가 물건 값을 읽어내 계산을 하고 만 겁니다. 물건을 훔치기 위한 수고가 헛수고가 되고 말았죠.

이것은 2006년 미국의 IBM이 발표한 'The future market미래의 시장'이

라는 제목의 동영상입니다. 당시에 IBM이 예상했던 미래의 마트 모습으로, 지금도 구글에 검색하면 영상을 쉽게 찾아볼 수 있죠. 이 마트의 특징은 종업원이 계산대에서 물건들을 일일이 계산해 줄 필요가 전혀 없다는 겁니다. 구입하고자 하는 물건들을 들고 마트 밖으로 나가면 알아서 계산이 이루어지거든요. 스마트폰도 없었던 2006년 당시의 과학기술을 생각하면 혁신적인 영상이죠. 그런데 이 영상이 현실이 되기까지는 그리 오래 걸리지 않았습니다. 10년 후인 2016년에 현실이 되었거든요. 미국의 기업 아마존이 미국 시애틀에 아마존 고Amazon Go라는 무인 슈퍼마켓을 오픈한 것이죠. 아마존 고는 물건을 계산해주는 점원이 단 한 명도 없고, 그렇다고 해서 고객이 스스로 바코드를 찍어가며 계산할 필요도 없습니다. 원하는 물건을 들고 그냥 출입구 밖으로 나가면 알아서 계산이 이루어지거든요. 어떻게 이런 게 가능한 것일까요?

아마존 고에 입장하려면 스마트폰에 아마존 고 전용 애플리케이션을 다운로드하고 신용카드나 계좌를 등록해야 한답니다. 오직 신용카드나 계좌를 등록한 아마존 고의 회원만이 아마존 고에 입장할 수 있죠. 입장하고 나면 쇼핑이 시작됩니다. 아마존 고의 매장 진열대에는 고객이 물건을 집는 행위를 인식할 수 있는 카메라와 센서가 여러 대 설치되어 있습니다. 카메라와 센서는 고객이 장바구니에 담은 물품의 정보를 스마트폰에 실시간으로 전달하지요. 고객의 마음이 바뀌어서 구매하려 했던 물품을 다시 진열대에 가져다 놓아도 바로 인식합니다. 어느덧 고객이 구매할 물품을 모두 고르고 나서 아마존 고 밖으로 나가면 애플리케이션은 신용카드나 계좌로부터 구매량만큼의 금액을 차감합니다. 고객은 쇼핑 과정에서 구매하고 싶은 물건을 고르는 일을 제외하면 해야 할 일이 아무것도 없는 셈입니다. 정말 놀랍지 않나요?

아마존 고는 여기서 그치지 않고 매장 내 고객들이 진열대에 머무는 시간, 많이 구매하는 물품, 고객의 이동 경로 등을 카메라와 센서로 파악합니다. 이러한 자료를 바탕으로 마케팅이나 재고 관리 등에 활용하기도 하

© SounderBruce

미국 시애틀의 아마존 고 매장 |

| 공항 내의 키오스크

지요. 수많은 직원과 마케터들이 해야 할 번거로운 일들을 카메라 몇 대와 인터넷 기술이 깔끔하게 처리해주는 것입니다. 무인 슈퍼마켓이 얼마나 효율적인지 알 수 있지요. 앞으로 아마존 고와 같은 무인 슈퍼마켓은 빠른 속도로 전 세계로 퍼져나갈 겁니다.

우리나라는 아직 아마존 고처럼 무인 슈퍼마켓을 사용하는 매점은 많지 않은 편입니다. 대신 키오스크Kiosk의 도입이 활발하답니다. 키오스크는 사람의 도움 없이 물품을 주문할 수 있는 장치입니다. 키오스크를 사용하면 고객들의 주문을 접수하는 점원이 필요가 없어서 더욱 효율적으로 매장을 운영할 수 있습니다. 점원을 주문 접수 대신에 음식 요리나 물품 제작 등에 투입할 수 있거든요. 키오스크는 이런 장점 덕분에 우리나라 뿐 아니라 전 세계적인 패스트푸드점과 공항 등에서 활발하게 도입되고 있는 추세입니다. 요즘 유명 패스트푸드점이나 국제공항을 가 보면 키오스크가 없는 곳을 오히려 찾기 힘들 정도이지요. 이렇게 키오스크나 무인 슈퍼마켓처럼 사람이 해야 할 일을 대체해주는 기술을 무인기술Unmanned technology이라고 합니다.

쇼핑카트를 운송하는 드론 I

무인기술은 물건을 사고파는 매장에서만 있을까요? 그렇지 않습니다. 최근에는 비행 물체에도 무인기술의 도입이 활발하게 이루어지고 있답니다. 드론Drone이 대표적이죠. 많은 사람들이 무인기술 하면 가장 먼저 떠올리는 장치이기도 합니다. 드론은 단순히 하늘을 나는 비행 물체일 뿐이지만 드론으로 할 수 있는 일들은 꽤 많이 있답니다.

현재 드론은 사진 및 동영상의 촬영 용도로 가장 많이 사용합니다. 사람은 높은 빌딩이나 산에 올라가지 않고서는 높은 공간에서 사진을 촬영하기가 어렵습니다. 특히 실시간으로 이동을 거듭하며 역동적인 장면을 담아내야 하는(...) 드라마나 영화 촬영은 더더욱 어렵죠. 하지만 드론에 카메라를 설치하면 사람이 카메라를 들고 있을 필요 없이 훌륭한 영상을 담아낼 수 있습니다. 이러한 드론 카메라 기술은 감시하는 용도로도 많이 사용되는데요. 우리나라에서는 주로 깊은 산 속에 있는 작은 잔불을 발견하여 산불을 사전에 방지하기 위해 많이 사용합니다. 우리나라는 이미 드론 덕분에 크게 번질 수 있었던 산불을 여러 번 막은 적이 있지요. 이외에도 다소 독특한 용도로 사용하기도 하는데요. 중국에서는 우리나라로 치면 수능시험인 가오카오高考를 치를 때 드론에 카메라를 설치해서 부정행위를 적발합니다. 사람의 시선에서는 쉽게 잡아낼 수 없는 각양각색(...)의 컨닝을 드론은 어렵지 않게 잡아낸다고 하네요.

전 세계의 신기술을 선도하고 있는 미국의 기업인 아마존과 구글은 드론을 택배 운송에 사용할 것이라는 계획을 밝혔습니다. 무인 장치가 물건을 배달해주는 모습은 미래가 배경이 되는 영화에서 흔히 등장하는 장면이기도 하죠. 만약 물품들을 드론에 실어서 운반할 수 있게 된다면 택배원이 지금처럼 고생할 필요가 없을 겁니다. 문제는 드론이 아직 무거운 물품을 들기 어렵고, 배터리 용량도 부족하다는 점입니다. 현재 시중에 판매되는 드론들은 배터리를 완전히 충전해도 기껏해야 20~30분 정도밖에 날지 못합니다. 게다가 물품을 실어버리면 소모되는 에너지가 많아져서 날 수 있는 시간이 절반 이상으로 줄어들지요. 드론의 택배 운송이 가능하려면 배터리 기술과 중량 증가 기술이 더욱 발전해야 할 것입니다. 또한, 일부 이상한 사람들이 드론을 격추(...)시켜서 택배를 가로챌 위험도 고민해 봐야겠죠. 만약 몇 십 년 후 드론이 택배운송이 가능할 만큼 발전한다면 운송업계에 상당한 변화가 있을 것입니다.

무인기술은 자동차에도 도입되어가고 있는 추세입니다. 승객이 운전을 하지 않아도 스스로 운행하는 자동차를 자율주행자동차Autonomous car라고 하는데요. 요즘 전 세계의 자동차 기업들이 자율주행자동차 분야에 뛰어들고 있습니다. 아직 전 세계적으로 자율주행자동차가 그리 많지는 않지만 우리나라에서는 수도권 지하철의 신분당선과 우이경전철, 용인경전철을 무인 전동차로 운행하며 자율주행자동차의 시대에 한 발짝 앞서 있답니다. 무인 전동차에는 다양한 종류의 센서가 설치되어

| 무인으로 운행되는 우이경전철

있고, 관제실의 컴퓨터와도 연결되어 있습니다. 그래서 별도의 운전석이 필요 없죠. 실제로 무인 전동차에 탑승해보면 차량 맨 앞칸과 맨 뒷칸은 조종석 대신에 일반 좌석이 마련되어 있어서 터널 내부를 관찰할 수 있습니다. 사람들 사이에서 무인 전동차의 맨 앞칸과 맨 뒷칸은 철로를 구경할 수 있는 명당이라고도 불리죠. 자율주행자동차도 무인 전동차와 원리가 비슷한데요. 기존의 무인 전동차 기술에 주행상황 인지처리 기술 및 주행환경 모니터링 기술을 더하면 개인이 몰고 다닐 수 있는 자율주행자동차가 됩니다. 자동차가 운행되는 도로는 철로랑 비교하면 다른 차들도 많고 복잡해서 그만큼 많은 기술이 필요할 수밖에 없지요. 그래도 아마 멀지 않은 미래에는 사람이 직접 자동차를 운행하지 않고도 자동차가 스스로 원하는 장소까지 데려다 줄 것입니다. 운전자의 부주의에 의한 교통사고도 거의 발생하지 않겠지요.

구글의 자율주행자동차 |

이처럼 무인기술은 기존에 사람이 하던 힘들고 번거로운 일들 대부분을 대체할 겁니다. 하지만 무인기술이 우리에게 꼭 좋지만은 않습니다. 사람이 하는 일을 기계가 대체할 수 있다는 것은 사람의 일자리가 감소한다는 걸 의미하니까요. 실제로 우리나라에서는 2016년 이후 아르바이트 일자리가 급격히 감소했죠. 아르바이트 학생들을 많이 고용하는 음식점이나 영화관, 주유소 등에서 키오스크를 도입하면서 이런 결과가 나온 것입니다. 하지만 무인기술에 의한 실업은 이제 시작일 뿐입니다. 앞으로 더

욱 심화될 전망이거든요. 드론이 발전한다면 택배원도 필요가 없어지고, 자율주행자동차가 발전하면 운전업에 종사하는 사람들도 곧 필요가 없어질 테니까요. 무인기술로 인한 실업은 특히 이제 막 사회에 진입하는 10~20대들에게는 치명적이랍니다. 학교를 다니며 열심히 기술을 배우고 공부했는데, 학교를 졸업하니까 진출하려 했던 분야에 사람 대신 무인기술이 일하고 있을지도 모르니까요.

그렇다면 무인기술에 의한 실업문제를 막으려면 어떻게 해야 할까요? 최근 들어 전 세계에서 이에 대한 대책으로 거론되는 것이 바로 기본소득제도입니다. 기본소득제도는 모든 국민이 기본적인 생계를 보장받을 수 있도록 정부가 일정 금액을 제공해주는 제도를 말합니다. 만약 무인기술이 다양한 산업 분야에서 상용화되고 기본소득제도가 도입된다면 국민들은 생계를 위한 힘든 일 대신에 창의적이고 가치 있는 일만을 하게 될지도 모릅니다. 상상만 해도 좋지요. 물론 기본소득제의 실현 가능성에 대해서는 좀 더 많은 논의가 필요합니다. 기본소득제도를 도입하기 전에 정부의 재정이 건전한지, 무인기술이 기업의 산업구조에 어떠한 변화를 가져올지 등을 고려해 봐야 하거든요. 과연 무인기술과 기본소득제도로 모든 사람들이 힘든 일 대신에 가치 있는 일만 하는 세상이 올 수 있을까요?

인공지능

실생활에 적용된 진짜 인공지능 이야기

인공지능이 사람을 살리고
우주와 지표 아래를 탐사할 수 있게 해줄 것이다.
- 마크 저커버그 (미국의 페이스북 대표) -

인공지능Artificial Intelligence, AI이란 사람의 지능을 컴퓨터 프로그램으로 구현하는 기술을 말합니다. 영화에서는 사람과 함께 대화를 나누거나 분쟁을 벌이는(...) 로봇으로 흔히 묘사되곤 하죠.

인공지능의 위력이 본격적으로 사람들에게 알려진 것은 2016년이 아닐까 합니다. 2016년은 구글의 인공지능인 알파고AlphaGo와 한국의 프로 바둑기사인 이세돌 9단과의 바둑 매치가 벌어졌던 해이죠. 당시 이 매치가 세계적으로 얼마나 주목을 많이 받았는지 유튜브에서 실시간으로 생중계되었고 무려 8천만 명이 시청했습니다. 우리나라에서도 KBS에서 생중계되었지요. 총 5판의 대전이 있었는데요. 알파고는 치밀하고 정교하게 바둑을 두며 초반에 3연승을 거머쥐고 우승을 확정지었습니다. 이세돌 9단은 4번째 판에서 간신히 한 번 승리하고 자존심을 회복했지만 마지막 5번째 판에서 다시 알파고에게 패했죠. 알파고가 전 세계 최고 수준인 프로 바둑기사와의 대전에서 4승 1패로 대승을 거머쥔 것입니다. 이후로 많은 사람들은 인공지능 시대가 왔다는 사실을 체감했습니다. 어쩌면 영화에서만 보던 인공지능 로봇이 곧 출현할 수도 있을 것이라는 두려움과 함께 말이죠.

알파고 |

바둑 |

구글은 어떻게 알파고라는 인공지능을 구현해서 이렇게 완벽하게 이세돌 9단을 이길 수 있었을까요? 이것을 가능하게 한 기술이 바로 딥 러닝Deep learning입니다. 머신러닝Machine learning 기술 중에 하나이죠. 여러분이 딥 러닝이 무엇인지 쉽게 이해할 수 있도록 예를 하나 들어보겠습니다. 사람은 직관적으로 개의 사진을 보고 개라고 답하고, 고양이의 사진을 보고 고양이라고 답합니다. 컴퓨터에게는 불가능한 일이죠. 그런데 만약 딥 러닝 기술을 이용하면 컴퓨터가 개와 고양이를 구분하도록 만들 수 있습니다. 어떻게 하냐고요? 개와 고양이에 대한 막대한 양의 빅데이터Bigdata를 컴퓨터에 입력시키면 됩니다. 딥 러닝은 수많은 데이터 속에서 개나 고양이를 분간할 특유의 패턴을 발견하는 과정을 거쳐서 개와 고양이를 구분하게 되지요. 딥 러닝은 원래 수많은 데이터를 처리할 수 있는 기술의 부족으로 구현이 어려웠지만 최근 들어 빅데이터 기술이 빠르게 발전하면서 수면 위로 올라오기 시작했습니다.

알파고는 프로 바둑 기사들의 수많은 기술들을 컴퓨터 데이터에 입력시켜 만든 것입니다. 알파고가 만들어지기까지 무려 16만 가지의 바둑 기술이 필요했다고 알려져 있지요. 하지만 이런 데이터만으로 바둑 실력이 보장되는 것은 아니었습니다. 사람도 바둑 기술을 잘 안다고 해서 바둑을 잘 하는 것은 아니니까요. 그래서 알파고는 알파고 자신과 무려 100만 판(...)의 바둑을 두며 강화학습Reinforcement learning도 거쳤습니다. 아마 알파고가 강화학습을 거치지 않았다면 이세돌 9단을 이기기는 어려웠을 것입니다.

딥 러닝은 이미 많은 분야에 사용되고 있는 인공지능입니다. 여러분들 중에서 페이스북을 모르는 분은 없을 거라 생각합니다. 페이스북이 딥 러닝 기술을 이용하는 대표적인 기업 중에 하나랍니다. 페이스북은 수많은 사람들의 사진이 올라오는 곳이라서 현재 전 세계에서 가장 많은 사람 얼굴 데이터를 보유하고 있습니다. 페이스북은 이런 데이터들을 토대로 딥 러닝을 활용하여 사람들의 얼굴을 인식하는 기술을 개발했습니다. 아시는 분도 있겠지만 페이스북에 얼굴 사진을 올리면 얼굴 부분에 'OO를 태그하시겠습니까?'라는 표시가 뜹니다. 매우 높은 정확도로 사진에 있는 사람이 누구인지 맞추죠. 인식 정확도가 무려 97%에 달합니다. 그러므로 우리는 페이스북에 올라온 사진에 친구를 태그할 때 일일이 친구 목록을 뒤져가며 태그를 할 필요가 없습니다. 'OO을 태그하시겠습니까?'라는 질문에 '예'버튼만 누르면 태그가 완료되지요.

이처럼 현재 인공지능 기술은 수많은 데이터에서 패턴을 인식하고 답을 도출해내는 딥 러닝 기술이 주를 이루고 있습니다. 하지만 잘 생각해보면 딥 러닝은 사람과 비슷한 형태의 지능을 가졌다고 하기에는 어렵습니다.

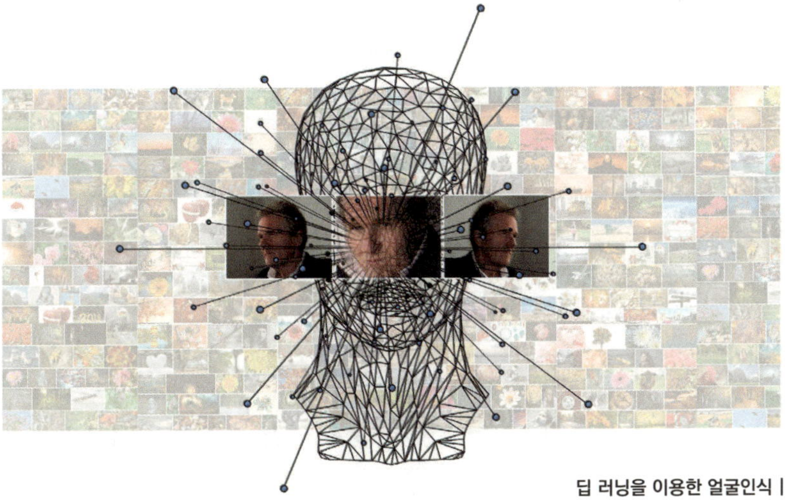

딥 러닝을 이용한 얼굴인식 |

사람이 가진 수많은 능력 중에서 바둑이나 얼굴 인식처럼 오직 한 가지만을 할 줄 아는 정도니까요. 대신 한 분야에서 워낙 월등하니까 지능적인 것처럼 보이는 것이고요.

우리는 여기서 현재 인공지능으로 구현할 수 있는 것들이 상당히 제한적이라는 것을 알 수 있습니다. 알파고가 웬만한 프로 바둑기사보다 바둑을 잘 두는 건 맞지만, 어디까지나 사람의 무수히 많은 능력 중에 하나인 바둑만 월등하게 잘 할 뿐입니다. 알파고는 체스나 장기 같은 다른 게임을 전혀 하지 못합니다. 게다가 바둑의 규칙을 조금이라도 바꾸면 알파고는 바둑을 둘 수 없게 된답니다.

사실 현재의 인공지능은 우리가 일반적으로 생각하는 인공지능과는 많이 다릅니다. 인공지능은 강인공지능Strong AI과 약인공지능Weak AI 2가지로 분류되는데요. 사람과 비슷한 정신과 의식, 지능을 갖춘 인공지능을 강인공지능이라고 하고, 사람의 능력 중 극히 일부만 할 줄 아는 인공지

능을 약인공지능이라고 합니다. 사람들이 일반적으로 생각하는 인공지능은 강인공지능이지만, 아쉽게도 현재까지 개발된 인공지능은 모두 약인공지능에 가깝습니다. 인공지능은 이제 막 첫 발걸음을 내딛었을 뿐입니다.

하지만 예상 외로 약인공지능 기술을 활용해서 할 수 있는 일들은 무수히 많습니다. 프로 바둑기사를 이긴 알파고처럼 최소 한 가지 이상의 분야에서 사람의 능력을 뛰어넘으니까요. 그러다 보니 앞으로의 전망도 밝죠. 무엇보다도 딥 러닝은 데이터를 분석하는 능력이 사람보다 월등히 뛰어납니다. 그래서 우리나라 기업인 롯데제과는 SNS에서 과자와 음식에 대한 사람들의 반응을 데이터화하고 사람들이 어떤 과자를 선호할지 딥 러닝으로 분석해서 신제품을 출시하기도 했는데요. 그 결과물이 바로 2017년에 출시한 카카오닙스맛 빼빼로와 깔라만시맛 빼빼로입니다. 실제로 깔라만시와 카카오닙스는 당시 인터넷 사이트와 SNS에서 건강식품으로 가장 많이 거론되었던 음식들이기도 하죠. 이 과자들은 출시되자마자 많은 사람들의 관심을 받았고, 삼시간에 모두 팔렸습니다. 롯데제과는 여기에서 그치지 않고 꼬깔콘 버팔로윙맛과 도리토스 마라맛도 출시했습니다. 꼬깔콘 버팔로윙맛은 출시 2달 만에 자그마치 100만 봉지가 판매되었고, 도리토스 마라맛도 4달 만에 150만 봉지가 판매되었습니다. 정말 놀라운 성과지요. 딥 러닝이 이뤄낸 대표적인 상품 개발 성공사례라고 할 수 있습니다. 롯데제과 외에도 딥 러닝으로 소비자들의 제품 선호도를 분석하려는 움직임이 전 세계적으로 활발하답니다.

딥 러닝을 이용하면 미래도 예측할 수 있습니다. 택시를 타다 보면 택시 수요가 많은 곳에는 택시가 부족하지만 택시 수요가 적은 곳은 오히려 택시들이 줄지어 기다리는 일이 흔합니다(...). 택시기사 분들이 지역별, 시간별 택시 수요를 잘못 예측해서 벌어지는 일이지요. 택시기사 분들은 본인의 경험을 바탕으로 수요를 예측하지만 이 예측이 항상 맞지는 않습니다. 하지만 지역별, 시간별 택시 수요에 대한 데이터로 딥 러닝 분석을 하면 이러한 문제를 해결할 수 있습니다. 딥 러닝으로 알아낸 지역별, 시간별 택시 수요 자료를 바탕으로 택시 기사들을 택시 수요가 많은 곳으로 유도하면 되니까요. 실제로 우리나라의 기업 카카오는 딥 러닝 기반의 TGNet이라는 기술을 개발하여 택시기사들에게 택시 수요 예측 정보를 보내주고 있습니다. TGNet은 택시를 타는 사람 입장에서도, 택시기사 분 입장에서도 좋은 기술이죠.

손님을 기다리는 택시들 |

지금까지 약인공지능 위주로 인공지능을 살펴보았습니다. 이 글을 읽고서 인공지능 기술에 실망하신 것은 아닐지 모르겠습니다. 여러분들이 생각하는 인공지능은 사람과 거의 비슷한 수준의 높은 지능을 가진 강인공지능었을 텐데 말이에요. 아마 많은 사람들이 이런 강인공지능에 주목하는 이유는 수많은 논란 때문이 아닐까 싶습니다. 만약 강인공지능이 사람과 동일한 생각과 지능을 가지고 있다면 이들을 어떻게 대해야 하는가, 강인공지능이 우리 인류를 적으로 간주하지는 않겠는가와 같은 논란 말이죠. 실제로 이미 많은 영화에서 이런 인공지능들이 등장했습니다. 미국 영화 『터미네이터Terminator』 시리즈에 악역으로 등장했던 스카이넷이 대표적입니다. 스카이넷은 자신의 기능을 정지시키려는 사람들에게 반기를 들고 사람들을 공격합니다. 많은 분들이 강인공지능의 개발로 인해 이런 일들이 현실이 될까 봐 두려워하는 듯합니다.

하지만 현재 과학자들은 사람들의 관심과는 별개로 강인공지능을 개발

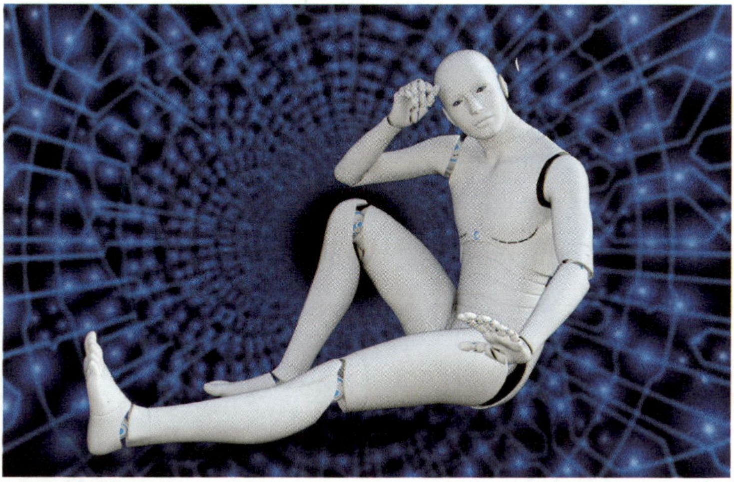

| 인공지능 로봇의 상상도

은커녕 개발 시도조차 하지 못하고 있습니다. 사람처럼 말하고 행동하는 인공지능 로봇이 이미 있긴 하지만 길 안내나 간단한 대화 등의 제한적인 일(...)만 할 수 있을 뿐이지요. 아마 강인공지능이 개발되려면 일단 '사람이 가진 정신과 지능은 실체가 무엇인가?'를 시작으로 '사람과 동일한 형태의 정신과 지능을 컴퓨터에 구현할 수 있는가?'에 대한 답변을 내려야 할 것으로 보입니다. 현재 강인공지능을 개발하기에는 사람의 지능은 밝혀지지 않은 사실들이 너무 많답니다. 사람의 지능을 기계에 구현하려면 가장 먼저 사람의 지능을 이해해야 하지 않을까요?

우주 식민지

인류는 지구라는 작은 요람에서 벗어날 것인가

우주로 탈출하라. 인류의 미래는 지구에서 끝나지 않는다.
– 일론 머스크 (미국 테슬라 및 스페이스X의 대표) –

1969년 7월 20일이 어떤 날인지 아시나요? 인류가 최초로 지구 이외의 천체에 발을 디딘 날입니다. 닐 암스트롱Neil Armstrong을 태운 미국의 아폴로 11호가 달에 착륙했거든요. 당시 세계적으로 얼마나 관심이 많았는지 자그마치 6억 명이 생중계를 시청했답니다. 그렇게 아폴로 11호의 달 착륙이 성공한 이후, 사람들은 머지않아 인류가 우주에 식민지를 건설할 수 있게 될 것이라 예측했습니다. 과학잡지나 영화, 과학소설이 우주에서 생활하는 사람들을 본격적으로 다룬 것도 이때부터입니다. 그런데 우주 식민지의 건설은 당시의 예상과는 다르게 사람들 사이에서 금방 잠잠해졌습니다.

| 달 착륙에 성공한 아폴로 11호

왜 이런 일이 벌어진 걸까요? 냉전을 겪

고 있던 당시 시대상과 관련이 있습니다. 미국이 아폴로 11호를 달로 보낸 것은 소련과의 우주경쟁 때문이었습니다. 당시 소련은 우주개발을 선도하고 있었고, 미국은 소련을 따라잡기 위해 우주개발 분야에 엄청난 돈을 투자하고 있었습니다. 그렇게 등장한 아폴로 11호는 소련에 밀리던 미국의 과학기술을 단숨에 따라잡기 위한 야심찬 계획이었습니다. 결국 미국은 아폴로 11호 계획을 성공적으로 수행하고 우주개발 분야에서 우위를 점하게 됩니다.

그러던 와중 1991년에 갑자기 소련이 해체(...)됩니다. 미국의 유일한 경쟁 상대였던 소련이 갑자기 사라져 버린 것입니다. 결국 미국은 더 이상 우주개발 분야에 많은 돈을 투자할 이유가 없어졌습니다(...). 애초에 미국이 우주개발 분야에 많은 돈을 투자한 이유는 소련과의 우주경쟁에서 승리하기 위해서였으니까요. 때마침 미국인들도 우주개발 분야에 너무 많은 돈을 투자하는 것을 반대하고 있었기에 미국의 우주 식민지 연구는 빠르게 자취를 감추고 맙니다.

| 일론 머스크

우주 식민지의 꿈이 다시 수면 위로 올라온 것은 일론 머스크Elon Musk의 발언 이후입니다. 일론 머스크는 미국의 민간우주기업인 스페이스X의 대표랍니다. 그는 2012년에 21세기가 끝나기 전까지 화성에 8만 명이 거주하는 식민지를 건설할 것이라고 밝혔습니다. 화성은 지구와 환경이 가장 비슷하고, 지구와도 가까운 행성이니 충분히 실현 가능하다고 판단한 것이죠. 그동안 과학소설이나 영화의 영역이었던 우주 식민지가 최초로 계획되기 시작한 때가 바로 이때입니다.

그렇다면 일론 머스크는 어떻게 화성에 식민지를 개척한다는 것일까요? 화성이 아무리 지구와 유사하다 해도 호흡에 필요한 산소가 거의 없고 평균 기온이 -60℃에 달합니다. 게다가 태양풍을 막아줄 자기장도 전혀 없습니다. 그러므로 일단은 10명 정도의 인원을 화성으로 보내서 이 모든 것들을 차단해줄 거주구역을 만드는 게 첫 번째 과제입니다. 거주구역에는 화성의 대기를 이용해서 호흡에 필요한 산소, 우주선의 추진에 필요한 메탄, 식물을 키우기 위해 필요한 비료 등을 만드는 장비들을 설치합니다. 이 과정에서 자그마치 360억 달러43조원가 필요할 것으로 예상되는데요. 화성으로 향하는 우주선의 탑승료를 50만 달러씩 받아서 해결할 것이라고 합니다. 8만 명을 화성으로 이동시킬 거니까 50만 달러씩 8만 명이면 400억 달러이므로 비용 문제는 해결 가능하지요.

한 가지 우려되는 것은 지구에서 출발해서 화성에 도착하기까지 걸리는

인류의 화성 식민지 상상도 |

시간입니다. 지구에서 화성까지의 직선거리는 무려 2억 4천만km에 달합니다. 지구에서 우주선을 타고 화성에 도착하려면 최소 수개월 이상은 걸리지요. 우주선 안에 탑승한 사람은 이 기간 동안 식량문제를 해결해야 합니다. 그렇다고 해서 수 개월 치 식량을 우주선에 모두 실을 수는 없는 노릇이죠. 이 문제를 해결하는 가장 좋은 방법은 우주선 내에 작물을 재배하는 것입니다. 이미 국제우주정거장에서 다양한 종류의 작물 재배에 성공한 사례가 있어서 충분히 가능합니다. 작물을 재배하기 위해 필요한 비료는 우주선에 탑승한 사람들의 똥과 오줌으로부터 구하면 됩니다(?). 다소 황당하게 들리겠지만 실제 계획에 있는 내용입니다. 실제로 몇십 년 전 미국항공우주국에서는 우주비행사의 똥오줌과 날숨으로부터 산소와 식수, 비료를 만드는 장치를 개발하기도 했답니다. 이러한 방식으로 산소와 식수, 식량을 보충한다면 수개월 동안 우주선 안에서 잘 거주할 수 있을 것입니다.

| 지구와 화성 비교

계획을 보아하니 보통 쉬운 일이 아닌 것 같은데요. 그렇다면 일론 머스크는 왜 이렇게까지 해서 화성에 우주 식민지를 건설하려는 걸까요? 바로 우주 식민지가 가져다줄 이익이 엄청나기 때문입니다. 화성 관광 상품을 만들면 전 세계의 갑부들이 스페이스X에 막대한 돈을 주고서라도 화성 관광을 다녀올 테니까요. 게다가 화성에 매장되어 있을 자원들도 고려해 볼 만한 이익입니다. 현재 인류는 화성에 정확히 어떤 자원이 매장되어 있는지 자세히 알지 못합니다. 만약 금이나 다이아몬드 같이 값비싼 금속(!)들이 잔뜩 매장되어 있다는 사실이 발견된다면 스페이스X의 이익은 상상을 초월할 겁니다.

지금까지 일론 머스크의 화성 거주 프로그램에 대해 알아보았습니다. 앞으로는 우리 인류가 지구 밖에서도 거주할 수 있게 된다니 놀랍죠. 하지만 사실 일론 머스크의 우주 식민지는 커다란 한계가 하나 있습니다. 바로 화성에서 사람이 머무를 수 있는 공간은 오직 화성의 극히 일부분인 거주구역 뿐이라는 겁니다. 몇 개월에 걸쳐 화성에 도착한 것 치고는 둘러볼 만한 곳이 거의 없는 거죠(...). 머무를 수 있는 사람의 수도 제한적이고요.

물론 이러한 한계를 극복할 수 있는 방법이 딱 하나 있기는 합니다. 바로 행성 하나를 생명체들이 살 수 있는 행성으로 만드는 것(!)입니다. 이처럼 지구 이외의 천체를 생명체가 살 수 있는 곳으로 만드는 것을 테라포밍Terraforming이라고 부릅니다. 지구랑 가장 가까운 행성인 화성과 금성이 테라포밍의 후보로 잘 알려져 있는데요. 놀랍게도 화성은 이미 미국항공우주국과 디스커버리, 내셔널 지오그래픽의 공동 연구에 의해 테라포밍 계획이 세워져 있습니다. 물론 이 계획을 실천에 옮길지는 아직까지 알 수 없지만 말이죠.

테라포밍된 | 화성의 상상도

말이 나온 김에 이들의 화성 테라포밍 계획을 살펴봅시다. 테라포밍은 어떻게 이루어질까요? 일단 화성에 지구와 비슷한 대기를 조성하는 게 제일 중요합니다. 수소나 암모니아, 메탄 등으로 이루어진 기체를 화성에 넣어줘야 합니다. 그러면 탄생 초기의 지구와 거의 비슷한 대기가 화성에 형성되고, 온실효과로 온도도 올라가지요. 이 상태에서 석유나 석탄을 태워서 이산화탄소를 만들어 온실효과가 더 활발하게 일어나도록 해줍니다. 물과 수증기도 있어야 하니까 얼음으로 가득한 주변 소행성을 끌어오거나 극지방의 빙하를 녹여줍니다. 여기까지 오면 이제 온도도 적당하고 이산화탄소도 풍부해지므로 지구상의 생물 일부를 데려올 수 있습니다. 지구의 극지방에서 서식하는 작은 이끼류와 미생물을 시작으로 다양한 종류의 식물들을 화성에 퍼뜨려 줍니다. 이왕이면 화성에 살기 적합하게 유전자 조작이 이루어진 식물과 미생물이면 더 좋겠지요. 이렇게 화

성에 식물들이 자리를 잡으면 식물의 광합성에 의해 산소가 풍부해질 겁니다. 화성의 대기 조성이 지구와 거의 동일해지는 것입니다. 이제부터는 화성에 사람들이 거주하는 도시를 건설할 수 있습니다.

어떤가요? 쉬워 보이나요, 어려워 보이나요? 테라포밍 과정은 말이 쉽지 절대로 쉬운 일이 아닙니다. 이후에도 넘어야 할 큰 산이 몇 개 있지요. 무엇보다 가장 큰 문제는 화성은 자기장이 없어서 엄청난 방사능을 동반하는 태양풍의 영향을 받는다는 겁니다. 지구의 자기장이 태양풍으로부터 지구를 보호해 주는 것과는 비교되죠. 화성을 생명체가 살기 좋은 행성으로 만들었더라도 태양풍 문제를 해결하지 못하면 의미가 없답니다. 생명체는 태양풍이 있는 곳에서는 절대 살 수 없거든요. 어쩌면 테라포밍을 위해 애써 만들어놓은 화성의 산소를 태양풍이 다 날려버릴 수도 있습니다. 화성에 인공적인 자기장을 만드는 방법이 있긴 하지만 지금의 기술로는 부족하지요.

결정적으로 화성을 테라포밍하기까지 자그마치 500년의 시간이 걸립니다(...). 그러므로 테라포밍을 시작한 시대의 사람들은 절대로 테라포밍된 화성을 볼 수 없답니다. 인류가 500년 뒤의 막연한 미래를 생각하고 테라포밍을 할지는 의문이지요. 여차저차 테라포밍을 시작하더라도 다음 후손들이 테라포밍을 꾸준히 진행해줄지, 아니면 도중에 중단할지 알 수 없는 노릇입니다(...).

그래도 이런 점들을 해결하고서라도 화성을 테라포밍할 가치는 충분히 있습니다. 인류가 살 수 있는 공간이 지금보다 훨씬 넓어질 테니까요. 저 또한 테라포밍이 언젠가 꼭 이루어질 것이라고 생각하고 있답니다. 사람은 원래의 장소를 벗어나서 새로운 장소를 개척하려는 욕구를 가진 동물이거든요. 하지만 인류는 이미 지구의 거의 모든 지역을 개척했습니다. 이제 인류에게 지구는 너무 작은 요람입니다. 이제는 지구 밖으로 나아갈 차례가 아닐까요? 인류는 언젠가 화성을 개척하고 그 이후에도 새로운 행성을 찾아 개척할 것입니다. 실제로 일론 머스크의 화성 식민지를 시작으로 조금씩 현실이 되어가고 있고요. 과연 우리 인류는 우주의 어디까지 개척할 수 있을지 궁금해집니다.

사람도 과학의 연구대상이 될 수 있답니다. 생명체라면 다 가지고 있는 유전자부터 시작해서 사람의 정체성을 가장 잘 드러내는 기관인 뇌까지 말이죠. 아마 사람들이 진정으로 성숙한 존재가 되려면 스스로에 대해서 잘 알고 있어야 하지 않을까요? 드러내기 다소 불편한 부분까지도요. 사람에 대한 과학적 연구는 지구상에 살아가는 일원인 우리가 앞으로 보다 성숙하게 살아갈 방향을 제시해 줄 겁니다.

5 장

과학을 알면 사람도 알 수 있다?
과학으로 밝혀 낸 사람

이기적 유전자와 밈

사람의 본성은 원래 이기적이다?

지적 생명체가 자기의 존재 이유를 알아냈을 때,
그 지적 생명체가 성숙했다고 말할 수 있을 것이다.
- 리처드 도킨스 (영국의 생물학자) -

영국의 생물학자 리처드 도킨스Richard Dawkins는 1976년 『이기적 유전자Selfish gene』라는 책을 출판해서 스타 과학자가 된 사람입니다. 이 책은 출판되자마자 전 세계적인 돌풍을 일으켰습니다. 이기적 유전자설은 수십 년에 걸쳐 검증되면서 생명체와 사람의 존재 이유와 본성을 잘 설명하는 가설로 주목받았지요. 이번 장에서는 이기적 유전자에 대해 설명해 볼까 합니다. 지구상에 존재하는 모든 생물들과 사람들의 본성을 이해하려면 이기적 유전자란 무엇인지 알아야 하거든요.

| 리처드 도킨스

40억 년 전의 지구를 떠올려 봅시다. 생명체들은 아직 등장하지 않았습니다. 대신 다양한 유기물들이 해안 부근의 말라붙은 물거품이나 물방울의 형태로 남아있었죠. 이 때 유기물들 중

에서 스스로를 복제할 수 있는 독특한 특성을 가진 분자가 생겨났습니다. 이 물질을 자기복제자Replicator라고 부르는 것으로 합시다. 자기복제자는 주변에 있는 다양한 유기물을 흡수하고 변형해서 자기 자신과 동일한 복제본들을 만들었습니다.

하지만 자기복제자의 복제본들이 모두 서로 완전히 동일하지는 않았습니다. 복제 과정에서 오류가 일어나고 엉뚱한 방식으로 복제되기도 하면서 형태가 다른 복제본들도 만들어졌죠. 좀 더 안정적인 형태를 가진 복제본일수록 더 오래 유지되어 자신을 많이 복제할 수 있었습니다. 자기를 둘러싼 껍데기를 가진 복제본도 있었는데요. 이들은 껍데기가 보호막 역할을 해 줘서 자신을 복제하기 더욱 유리했습니다. 자기복제자가 단순히 자기를 복제하는 수준을 넘어서 자기 자신을 안정적으로 담아줄 수 있는 껍데기까지 만들기 시작한 것이죠. 자기복제자와 껍데기로 이루어진 이것이 바로 최초의 생명체의 시작입니다. 여기에서 자기복제자는 바로 유전자, 즉 DNA를 말합니다. 유전자를 둘러싼 껍데기는 유전자의 자기복제 욕구를 돕는 생존기계이자 번식기계였습니다.

유전자들이 가졌던 초기의 껍데기는 단순한 구조였습니다. 그런데 점점 효과적인 형태의 껍데기들이 지속적으로 나타났습니다. 덕분에 껍데기들은 서로 경쟁을 거듭하면서 점점 커지고 정교해졌죠. 그렇게 수 억 년이 지난 후 껍데기는 지능을 갖춘 지적생명

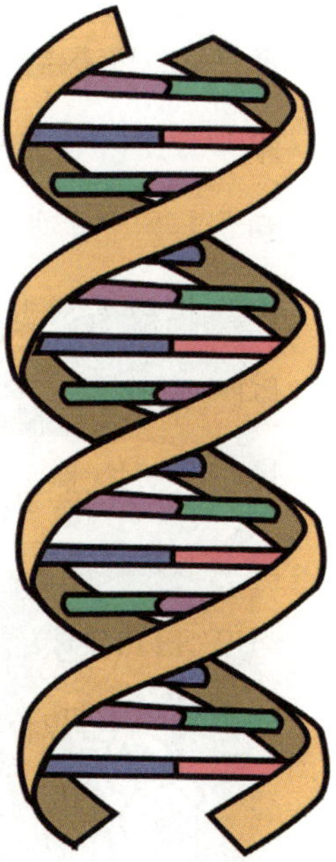
DNA (자기복제자) |

체로 진화하는 수준에 이르렀습니다. 지능을 갖춘 껍데기가 유전자 자신을 복제해서 퍼뜨리기 더욱 용이했거든요.

결국 지구상에 존재하는 모든 생명체와 이 책을 읽고 있는 여러분들도 (…) 유전자를 복제하기 위해 만들어진 정교한 생존기계이자 번식기계인 셈입니다. 많은 사람들은 유전자라고 하면 그냥 우리 몸에 있는 물질 중에 하나라고 생각하는데요. 이기적 유전자설에 따르면 유전자는 생명체에게 명령을 내리는 가장 핵심적인 존재입니다. 명령도 아무 명령이 아니라 유전자 자신의 안정과 복제에 유리한 명령만 내리지요. 그래서 모든 생명체들이 번식 욕구가 왕성하고 자신의 유전자를 널리 퍼뜨리려고 하는 것입니다.

그렇다면 유전자를 왜 그냥 유전자가 아니고 이기적 유전자라고 하는 걸까요? 그건 바로 자기의 유전자를 다음 세대로 전달하는 것만을 맹목적으로 추구하는 이기적인 유전자만이 후손에게 전달될 수 있어서입니다. 결국 사람과 동물이 이기적인 행동을 하는 것도 이기적 유전자에 의

모든 생물들은 생존기계이자 번식기계입니다. |

한 것인 셈이죠. 가끔씩 이타적으로 행동하는 것도 유전자 자신을 보호하거나 복제하기 위한 행동일 뿐입니다. 모든 생물들은 이기적 유전자의 명령에 따라 자신의 번식 가능성을 높이는 행동을 하는 생존기계이자 번식기계에 불과하니까요. 이것이 도킨스가 말하는 이기적 유전자의 핵심이랍니다.

생물의 이기적인 행동을 잘 보여주는 예시를 들어볼까 합니다. 멀리 갈 필요 없이 사람과 유전자의 99%가 동일하다는 침팬지를 봅시다. 침팬지는 우두머리 수컷 한 마리가 암컷 여러 마리를 거느리며 삽니다. 우두머리 수컷을 제외하면 다른 수컷들은 암컷 근처에 얼씬도 못 하죠. 오직 우두머리 수컷만이 암컷과의 교미로 자신의 유전자를 후대에 전달할 수 있습니다. 그래서 침팬지 수컷 사회는 서로 우두머리 자리를 차지하기 위한 전쟁이 끊이질 않죠. 여기에서 우리는 오직 자신의 유전자만을 다음 세대로 전달하려는 침팬지 수컷들의 이기성을 엿볼 수 있습니다.

| 침팬지

만약에 우두머리 수컷이 다른 수컷으로 바뀌면 더욱 극단적인 이기성이 나타납니다. 새롭게 우두머리가 된 수컷이 암컷들이 키우던 새끼들을 모조리 다 죽여 버리거든요(!). 새롭게 우두머리가 된 수컷의 입장에서는 기존의 새끼들이 자신의 유전자를 물려받은 자손이 아니기 때문입니다. 이렇게 대량 학살을 벌이고 나서 새끼를 잃은 암컷들을 다시 임신시키면 우두머리 수컷은 자신의 유전자를 후대에 많이 전달할 수 있게 되는 거지요. 잔인하지만 새롭게 우두머리가 된 수컷 입장에서는 자신의 유전자를 널리 퍼뜨릴 수 있는 가장 좋은 방법입니다. 암컷이 자기 새끼를 키우는 데에 더욱 집중할 수 있을 테니까요.

사람에게도 침팬지와 유사한 이기성이 나타납니다. 옛날부터 전쟁에서 승리한 남성들이 패배한 남성들을 모조리 학살해서 남은 여성들을 차지하는 일은 흔했죠. 전쟁에 승리한 남성들 입장에서는 자신의 유전자를 후대에 많이 전달할 수 있는 방법입니다. 물론 현대 들어서는 사람들이 절대로 이런 잔인한 일을 저지르지는 않죠.

이타적인 행동으로 여겨지는 모성애도 유전자의 이기성에서 비롯된 것입니다. 자신의 유전자를 가진 자녀를 잘 키우면 훗날 자신의 유전자를 후대에 전달해줄 테니까요. 무엇보다도 여성은 자신의 유전자를 물려받은 자녀가 누군지 남성보다 확실히 알 수 있습니다. 본인의 배에서 나왔다면 자신의 유전자를 물려받은 자녀가 확실하겠죠. 그래서 여성은 남성보다 육아에 열중하는 모습을 보입니다.

지금까지 몇 가지 예시를 살펴보았습니다. 이기적 유전자에 대해 이해하고 나니 많은 생각이 드실 것이라 생각합니다. 사람은 유전자에 의한 생존기계이자 번식기계에 불과하다니 말이죠. 심지어는 태생부터 이기적이고, 이타적인 행동들도 알고 보니 유전자를 후대에 전달하기 위한 이기적인 행동이었다니! 아마 큰 충격을 받은 분도 있지 않을까 생각이 듭니다. 하지만 사람도 이기적 유전자에 의해 설계되었다는 사실은 부정하기 어렵답니다. 사람의 가장 근본적인 본성 중 하나인 성욕과 모성애도 유전자가 자신을 후대에게 전달하기 위해 있는 것입니다. 만약 우리의 조상들에게 성욕과 모성애가 없었다면 지금의 우리는 태어나지 못했겠죠(...). 조상들이 가지고 있던 이기적 유전자가 셀 수 없이 많은 세대를 거쳐서 지금 우리에게까지 이른 것이고요.

사람의 존재 가치에 대해 실망할 필요는 없답니다. 이기적 유전자설은 어디까지나 사람이 이기적인 것이 아니고 유전자가 이기적이라는 사실을 강조합니다. 유전자에 의해 우리가 이기적으로 설계되었다고 해서 우리가 이기적으로 살아야 할 이유는 없죠. 사람의 지능은 이기적 유전자가 가지는 본성을 조절할 수 있도록 해 주었습니다. 사람은 지능과 이성을 가진 존재이므로 얼마든지 이기적 유전자의 본성을 거부하고 평화, 평등, 인권을 추구하며 아름답게 살아갈 수 있습니다. 도킨스도 지구상의 생물들 중 오직 사람만이 이기적인 유전자에 대항할 수 있는 존재라고 주장합니다.

도킨스는 오직 사람만이 가지는 이러한 특성을 설명하기 위해 밈Meme

| 밈의 전달 속도가 더욱 빨라진 현대사회

이라는 용어를 만들었습니다. 밈이 뭐냐고요? 사람은 높은 지능을 바탕으로 문화를 형성하며 살아왔습니다. 그런데 이 문화는 한 세대에만 머물러 있다가 사라지지 않습니다. 오히려 세대를 거치면 거칠수록 사람들에 의해 더욱 발전하고 정교해지죠. 유전자랑은 감히 비교할 수 없을 정도로 발전하는 속도가 빠릅니다. 이처럼 사람들이 문화라고 부르며 세대를 거쳐 전해 내려오는 언어나 사상, 이념 등을 밈, 즉 문화적 유전자라고 부릅니다. 밈은 사람의 모든 문화를 의미하기 때문에 범위가 아주 넓답니다. 텔레비전이나 유튜브, 신문기사, 책에 등장하는 컨텐츠나 음악, 유행어, 개그 코드, 게임, 위인 등도 모두 밈입니다. 우리가 몇 백 년 전에 있었던 과학자의 얼굴을 알 수 있는 것도 책이나 인터넷에 있는 사진 복제본 덕분인데, 이것도 밈이라고 볼 수 있죠. 최근에는 인터넷과 스마트폰, SNS의 확산으로 밈의 전달 속도가 더욱 빨라졌습니다.

유전자에 대해 얘기하는데 왜 뜬금 없이 문화를 얘기하느냐고 생각하시는 분들이 있을 것 같습니다. 그런데 이기적 유전자와 밈은 놀라우리만큼 유사한 점이 많답니다. 유전자는 자신의 껍데기를 만들어서 다른 껍데기들과 경쟁하고 자기복제를 하죠? 밈도 똑같이 경쟁하고 자기복제를 합니다. 특히 인기가 많은 밈은 다른 밈들을 제치고 수많은 복제본이 만들어지면서 사람들에게 퍼집니다. 중요하다고 여겨지는 밈들은 다음 세대에 전달되기도 하죠. 마치 언어가 등장한 이후 지금까지 사라지지 않고 빠르

게 발전한 것처럼 말입니다. 언어는 앞으로도 세대를 거쳐 신조어의 탄생과 변형을 거듭하며 빠르게 발전할 것입니다.

이런 밈이 다른 생물에게도 있던가요? 그렇지 않죠. 사람은 오직 이기적 유전자에 의해서만 행동하는 다른 생물들과는 다릅니다. 사람에게는 이기적 유전자가 있지만, 그와 동시에 밈도 있죠. 무엇보다도 밈은 유전자의 이기성을 따르지 않습니다. 인류는 유전자의 이기성과는 반대되는, 지금까지의 생명체들에게는 볼 수 없었던 새로운 문화를 만들어나가고 있습니다. 가장 좋은 예시가 바로 입양입니다. 입양은 자신의 유전자를 가지고 있지 않은 남의 자식을 키우는 행위입니다. 이기적 유전자설로는 설명할 수 없는 현상이죠. 그럼에도 불구하고 전 세계의 사람들은 입양 문화를 형성해서 부모로부터 버려진 아이들을 키우며 따뜻한 사회를 만들어가고 있습니다. 입양 외에도 우리 사회는 이기적 유전자설로는 절대 이해할 수 없는 문화들이 많이 있죠.

도킨스는 저서 『이기적 유전자』를 통해 생명체와 사람의 본성을 적나라

하게 드러냈습니다. 하지만 이 책이 전하는 메시지는 절대로 '우리는 유전자의 번식기계이므로, 유전자의 명령을 따르면서 살아야 한다'는 절망적인 내용이 아닙니다. 우리는 밈을 통해 얼마든지 유전자의 이기성에 저항할 수 있습니다. 현재 인류의 보편적 가치인 자유와 평등, 평화, 민주주의와 같은 밈들이 지금처럼 자리 잡기까지 얼마나 많은 사람들이 피를 흘리고 목숨을 바쳤는지 생각해 봅시다. 인류는 앞으로도 제도와 교육, 올바른 것들에 대한 가치 추구를 통해 이기성을 억제하고 보다 나은 사회를 만들어나갈 수 있을 것입니다. 그런 사회를 만들어나갈 주역은 유전자가 아니라, 바로 우리 사람들입니다.

사람 심리의 진화

현대인의 행동에서 발견한 인류의 과거

사람은 300만 년 동안 수렵채집인으로 살았다.
오늘날 우리의 머리에는 수렵채집인들의 두뇌가 있다.
– 리처드 리키 (영국의 고고학자) –

지금으로부터 몇 백 만 년 전, 원시인 꼬마 4명이 있었습니다. 이름은 각각 쇠돌이, 쇠순이, 석깨비, 돌쇠였지요. 이 4명이 각각 숲길을 걷다가 뱀을 만났다고 가정해 봅시다. 쇠돌이는 뱀을 보고 군침을 삼키며 잡아먹으려고 했습니다. 쇠순이는 뱀을 보자마자 기겁하며 도망쳤죠. 석깨비는 뱀이 너무 귀엽게 생겼다며 뱀의 등을 쓰다듬었습니다. 돌쇠는 뱀의 얼굴을 물끄러미 쳐다보며 교감을 시도했죠. 여기서 퀴즈를 하나 내겠습니다. 이들 중 현대 인류의 조상이 될 인물(...)은 오직 1명인데요. 과연 누구일까요? 바로 쇠순이입니다. 쇠돌이와 석깨비, 돌쇠는 뱀에 물려 죽었고 쇠순이는 뱀의 위협으로부터 무사히 도망쳐 살아남아 잘 자라서 자손 번식에 성공했기 때문이죠(...). 뱀을 보자마자 공포심을 느끼고 도망치는 행동은 분명히 생존에도, 번식에도 유리한 행동입니다. 지금은 모든 사람들이 뱀을 보면 공포심을 느끼죠.

| 뱀

| 호랑이

사람은 침팬지의 공통조상으로부터 분리된 이래 약 500만 년에 걸쳐 수렵과 채집에 알맞게 진화했습니다. 그런데 과연 몸만 진화했을까요? 그렇지 않습니다. 심리와 감정, 마음도 함께 진화했거든요. 먼 과거의 인류의 조상들은 뱀을 보고 다양한 감정을 느끼고 다양한 행동을 했지만 진화를 거쳐 뱀에 대한 공포심이 모든 인류의 보편적인 감정이 된 것처럼 말입니다.

이처럼 사람들의 심리를 진화생물학적인 관점에서 바라보면서 심리의 기원을 알아내는 학문을 진화심리학 Evolutionary psychology이라고 합니다. 우리가 당연하게 여기고 대수롭지 않게 생각하는 사람들의 행동과 심리들은 대부분 인류의 과거 모습과 관련이 있는 경우가 많답니다. 위에 말씀드렸던 뱀에 대한 공포심이 대표적인 것들 중 하나이죠. 사람들은 굳이 뱀이 아니더라도 호랑이, 독을 가진 곤충, 악어에게도 공포심을 느낍니다.

왜 그럴까요? 수렵과 채집으로 살아가던 인류의 조상들에게 독이 있는 동물이나 맹수는 위협적인 존재였기 때문입니다. 실제로 과거 인류 화석을 관찰해 보면 맹수에게 물려 사망한 것으로 추정되는 흔적들이 많이 발견되죠. 결국 사람은 여러 세대를 거치며 공포심을 진화시켰고 맹수 앞에

서 적절한 조치를 취하게 되어 지금에 이른 것입니다. 사람이 지구상에서 살아온 500만년을 1년으로 축약하면 365일 중 364일이 수렵과 채집을 하며 살아온 기간이라고 합니다. 사람은 애초에 수렵과 채집에 적합한 방향으로 진화할 수밖에 없었던 거지요. 그래서 맹수들의 위협을 더 이상 걱정할 필요가 없는 현대인들이 독이 있는 동물이나 맹수를 보고 여전히 두려움을 느끼는 것이고요.

특히 이런 현상은 학교에 들어가기 전의 어린 아이들에게 더욱 두드러집니다. 아이와 함께 동물원에 갔을 때를 생각해봅시다. 이제 막 걸음마를 뗀 아이들은 호랑이나 사자가 있는 곳에 쉽사리 다가가지 못합니다. 아이를 안은 상태로 호랑이나 사자에게로 다가가면 아이는 겁을 먹은 채 울음을 터뜨리죠. 분명히 아이에게 맹수의 위험성을 가르친 적이 없는데 말이에요.

아이들을 대상으로 진행한 실험도 꽤나 흥미롭습니다. 진화심리학자들이 아이들 몇 명에게 다양한 종류의 동물 사진을 보여주었습니다. 사진에 있는 동물들은 모두 아이들이 처음 보는 동물들이었죠. 학자들은 아이들에게 동물의 이름과 함께 식성, 위험한지 유무를 사진과 함께 알려주었습니다. 그리고 며칠이 지나고 퀴즈를 냈을 때 아이들은 동물의 이름이나 식성보다는 위험한지 유무를 가장 잘 기억하고 있었습니다. 동물의 이름이나 식성은 어린 아이가 수렵채집사회에서 살아남기 위해 꼭 기억해야 할 것들은 아니죠. 사람들은 본인의 생존과 직결된 내용을 더 잘 기억하고 학습하는 경향이 있답니다.

남녀의 차이도 진화심리학과 관련이 있습니다. 수렵채집사회에서 남성은 사냥을, 여성은 채집을 했습니다. 그러다 보니 남성은 사냥에 유리한 능력을, 여성은 채집에 유리한 능력을 갖추는 방향으로 제각기 진화하기도 했습니다. 이런 흔적이 지금도 남아 있는데요. 남성은 사냥감을 멀리까지 쫓다가 낯선 곳에 오더라도 동서남북 방위에 따라 길을 찾아 집으로 무사히 돌아갈 수 있도록 진화했습니다. 실제로 남성이 여성보다 지도를 보고 길을 잘 찾죠. 반면 여성은 동서남북 방위에 의존하기보다는 익숙한 지형지물들을 활용해서 길을 잘 찾을 수 있도록 진화했습니다. 채집이 주로 머무는 곳 근처에서 이루어졌거든요. 지형지물만으로 길을 잘 찾을 수 있다면 아직 익지 않은 열매를 발견했을 때 잘 기억해 두었다가 다시 방문하기도 쉬울 것입니다. 실제로 여성은 특정한 장소에 있는 사물들의 배치가 어땠는지는 남성보다 기억을 더 잘합니다.

사람들이 더럽다고 생각하는 것들에 대한 구분도 진화심리학과 관련이 있습니다. 사람들은 다른 사람의 똥, 오줌, 콧물, 침 등을 더럽다고 여기죠. 똥을 살펴볼까요? 똥 안에는 수많은 기생충들과 장티푸스, 콜레라를

일으키는 세균이 잔뜩 있습니다. 그러므로 똥을 보고도 별로 더러움을 느끼지 못한 인류의 조상은 장티푸스, 콜레라, 식중독, 기생충에 감염되어 죽었을 것입니다(...). 다른 사람의 콧물과 침도 감기, 폐렴, 결핵 등을 옮길 수 있으니 똥과 마찬가지로 가까이 해서 좋을 게 없었겠죠. 이건 병을 일으키는 물질들을 더럽다고 느껴서 피하도록 진화한 것입니다. 무언가를 보고 더럽다고 느끼거나 혐오감을 느끼는 감정은 아무 이유 없이 일어나는 감정이 아니라, 자신을 균으로부터 보호하기 위한 방어적인 감정이라는 거죠. 특히 이러한 감정은 남성보다는 여성에게, 임신을 하지 않은 여성보다 임신 중인 여성에게 더 강하게 나타난답니다. 자녀를 균의 위협으로부터 보호할 수 있도록 남성보다 더 진화한 것이죠.

그런데 때로는 이러한 감정이 편견으로 나타나기도 합니다. 장애인이나 환자처럼 건강하지 않는 사람들을 보고 거부감이나 혐오감을 느끼는 것이 좋은 예시죠. 특히 피부에 발진이 일어나고 썩어 들어가는 병인 한센병에 걸린 사람들을 보면 누구든지 혐오감을 느낄 것입니다. 불쌍하다는 동정심과 도와줘야겠다는 마음은 잠깐 뒷전으로 밀려나기 쉽죠. 선불리 가까이 다가가기도 어렵습니다. 한센병처럼 극단적인 증상을 가진 질병들 외에 약간 비정상적으로 보이는 다른 질병들도 마찬가지입니다. 병균을 옮기지 않는다고 해도 아픈 사람은 일단 피하고 보는 게 생존에 조금이라도 더 유리하거든요.

외국인들에 대한 편견도 비슷합니다. 인류는 같은 집단의 사람들끼리는 잘 어울리지만, 외부인들을 배척하려는 경향이 꽤 강합니다. 당장 우리나라만 봐도 중국인들을 짱깨(...), 일본인들을 원숭이(...)라고 부르며 배척하려는 경향이 있죠. 물론 과거에 비해 많이 나아졌지만 완전히 사라지지는 않았습니다. 진화심리학자들은 이러한 현상이 나타나는 이유를 외부인이 옮길 수 있는 낯선 병균 때문이라고 설명합니다. 외부인이 가지고 있는 병균은 자신이 속한 집단 내에 있는 병균보다 더 위험하거든요. 우리 몸의 면역계가 단 한 번도 겪어보지 못했던 새로운 병균일 수 있으니까요.

외부인들을 배척하는 행위가 생존에 얼마나 중요한지는 아메리카 원주민의 사례로 알 수 있습니다. 아메리카 원주민들은 마야, 아즈텍, 잉카 등의 거대한 문명을 형성하며 번영을 누렸던 사람들입니다. 그러나 유럽인들이 아메리카 대륙에 오면서 이들이 퍼뜨린 전염병에 의해 수 천만 명이 죽고 말았죠. 유럽인들은 자신들의 전염병에 의해 아메리카 원주민들이 죽

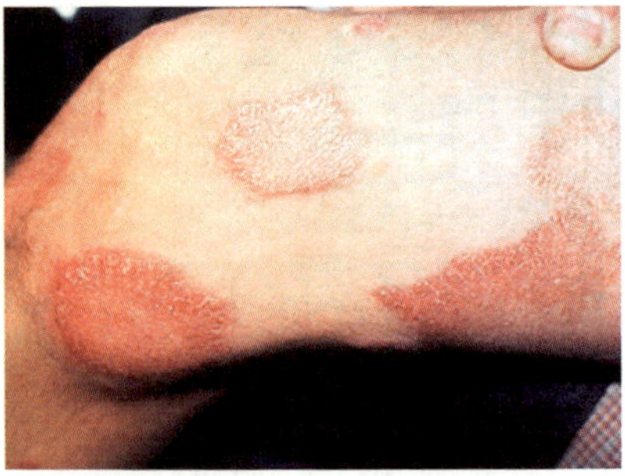

| 한센병 환자의 피부

아메리카 원주민 |

는다는 사실을 알게 되자 환자의 체액이 묻은 옷을 선물하는 등의 행위(...)로 원주민들을 죽이는 만행을 저지르기도 했습니다. 결국 아메리카 원주민들은 외부인에게 그리 적대적이지 않았기에 수 천만 명이 목숨을 잃은 셈입니다.

지금까지 사람들의 본성 몇 가지를 진화심리학적 관점에서 살펴보았습니다. 흥미롭고 재미있는 부분도 있지만 아픈 사람에게 거부감을 느끼고 외부인을 배척하는 등 인류의 보편적 가치와 상반되는 본성도 많죠. 실제로 진화심리학이 밝혀낸 사람의 본성 중에서는 수면 위로 드러내기 껄끄러운 진실들이 꽤 많답니다. 그렇다면 진화심리학이 우리에게 전하고자 하는 메시지는 과연 무엇일까요? 원래 본성대로 장애인과 환자를 피하고 외부인들을 배척하라는 것일까요? 그렇지 않습니다. 우리에게 특정한 행동을 하도록 하는 심리가 발달했다고 해서 그러한 행동을 꼭 해야 할 이유는 없거든요.

진화심리학이 우리에게 전하는 진짜 메시지는 사람의 어떤 본성을 발달시키고 어떤 본성을 억제해야 보다 나은 사회를 만들 수 있을지 고민해 봐야 한다는 겁니다. 아시다시피 사람은 본성과는 별개로 지능과 이성적 사고를 바탕으로 도덕적 판단을 할 수 있습니다. 교육과 제도를 통해 이러한 본성들을 발전시키거나 억제할 수도 있죠. 예를 들자면, 한센병에 걸린 환자가 아무리 혐오스럽게 보이더라도 사회에서 이들을 포용하고

| 우리의 본성대로 외부인을 배척하는 게 과연 올바른 것일까요?

치료해주는 것이 올바를 것입니다. 난민 수용 정책을 반대하는 이유가 국내의 불충분한 준비, 난민들의 위험성 등이 아니라 얼굴 색이 다른 외부인들에 대한 무조건적인 반감 때문이라면 옳다고 할 수 없겠죠.

진화심리학이 밝혀낸 사람들의 본성에 대한 불편한 진실들을 회피하고 부정해서는 안 됩니다. 정면으로 마주하고 좋은 본성을 발달시키고 나쁜 본성은 억제할 방안들을 찾아야 합니다. 그렇다면 진화심리학은 우리 사회를 더 나은 사회로 만드는 멋진 학문이 될 것입니다.

사바나의 원칙

골칫거리로 전락한 사람의 생존전략들

나를 배부르게 하는 것들이 나를 파괴한다.

– 안젤리나 졸리 (미국의 배우) –

최초의 인류는 지금으로부터 약 500만 년 전 동남부 아프리카에서 등장했습니다. 이들은 사바나의 드넓은 숲에서 수렵채집인으로 살았지요. 사바나를 떠나 대륙 이곳저곳으로 퍼져나가기 시작한 것은 불과 15~20만 년 전이랍니다. 우리의 몸과 마음은 사바나에서 거의 500만 년 동안 진화를 거쳐 형성되었다고 해도 과언이 아닙니다. 우리가 지금 발전된 현대 문명 속에서 살고 있다 해도 우리의 몸과 마음은 여전히 수렵채집인에 최적화되어 있지요.

문제는 사바나의 수렵채집인으로 살면서 형성되어 온 몸과 마음이 현재 우리에게 골칫거리로 작용한다는 겁니다. 사바나의 환경과 현대 문명사회의 환경은 전혀 다르거든요. 이처럼 사람들이 수렵채집사회 이후의 변화된 환경에 적응하기 어려워하는 현상을 사바나의 원칙Savana principle이라고 부릅니다. 현대의 사람들이 과거의 사람들보다 더 풍족하고 윤택한

| 아프리카 사바나

삶을 누리고 있다는 것을 생각해보면 모순적으로 들리지만 사바나 원칙으로 설명되는 일상 속의 불편한 요소들은 생각보다 많답니다. 심지어는 사회적인 문제가 되기도 하죠.

지금으로부터 약 수 백 만 년 전, 인류가 사바나에서 어떠한 삶을 살아왔는지 살펴볼까요? 이들에게 제일 중요한 것은 먹는 문제였습니다. 정상적인 신체활동을 위해서는 영양소가 많은 음식들을 최대한 많이 먹어야 했죠. 우리의 입은 영양소가 많은 음식을 구분할 수 있게 어떤 맛은 선호하고 어떤 맛은 선호하지 않도록 진화했습니다. 사람들이 가장 선호하는 맛인 단맛은 당을 먹을 때 느낄 수 있는 맛이지요. 당은 우리 몸의 가장 중요한 에너지원이었기에 가장 많이 먹어야 했습니다. 과일이나 곡물에 가장 많이 들어있죠.

하지만 사바나에서 살던 당시의 인류들은 단맛이 나는 음식을 풍족하게 맛보지 못했습니다. 당이 부족해 굶어 죽는 일도 많았죠. 그래서 인류의 몸은 체내에 당이 부족할 때 글루카곤Glucagon, 코르티솔Cortisol, 성

단맛이 나는 과일들 |

장호르몬Growth hormone, 카테콜아민Catecholamine 등 여러 종류의 호르몬을 분비해서 혈당을 높일 수 있도록 진화했습니다. 분비되는 호르몬의 종류가 꽤 다양하죠? 반면에 체내로 당이 많이 들어오면 오직 인슐린Insulin 하나만 분비해서 혈당을 낮췄습니다(...). 그동안 인류에게는 당을 풍족하게 먹을 기회가 거의 없었기에 혈당을 낮추는 호르몬은 인슐린 하나만으로 충분했습니다.

사람들이 단맛에 대한 욕구를 충족시킬 수 있게 된 것은 겨우 200년 전이랍니다. 1852년에 사탕수수로부터 설탕을 대량으로 추출할 수 있는 기술이 개발되었거든요. 이 기술은 전 세계로 빠르게 퍼져나갔고 사람들의 단맛에 대한 욕구는 빠르게 충족되어 갔습니다. 설탕이 들어가지 않는 음식들을 찾기가 어려울 정도가 되었지요. 이후로 사람들의 몸에서 혈당을 높이는 호르몬들은 거의 분비되지 않게 되었습니다. 수 백 만 년 동안 혈당을 높이는 호르몬을 무려 4가지나 분비하도록 진화했건만, 이제 이런 호르몬들의 필요성이 감소한 것입니다. 대신에 인슐린의 역할이 절대적으로 중요해졌죠.

결국 인슐린이 너무 자주 분비되면서 사람들의 몸은 인슐린의 자극에 무뎌지기 시작했습니다. 인슐린 하나만으로 혈당을 원활하게 낮추기에는 너무 벅찬 환경이 된 건데요. 몸이 인슐린의 자극에 점점 무뎌지다가 인슐린이 분비되어도 혈당을 낮추지 못하게 되면 걸리는 병이 바로 당뇨병

이랍니다. 어린 시절부터 단 음식을 많이 먹은 사람들은 나이가 들면 당뇨병에 걸려 고통 받기 쉽지요. 단 음식을 많이 먹으면 건강에 좋지 않다고 하는 이유가 바로 이 당뇨병 때문입니다. 인류가 지난 500만년에 걸쳐 진화시켜 온 단 맛에 대한 높은 선호가 이제는 골칫거리가 된 것입니다. 현재도 우리는 단 음식이 당뇨병을 유발한다는 것을 잘 알면서도 단 맛의 유혹을 쉽게 뿌리치지 못하지요.

몸속에 에너지를 비축해놓는 것도 중요했습니다. 사냥과 채집이 매일 성공할 거라는 보장이 없는 데다, 겨울에는 식량을 구하기가 어려웠거든요. 그래서 우리의 몸은 음식이 풍족할 때 필요 이상으로 많이 먹어서 체내에 에너지를 지방 형태로 저장하도록 진화했습니다. 덕분에 음식이 부족한 시기에는 저장해 두었던 지방을 소비해서 에너지를 보충할 수 있었죠. 탄수화물과 단백질은 1g당 4kcal의 에너지를 내지만 지방은 1g당 9kcal의 높은 에너지를 내기에 에너지 저장 물질로 사용하기 최적이었답니다.

비만 여성 |

다소 웃긴 사실이지만 게으름을 피우고자 하는 욕구도 중요(...)했습니다. 게으름을 피우지 않고 너무 신체활동을 활발하게 하면 저장해 두었던 에너지가 더 빠르게 소모될 수 있거든요. 게으른 사람일수록 에너지를 덜 소모해서 생존에 유리했습니다. 사람이라면 누구나 가지고 있는 게으름도 사바나에서 진화를 거치며 생겨난 것이랍니다.

사바나에서 벗어나 발전된 현대 문명을 이루게 된 지금은 어떤가요? 먹을 수 있는 음식의 양이 많아졌죠. 사람들은 이제 먹고 싶은 음식이 있으면 마트에서 구입해 마음껏 먹으면 됩니다. 게다가 많은 에너지가 소모되는 고된 노동은 기계가 대신 해주죠. 일부 노동자나 운동선수들을 제외하면 신체활동을 할 일이 거의 없습니다. 결국 수 백 만 년에 걸쳐 진화해 온 식욕과 게으름은 골칫거리가 되었답니다. 많은 사람들이 음식을 실컷 먹고 침대에 누워 게으름을 피울 수 있게 되면서 비만 환자의 비율이 급증한 거죠(...). 필요 이상으로 먹은 음식은 바로 배출되면 참 좋겠지만 아쉽게도 우리의 몸은 그렇지 못합니다. 현재 전 세계 사람 3명 중 1명은 비만인 것으로 알려져 있지요. 비만은 사람들의 삶의 질을 떨어뜨리는 심각한 사회문제 중 하나랍니다.

비만 환자들은 다이어트도 쉽지 않습니다. 다이어트를 결심하다가도 눈앞에 치킨이나 피자 등 맛있는 음식이 있으면 쉽게 포기(...)해 버리죠. 비만 환자들은 자신의 의지를 자책하지만 알고 보면 당연한 현상이랍니다.

| 학교 수업

사람들은 식욕을 쉽게 이길 수 없습니다. 자기가 음식을 먹으면 살이 더 찔 거라는 것을 알면서도 말이죠. '다이어트는 내일부터'라는 말이 괜히 나온 것은 아닌 듯합니다.

학교 수업도 사바나 원칙과 관련이 있습니다. 여러분들 중에서 학교 수업을 즐겁게 듣는 분이 계실까요? 전 세계의 학생들이 친구들과 어울려 노는 것은 좋아하지만 학교 수업은 싫어하는 것(...)도 사바나의 원칙과 관련이 있습니다. 사람은 지금까지 생존과 번식에 중요한 것들만 잘 습득할 수 있도록 진화했습니다. 그래서 아이들은 그냥 내버려 둬도 알아서 놀이터에 가서 뛰어 놓고 친구들과 잘 어울리지요. 이런 일들이 사냥이나 채집을 할 때 필요한 운동 능력이나 사회성을 기르는 데 도움이 되거든요.

하지만 노는 시간이 끝나고 수업시간만 되면 대부분의 학생들은 놀이터에서 뛰어 놀며 행복해했던 모습은 온데간데없고 기가 죽어 버립니다(...). 학교는 수 백 만 년 동안의 진화가 가르쳐주지 못한 새로운 지식들을 가르치는 곳입니다. 교과서에 나오는 대부분의 지식들은 아무리 오래 돼 봤자 몇 천 년 전에 등장한 것들이지요. 심지어 고등학생들은 50~100년 전에 등장한 지식들도 학습합니다. 학생들에게 이런 지식이 익숙하지 않은 것은 어찌 보면 당연하지요. 학교가 몇 백 만 년 전부터 존재했다면 전 세계의 모든 학생들이 지금처럼 학교 가는 것을 싫어하지는 않았을지

도 모를 일입니다.

그런데 학교에서 모든 것을 다 배우는 것은 아닙니다. 모든 아이들은 학교에 진학하기 전에 스스로 말하고 듣는 법을 배울 수 있거든요. 인류는 아주 오랜 기간 동안 사회를 이루고 살아왔기에 말하고 듣는 것은 필수였습니다. 입으로 다양한 말을 구사하고 스스로 언어를 습득할 수 있도록 진화할 수밖에 없었던 거지요. 실제로 학교에 들어가기 전의 어린 아이들은 자기 근처에 있는 모든 것에 호기심이 가득해서 부모님에게 이것저것 물어보면서 스스로 언어를 습득해 나갑니다. 하지만 아이가 스스로 학습할 수 있는 건 여기까지입니다. 학교의 역할은 그 이후부터 시작됩니다. 아이가 초등학교 1학년으로 입학하자마자 가장 먼저 배우는 것은 글자를 읽고 쓰는 법이지요. 사람은 절대 스스로 글자를 읽고 쓰는 법을 배우지 못합니다. 사람이 문자를 읽고 쓰기 시작한 시기는 고작 8000년밖에 되지 않았거든요.

아이는 학교에서 읽고 쓰는 법을 배우고 나면 본격적으로 다양한 과목을 배우기 시작합니다. 그 과정에서 수렵채집인에 가까웠던 우리의 뇌는 현대 문명인의 뇌로 성장하죠. 진화가 가르쳐주지 못한 지식들을 학교에서 가르치기 위해 들어가는 시간과 비용은 엄청납니다. 모든 아이들이 현대문명인의 뇌를 가진 상태로 태어난다면 최소 12년 동안이나 학교에 붙들고 교육을 시킬 이유가 없을 것입니다.

미국의 어느 과학자가 어린 아이들에게 사바나, 정글, 사막, 낙엽수림, 침엽수림의 사진을 보여주고 가장 마음에 드는 곳을 고르게 하는 실험을 한 적이 있습니다. 실험 결과를 보니 거의 모든 아이들이 사바나를 다른 어느 환경보다 가장 마음에 들어 했다고 합니다. 사바나를 가 본적 없어도 모두들 사바나를 가장 선호한다니 놀라울 따름이죠. 어쩌면 도시는 500만 년 간 사바나에서 살아온 우리들에게는 살기에 그리 적합한 환경이 아닐지도 모릅니다. 도시생활에 거의 완벽하게 적응되어서 도시가 편하다고 생각할 뿐이죠.

그래도 도시에서 생활하는 거의 모든 사람들은 무의식적으로나마 사바나를 동경하며 살아가는 것 같습니다. 도심 한가운데에서도 사방이 탁 트인 넓은 녹지공원을 쉽게 발견할 수 있다는 게 그 증거 중 하나입니다. 공원 없이 건물만 빽빽하게 밀집된 도시는 삭막하다는 평가를 받기 쉽지요. 사람들이 집안에 식물을 키우거나 작은 텃밭을 만드는 것도, 사방이 건물로 둘러싸인 답답한 도시를 벗어나 자연으로 여행을 떠나는 것도 마찬가지랍니다. 중년의 한국인들이 가장 좋아하는 취미가 등산이라고 하죠? 산 정상에 올라 사방이 탁 트인 경관을 바라볼 때의 기분은 이루 표현할 수 없을 만큼 좋다고 합니다. 중년의 직장 상사가 젊은 신입사원들과 이런 기분을 느끼려고 등산을 함께(!) 가기도 하죠.

등산 |

알고 보면 중년의 직장 상사가 젊은 신입사원을 데리고 등산을 가는 것도 사바나 원칙과 관련이 있답니다. 사냥 경력이 많은 사바나의 족장이 부족 청년들을 이끌고 사냥 기술을 가르치는 모습을 떠올려 봅시다. 젊은 신입사원을 데리고 등산을 가는 직장 상사의 모습이랑 묘하게 닮지 않았나요? 매주 주말마다 직장 상사를 따라 반강제적으로 등산을 가야 하는 젊은 신입사원들은 어쩌면 사바나 원칙에 의한 최대 피해자(...)일지도 모릅니다.

노화

죽을 때까지 젊으면 얼마나 좋을까!

나이 드는 것은 투쟁이 아니다. 대학살이다.

- 필립 로스 (미국의 문학 작가) -

노화란 나이를 먹을수록 신체능력이 감소하고 건강이 악화되는 현상을 말합니다. 모든 사람들은 청소년기에 신체능력이 최고점에 다다르고 나면 필연적으로 노화가 일어나지요. 과거에는 사람들의 평균 수명이 고작 20~40살 정도밖에 되지 않았기에 노화가 사람들 사이에서 큰 관심거리가 되지 않았습니다. 대부분 노화가 본격적으로 일어나기 전에 죽었으니까요. 그런데 위생 수준의 상승과 의학의 발전으로 평균 수명이 과거보다 증가하면서 많은 사람들의 관심거리로 주목받고 있습니다. 과학자들이 노화에 관심을 가지고 연구를 시작한 것도 이때부터이지요.

무엇보다 대부분의 사람들이 삶의 절반 혹은 그 이상을 불편하고 아픈 상태로 보내야 하는 초유의 상황이 벌어지면서 과학자들의 연구는 수명의 연장에서 노화를 늦추는 것으로 초점이 맞춰졌습니다. 노화로 생겨나는 각종 질병들로 인해 감당해야 할 사회적 비용이 너무 큰 데다, 아무리

오래 살아도 노화로 인해 대부분의 시기를 고통스럽게 보내야 한다면 오래 살 이유가 없거든요. '죽지 못해 산다(...)'는 표현이 잘 어울릴 듯합니다.

이처럼 노화는 평균 수명이 폭발적으로 늘어난 지금 골칫거리가 아닐 수가 없습니다. 이쯤 되면 궁금해지죠. 노화는 도대체 왜 발생하는 걸까요? 죽을 때까지 신체능력이 계속 발달할 수도 있는 것 아닐까요? 사람이 한 평생을 살아가면서 노화가 발생해야 할 이유는 딱히 없어 보입니다. 과학자들은 오래 전부터 사람에게 노화현상이 발생하는 이유를 궁금해 했고 그 이유를 밝혀내기 위해 많은 연구를 진행해 왔습니다.

영국의 생물학자 피터 메더워Peter medawar는 노화의 원인으로 유전자를 주목했습니다. 모든 생명체들에게는 세대를 거치면서 다양한 형태의 돌연변이 유전자들이 꾸준히 생겨납니다. 만약 돌연변이 유전자가 생존에 유리하게 작용한다면 이 유전자를 가진 개체는 잘 살아남아 자손을 번식할 수 있을 것입니다. 이 유전자는 세대를 거칠수록 번성하겠죠. 반대로

| 피터 메더워

생존에 불리하게 작용하는 유전자를 가진 개체는 살아남기도 어렵고 번식도 할 수 없을 것입니다. 이 유전자는 세대를 거치며 빠르게 사라지겠죠. 이처럼 모든 생명체는 여러 세대를 거쳐 생존에 유리하게 작용하는 돌연변이들을 축적하면서 진화합니다.

문제는 일부 유전자는 태어난 지 한참이 지난 후에야 발현된다는 건데요. 만약 노년기가 되어서야 발현되는 늦깎이 유전자가 있다고 생각해 봅시다. 그러면 이 유전자가 발현될 즈음에는 이미 자손에게 유전자가 전달된 이후일 겁니다. 결국 이 유전자는 어떤 역할을 하는 유전자든 상관 없이 세대를 거쳐도 쉽게 사라지지 않겠죠. 좋은 유전자라면 다행이지만 나쁜 영향을 미치는 유전자라면 나이가 들어서 몸에 문제를 일으킬 것입니다. 이러한 유전자들이 세대를 거치며 계속 축적되어 노화의 형태로 표출된다는 것이 1952년에 피터 메더워가 주장한 노화 이론의 핵심입니다. 꽤 설득력 있어 보이지 않나요?

피터 메더워의 노화 이론은 1957년에 미국의 생물학자 조지 윌리엄스 George williams가 주장한 새 노화이론에 의해 더욱 발전했습니다. 그는 젊은 시절에는 생존율과 번식률을 높여 주지만 노년기에 들어서 나쁜 영향을 미치는 유전자에 주목했습니다. 이런 유전자는 과연 세대를 거쳐 사라질까요, 아니면 번성할까요? 정답은 '번성한다'입니다. 번식 활동이 한창 활발한 시기에 좋은 영향을 끼치는 유전자이므로 세대를 거치면 거칠수록 이런 유전자는 번성할 수밖에 없습니다. 대신 나이가 들었을 때 유전

노화는 누구에게나 찾아오는 현상입니다. |

자의 나쁜 영향을 받는 대가를 치뤄야겠죠(...). 여기서 말하는 나쁜 영향이 바로 노화입니다.

결국 노화는 젊은 시기의 높은 생존능력과 번식능력에 대한 대가(...)라는 것이 조지 윌리엄스의 노화 이론의 핵심입니다. 이 이론을 '길항적 다면발현 유전자 이론'이라고 하지요. 여기에서 길항적 다면발현 유전자란 생애시기에 따라 다른 역할을 하는 유전자를 말합니다. 이들 유전자에 의해 노화가 일어난다는 이론이 길항적 다면발현 유전자 이론이라고 보시면 됩니다. 지금은 가장 유력한 노화 이론으로 주목받고 있답니다. 노년기 때 발병하는 암이나 치매의 유전자도 젊은 시기에는 생존율과 번식률을 높이는 좋은 유전자였다는 사실이 밝혀졌지요.

노화이론과는 별개로 텔로미어Telomere가 노화의 원인이 된다는 시각도 있습니다. 텔로미어는 염색체의 말단 끝에 위치하는 부분입니다. 세포들은 분열하는 과정에서 무조건 DNA의 끝부분을 잃어버릴 수밖에 없는데

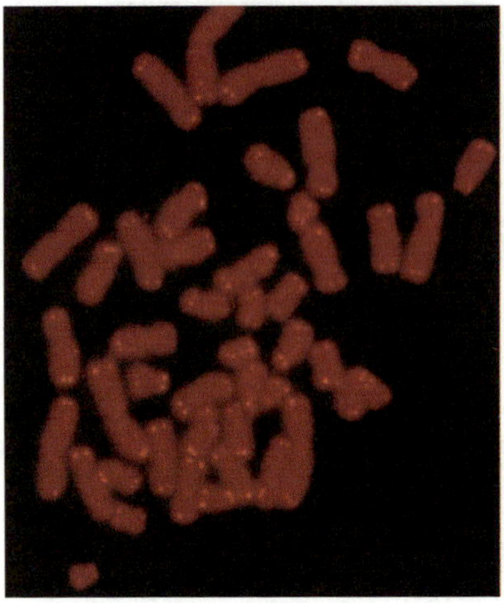
| 사람 염색체의 텔로미어 (흰색)

요. 텔로미어가 염색체의 말단, 그니까 DNA 끝부분에 위치해서 중요한 DNA 부분을 잃지 않도록 해 준답니다. 문제는 텔로미어도 세포가 분열을 거듭하다 보면 언젠가는 모두 소모된다는 것입니다. 이렇게 되면 세포가 더 이상 분열할 수 없죠. 사람의 몸을 구성하는 세포들은 약 60~70번 정도 분열하고 나면 텔로미어가 모두 소모되어서 더 이상 분열할 수 없게 된답니다. 이런 상태의 세포를 노화세포라고 부르지요. 노화세포는 제대로 된 역할을 수행하지 못하기에 사멸되어야 하는데요. 스스로 사멸될 힘조차 없어서(...) 점점 몸속에 쌓여 주변의 다른 세포들을 손상시켜 노화를 일으킵니다.

분열을 못하는 세포가 증가한다면 어떻게 될까요? 몸에서 세포의 양이 줄어들겠죠. 이것도 노화의 원인입니다. 새 근육세포가 충분히 공급되지 못하니까 근육량이 줄고, 피부세포의 양이 줄어 피부가 쭈글쭈글해진다는 거죠. 게다가 면역세포의 양이 줄어서 면역력이 약화될 수도 있습니다. 상처를 입어도 세포분열을 통해서 빠르게 재생하기 어려워지죠. 젊었을 때에는 심한 병이나 상처도 쉽게 이겨내던 청년이 세월이 흘러 늙어서는 쉽게 이겨내지 못하는 것은 이러한 이유 때문입니다.

노화의 원인 물질은 활성산소Oxygen free radical가 가장 주목받고 있습니다. 활성산소란 반응성이 강한 산소를 말합니다. 몸 속의 장기들이나 세

포, DNA 등을 산화시켜 손상시키는 특징이 있지요. 산소 호흡 과정에서 잘 생겨나는데요. 아시다시피 사람을 포함한 대부분의 동물들은 산소로 호흡을 하기에 피할 수 없답니다. 특히 심장세포나 뇌세포는 한 번 손상되면 쉽게 복구되지 않아서 활성산소에 의해 지속적으로 손상되면 심각한 병에 걸리기도 하죠. 이러한 질병들도 노화에 의해 발생하는 현상으로 볼 수 있습니다.

지금까지 노화가 발생하는 다양한 원인들을 살펴보았습니다. 이렇게 노화의 원인이 하나 둘 밝혀짐에 따라서, 과학자들은 노화의 각종 원인들을 차단하는 노화방지 기술을 개발하고 있습니다. 이 중에서 사람들에게 가장 잘 알려진 기술이 바로 텔로미어를 연장하는 것입니다. 바닷가재는 텔로미어의 연장을 돕는 물질인 텔로머레이스Telomerase라는 물질이 있어서 노화하지 않는데요. 텔로머레이스를 사람에게도 사용하면 노화를 어느 정도 막을 수 있을 거라 보고 있습니다.

노화세포를 죽이는 것도 방법입니다. 원래 세포는 문제가 발생하면 스

| 우리 인류는 과연 노화를 정복할 수 있을까요?

스로 사멸하도록 설계되어 있지만 노화세포는 스스로의 사멸을 유도하는 물질을 만들어내지 못할 정도로 망가져 있는데요. 만약 노화세포들의 사멸을 유도하는 물질을 이용한다면 노화를 막을 수 있을 것입니다. 실제로 2016년에 이 물질들을 쥐에게 주사하는 실험을 했는데, 대부분의 노화세포들이 사멸하면서 체내 장기들의 활동이 활발해졌다고 하네요. 심지어 빠졌던 털이 다시 자라났다고 합니다.

이러한 방법들 외에도 과학자들이 개발하고 있는 노화방지 기술은 셀 수 없이 다양합니다. 노화의 원인이 워낙 많으니까 어떤 원인을 차단하는 기술이냐에 따라 다른 다양한 기술들이 나오는 거죠. 이런 이유로, 단 한 번의 투여로 사람을 젊게 만들어주거나 노화를 늦춰주는 기적의 약(...) 같은 건 지금으로써는 만들기 어렵습니다. 이건 어디까지나 공상 과학의 영역이죠. 아마 노화방지는 아마 한 가지 기술이 아니라 각기 다른 여러 기술과 치료법을 사용하는 방식으로 이루어질 것입니다. 노화세포들을 죽이고 그 자리에 젊은 세포를 넣어 빈자리를 채우는 동시에, 텔로머레이스를 이용해 텔로미어를 연장하는 식의 방법으로 말이죠. 그래서 우리 인류는 앞으로도 꾸준히 노화의 원인들을 밝혀내야 합니다. 노화의 원인들을 최대한 차단해야 더 효율적으로 노화방지를 할 수 있을 테니까요.

지능

지금의 인류를 있게 한 최고의 무기

사람은 연약한 한 줄기 갈대에 지나지 않는다.
그런데 그것은 생각하는 갈대이다.
- 블레즈 파스칼 (프랑스의 수학자) -

지구상에는 정말 다양한 생물들이 있습니다. 거북이는 천적으로부터 자기를 보호할 수 있도록 딱딱한 등껍질을 가지고 있고, 새는 먼 곳까지 날아갈 수 있도록 커다란 날개를 가지고 있고, 물고기는 물속에서 물의 저항을 최소화하도록 유선형 모양의 몸을 가지고 있습니다. 그리고 일부 고등생물에게는 스스로의 행동을 조절하도록 돕는 기관인 뇌가 있습니다. 이제 여기서 의문점이 하나 생기죠. 뇌는 왜 생겨난 것일까요?

생명체들이 살아가는 환경을 생각해 봅시다. 환경은 수 년이 지나도 늘 같은 모습일 것 같지만 사실 그렇지 않습니다. 기후변화나 새로운 생물종의 등장에 의해 환경이 변하는 일은 흔하거든요. 이럴 때 초기의 생명체들은 어떻게 되었는지 아세요? 그냥 영락없이 죽음을 맞이할 수밖에 없었습니다. 환경이 바뀌어도 아무런 조치를 취할 수 없었기 때문입니다. 유전자는 환경이 변화한 이후에도 생명체에게 계속 환경이 바뀌기 전과

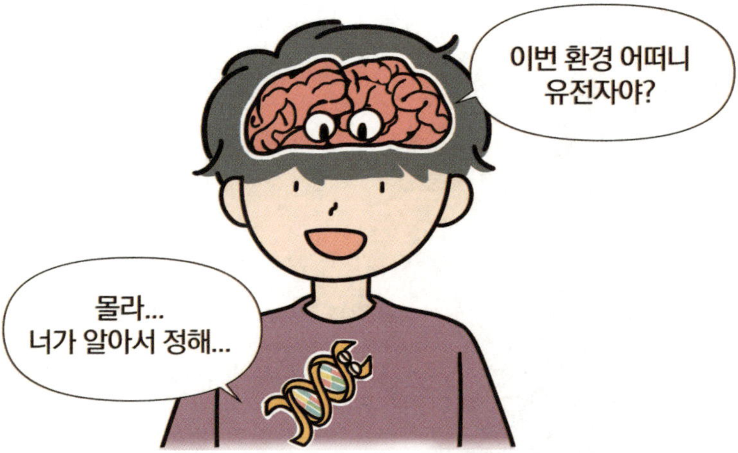

동일한 명령을 내렸고, 생명체는 아무런 의지와 생각도 없이 그저 유전자의 명령대로 행동했습니다. 한 마디로 유전자는 어떤 환경에서든 항상 같은 행동을 명령하는, 융통성(...)이 부족한 녀석이었습니다.

그런데 시간이 지나자 지금까지는 볼 수 없었던 독특한 동물들이 등장합니다. 이 동물들은 자신들이 살던 환경이 갑자기 변화해도 스스로의 판단으로 다른 지역으로 이동하거나 환경을 바꾸기도 하면서 적절한 조치를 취했습니다. 덕분에 이런 동물들은 쉽게 죽지 않았죠. 그렇다면 이 동물들이 이렇게 적절한 판단을 하도록 만든 기관은 무엇이었을까요? 예상하고 계시겠지만 바로 뇌입니다. 뇌는 유전자가 해결하지 못하는 복잡한 문제를 대신 해결해주기 위해 만들어진 대리인이었던 것이죠.

뇌가 있는 동물은 생존율도 높고 번식률도 높았습니다. 학습을 통해 환경의 변화에 유연하게 대처할 수 있었거든요. 그래서 뇌를 가진 동물들은 시간이 지날수록 점점 지구상에 번성하기 시작했습니다. 한 시대를 살다가 멸종한 공룡도 뇌가 있었고, 우리 주변에 있는 포유류, 어류 등의 동물

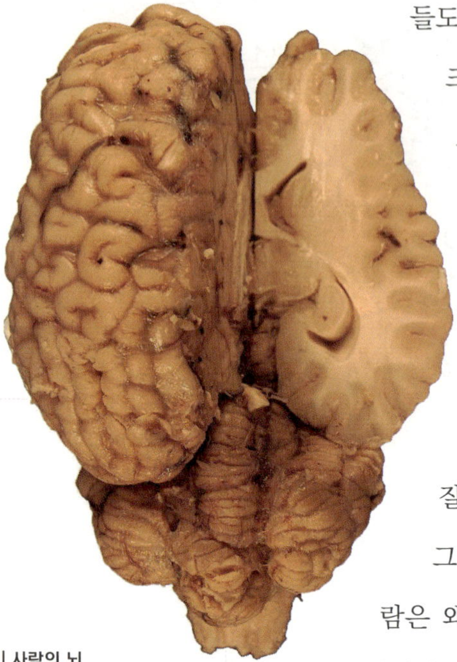
| 사람의 뇌

들도 뇌가 있죠. 이 중 독보적으로 뇌의 크기가 커진 동물이 한 종 있었는데요. 바로 사람입니다. 아시다시피 사람이 지금처럼 문명과 과학기술을 발전시키고 윤택한 삶을 누리는 것도 모두 큰 뇌를 바탕으로 한 높은 지능 덕분입니다. 뇌는 사람의 정체성과 특징을 가장 잘 드러내는 기관이죠.

그래도 여전히 의문점은 남습니다. 사람은 왜 다른 동물들 중에서도 월등히 크고 뛰어난 뇌를 가지게 된 걸까요? 이것은 사람의 사회성과 밀접한 관련이 있습니다. 사람은 집단을 이루며 함께 살아가는 동물입니다. 원시 인류들은 사냥을 할 때마다 전략을 짜 가며 협력하면서 살아왔고, 가끔은 서로 싸움을 벌이기도 했죠. 그런데 이런 식으로 타인과 상호작용을 원활하게 하려면 굉장히 높은 수준의 판단을 할 수 있어야 합니다. 또, 자신의 판단을 다른 사람이 어떻게 느낄지도 생각해야 하죠. 어디 그 뿐일까요? 때로는 집단 내에 있는 누군가를 속여서 자신에게 유리한 분위기를 조성해야 했습니다. 타인의 의도를 미리 예측하고 잔머리를 굴려서(...) 타인에게 호감을 사는 것도 필요했습니다. 한 마디로 우리 인류의 조상은 판단력과 잔머리, 적절한 꾀가 있을수록 집단 내에서 우위를 점하고 자손도 대대손손 번성할 수 있었습니다. 하지만 이 정도 수준의 지능을 발휘하려면 웬만한 동물 수준의 뇌로는 어림도 없었습니다. 보다 원활한 집단생활을 위해서 시간이 지날수록 뇌가 커질 수밖에 없었던 겁니다. 사람이 다른 동물들보다도 뇌가 더욱 진화할 수 있던 이유가 이제 이해가 되시나요?

이제 인류에게 뇌는 없어서는 안 될 중요한 기관이 되었습니다. 사람은 높은 지능이 없다면 일상생활이 거의 불가능하죠. 하지만 이 큰 뇌가 우리에게 좋은 점만 있는 것은 아닙니다. 만약 뇌가 정말 장점만 있는 기관이라면 지구상에 있는 거의 모든 동물들이 사람처럼 큰 뇌를 가졌을 겁니다. 집에서 키우는 강아지가 중학교 수준의 수학 문제를 푼다거나(?), 어항 속 물고기가 사람과 대화할 수도 있었겠죠? 하지만 큰 뇌를 가진 동물은 지구상에서 오직 사람뿐입니다. 왜 그런지 아세요? 큰 뇌를 가지는 게 사실은 굉장히 위험하기 때문입니다.

인류는 뇌가 커지면서 너무 많은 에너지를 뇌의 유지에 사용해야 했습니다. 사람은 가만히 있을 때 뇌가 소모하는 에너지가 전체 에너지의 25%나 차지합니다. 고작 뇌 하나 때문에 다른 동물들보다 훨씬 많은 식량을 먹어야 하는 것입니다. 심지어는 근육으로 가야 할 에너지가 뇌로 가면서 힘도 약해졌답니다. 과연 이렇게까지 해 가면서 뇌를 진화시켜야 했을지 생각해 봅시다.

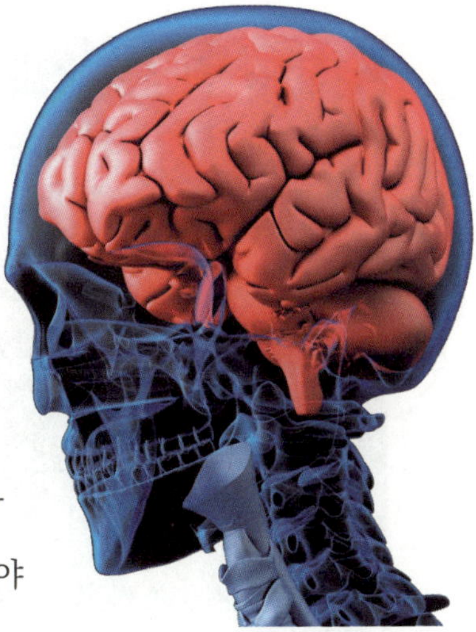

사람의 뇌는 아주 큽니다.|

무엇보다도 여성에게는 더욱 위험한 선택이기도 했습니다. 머리가 크면 클수록 아기를 낳기가 어려워질 수밖에 없거든요. 사람이 아기 하나를 출산하는 게 얼마나 고통스럽고 힘든지 생각해봅시다. 사람처럼 출산에 많은 에너지를 소모하는 동물은 없습니다. 출산 과정에서 잘못되면 사망하는 일도 많죠. 사람의 뇌는 출산의 위험과 줄다리기를 거듭하며 커진 것입니다.

다행이도 여성이 출산의 위험을 그대로 떠안은 것은 아닙니다. 미숙한 아기를 낳도록 진화하면서 어느 정도 극복했거든요. 최대한 덜 자란 아기를 낳아야 그만큼 머리 크기가 작아서 무사히 출산을 마칠 수 있으니까요. 실제로 사람의 아기는 다른 동물의 아기보다 훨씬 약하고 덜 자란 상태로 나옵니다. 그래서 사람의 아기는 할 줄 아는 게 아무것도 없죠. 다른 동물들은 태어난 지 얼마 되지 않아 뛰기도 하고 먹이를 찾아 돌아다니기도 하지만 사람은 태어난 지 1년이 지나서야 고작 첫 걸음을 뗍니다. 그

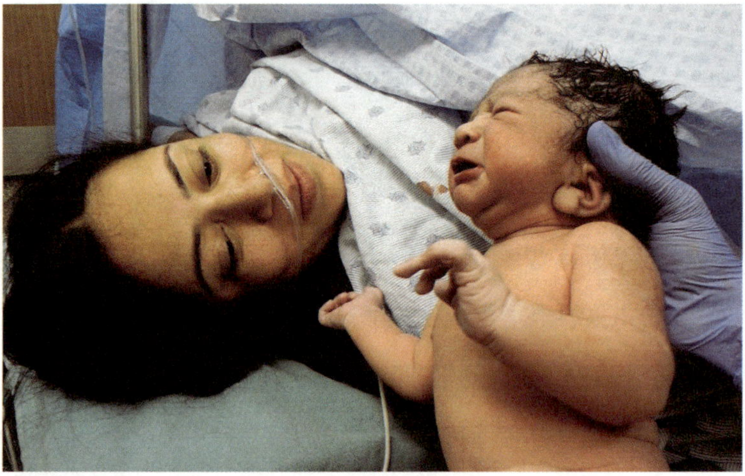

| 사람의 뇌는 출산의 위험과 줄다리기를 거듭하며 커진 것입니다.

러다 보니 사람의 육아는 다른 동물들의 육아보다 더욱 긴 시간과 노력이 필요합니다. 울면 어르고 달래주고, 먹을 것을 가져다주는 것도 모자라 직접 먹여야 하고, 걸음마를 뗀 후에도 걸음이 미숙하기에 안아

육아에는 많은 시간과 노력이 필요합니다. I

줘야 합니다(...). 이처럼 인류의 지능 발달은 크나큰 도박이었습니다. 사람은 지능을 얻음으로써 너무 많은 것을 잃었죠.

앞으로 사람의 지능이 일정량 이상 진화하기는 어려울 것이라는 이유가 바로 이런 위험요소들에 있습니다. 가끔씩 인류의 미래 모습이 담긴 만화를 보면 머리가 엄청 비대해져 있고 더 높은 지능을 가진 것으로 묘사되는데요. 사실 그럴 가능성은 거의 없다고 보셔도 됩니다. 앞으로는 오히려 지능이 떨어질 것이라는 전망도 있지요. 지능이 떨어진 미래 인류를 현실적으로 다룬 영화도 있습니다.

말이 나온 김에 잠깐 그 영화 이야기를 해 볼까요? 2005년에 방영한 미국의 영화 〈이디오크러시Idiocracy〉는 500년 후의 인류의 지능을 다룬 코믹영화입니다. 여기서 Idiocracy는 Idiot바보와 cracy통치를 합쳐서 만들어진 단어입니다. '바보들이 다스리는 세상(...)'이라는 의미라고 보시면 되는데요. 이 영화에서는 500년 후의 인류가 제목에 걸맞게 완전 바보가 되어 있답니다. 인류의 평균 IQ가 고작 60밖에 되지 않죠. 이 정도면 돌고래보다도 훨씬 낮은 수준입니다.

영화 초반부에서는 지금의 인류를 IQ가 높은 사람들과 IQ가 낮은 사람

| 영화 이디오크러시

들로 분류합니다. IQ가 높은 부부는 해야 할 일이 너무 많아서 임신을 미루고 미루다 자손을 낳지 못하고 죽고 맙니다. 반면에 IQ가 낮은 부부는 피임도 하지 않고 자녀를 무책임하게 낳습니다. 이들은 심지어 불륜에 근친상간까지 저지르며 자손을 기하급수적으로 불리죠. 이처럼 IQ가 높은 사람들은 자손을 남기지 않는 반면에 IQ가 낮은 사람들은 엄청난 수의 자손을 남기는 상황이 자그마치 500년간 계속되었습니다. 결국 2505년 인류의 평균 IQ는 60으로 떨어지고 말죠. 대부분의 사람들이 이 지경이니 길거리 곳곳에는 쓰레기가 넘쳐나고, 건물들은 붕괴되기 일보직전이었습니다. 게다가 세계적인 사막화로 인류는 멸종 위기에 처해 있었습니다. 이 영화의 주인공인 조 바우어는 2005년에 냉동인간이 되어 깊은 잠에 들었다가 2505년에 깨어난 사람인데요. 막상 깨어나 보니까 전 세계에서 가장 똑똑한 사람이 되어 있었답니다(...). 덕분에 조는 미국의 내무부 장관이 되어 사막화되어 가는 지구를 구하고, 나중에는 대통령에 당선됩니다.

영화의 내용이 참 충격적인데요. 가능성이 아예 없는 이야기는 아닙니다. 이 영화에서 인류의 IQ가 떨어진 이유가 아주 현실적이거든요. 현재 전 세계의 출산율이 어떠한 양상을 띠고 있는지 한 번 볼까요? 선진국 사람들이나 고학력 고소득자들은 자녀의 수가 적거나 아예 낳지 않습니다. 하지만 후진국 사람들이나 저학력 저소득자들은 자녀의 수가 많죠. 우리

나라만 봐도 학력이 높은 사람일수록 결혼하지 않으려는 경향이 있습니다. 지금의 이런 상황이 계속된다면 인류의 지능이 앞으로 계속 떨어질 수도 있지요.

이 영화의 내용을 보고 나니까 앞으로 우리 인류의 지능이 어떻게 진화할지 궁금해지는데요. 여러분은 앞으로 우리 인류의 지능이 높아질 것 같으신가요, 낮아질 것 같으신가요? 의견이 분분할 텐데요. 사실 어쩌면 미래에는 인류의 지능이 어떻게 진화할지는 그리 중요한 사안이 아닐 수도 있습니다. 과학기술의 발전으로 진화를 초월해버리면 그만이거든요. 이게 무슨 말이냐고요? 사람의 지능이 지금보다 훨씬 더 높아지도록 유전자를 조작하거나, 사람 뇌에 있는 의식을 로봇으로 옮기거나, 인공두뇌를 만들 거라는 말입니다. 실제로 꽤 활발하게 연구가 이루어지고 있는 분야이기도 합니다. 어쩌면 인류가 고지능으로 진화할 수 있는 방법은 이런 방법들밖에 없을지도 모릅니다.

하지만 일부 과학자들은 굳이 이러한 방법을 동원하면서까지 인류를 고

지능으로 만들어야 하는지 의문을 표합니다. 수많은 과학기술을 동원하여 만들어진 고지능의 사람을 과연 지금과 동일한 사람이라고 할 수 있을까요? 여러분의 생각을 묻고 싶습니다.

자기가축화

사회성을 위해 사람이 선택한 길

사람은 본래 불완전한 존재이므로
공동체 안에서만 완전해질 수 있다.
– 아리스토텔레스 (고대 그리스의 철학자) –

사람들은 지금까지 동물을 사육해서 잡아먹거나, 노동에 활용하거나, 애완용으로 키우며 살아 왔습니다. 이처럼 사람의 명령을 잘 따르고 번식이 잘 이루어지도록 개량된 동물들을 가축이라고 부릅니다. 우리가 지금 돼지고기와 소고기, 닭고기를 풍족하게 먹을 수 있는 것도 모두 가축들의 희생 덕분입니다. 이제는 가축이 없는 세상을 상상하기가 어려울 정도이지요.

여러분들이 좋아하는 귀여운 개와 강아지들도 원래 늑대가 가축화된 거라는 사실을 알고 계신가요? 이 사실을 전혀 몰랐던 분들이 꽤 많이 계실 것 같습니다. 아마 개와 늑대를 서로 다른 종으로 생각하셨겠지요. 생긴 것도 서로 다르고 성격도 딴판이니까요. 그렇다면 늑대가 어떻게 개로 가축화되었는지 알아보기 위해 인류가 수렵채집 생활을 했던 몇 백 만 년 전으로 거슬러 올라가 봅시다.

| 개(강아지)는 늑대가 가축화한 것입니다.

당시 사람들은 동물을 잡아먹은 후에 먹을 수 없는 부위를 마을 밖으로 버렸습니다. 그런데 과연 동물들이 사람들이 이 버린 부위를 가만히 내버려 뒀을까요? 비록 사람은 먹을 수 없더라도 다른 동물들은 먹을 수 있었을 텐데 말이에요. 예상대로 정말 많은 동물들이 사람들의 마을 부근에 머무르며 버려진 부위를 먹었는데요. 이들 중 독보적으로 사람들의 마을 부근에 자주 모습을 드러냈던 동물이 바로 늑대입니다. 하지만 아시다시피 늑대는 다른 동물들에 비해 꽤나 사나운 편이었습니다. 그러다 보니 사람들이 사는 마을 근처까지 접근해서 사람들이 남긴 먹이를 얻어먹으려면 사람들에게 호의적이고 공격성이 적은 편이어야 했죠. 이런 늑대들이 세대를 거쳐 사람들 주변에 계속 머무르며 버린 부위를 먹다가 사람들과 함께 살게 되면서 지금의 개가 된 것입니다.

일부 늑대는 어미에게 버려졌는데요. 이런 아기 늑대들은 사람들 사이에서 길러졌습니다. 늑대 새끼가 사람 아기와 함께 자라면서 사람의 모유를 먹었을 것으로 추정되고 있지요. 가정에서 길러지는 늑대들 중에서도 사람들에게 호의적이고 공격성이 낮은 늑대일수록 사람들의 예쁨을 받으며 잘 자랄 수 있었습니다. 덕분에 늑대들은 사람들에게 호의적이다 못해

늑대 |

의존하면서 점점 개가 되어 갔습니다(...). 놀라운 점은 이 과정에서 식성까지도 변화했다는 점인데요. 늑대는 원래 육식동물이라 고기 외에는 잘 먹지 않지만 개는 사람들이 먹는 다양한 종류의 곡물이나 식물도 잘 먹습니다. 늑대가 오랜 기간에 걸쳐 사람들이 주는 음식을 먹게 되면서 식성이 바뀐 거지요.

가축화된 동물이 개만 있던가요? 그렇지 않죠. 돼지, 소, 닭도 잘 알려진 가축들입니다. 이들도 야생동물과 비교하면 다른 점이 많지요. 야생 돼지인 멧돼지는 우리가 잘 아는 분홍색 돼지와는 달리 송곳니가 날카롭고 체구가 작습니다. 반면 가축 돼지는 사람에게 위협이 되는 송곳니가 없고 큰 체구를 가지고 있죠. 야생 소는 오록스라고 부르는데요. 오록스는 가축 소보다 몸집이 매우 크고 긴 다리와 날카로운 뿔을 가지고 있습니다. 가축 소는 지금까지 지구상에 생존해 있지만, 오록스는 야생에서 완전히 멸

오록스 |

종해 버렸답니다. 맛있는 고기와 함께 계란까지 우리에게 제공해주는 닭도 빼놓을 수 없는데요. 야생 닭의 조상인 적색야계는 체구가 가축 닭보다 작아서 동작이 매우 빠르고 사나운 동물이었습니다.

고양이는 가축화된 동물이지만 조금 특이합니다. 인류가 고양이를 키운 이유가 뭔지 아시나요? 당시 사람들은 식량을 몰래 빼어먹는 쥐들 때문에 골머리를 앓고 있었습니다. 이대로 쥐에게 당할 수만 없다고 생각한 사람들은 쥐들을 퇴치하기 위해 집에 고양이를 키웠지요. 그런데 한 가지 재미있는 점이 있습니다. 원래 가축화가 되면 공격성이 낮아지고 사람과의 친화성도 높아지기 마련인데요. 가축화된 고양이는 야생 고양이와 공격성이 비슷하고 사람들에게도 그렇게 호의적인 편이 아닙니다(...). 왜 그런지 아세요? 당시 인류에게는 재빠르게 쥐를 잡아먹는 사나운 고양이가 필요했기 때문입니다. 가축화되었음에도 공격성이 그대로인 가축은 고양이가 유일합니다.

이처럼 고양이를 제외하고 가축화된 동물들을 보면 공통적인 특징을 찾아 볼 수 있습니다. 바로 공격성이 낮아지고 성질이 온순해진다는 것입니다. 그런데 간혹 가다 사람이 가축화를 시도하지 않았어도 자연 상태에서 공격성이 낮아지고 성질이 온순해지는 일어나는 경우가 있는데요. 이러한 현상을 자기가축화Self Domestication라고 부릅니다. 지구상에는 자기가축화가 일어난 동물이 약 10종 정도 있습니다.

늑대의 가축화 사례를 다시 이야기해봅시다. 눈치 채신 분들도 계시겠지만 늑대에게도 자기가축화가 일어났습니다. 늑대의 가축화에는 크게 2가지 원인이 있었죠? 첫 번째가 바로 늑대가 사람의 품에 길러졌기 때문입니다. 두 번째는 늑대들이 사람들의 마을 주변에 머무르면서 사람들이 먹고 남긴 음식을 먹었기 때문입니다. 사람에게 공격성이 적고 호의적인 늑대일수록 먹이를 얻어먹기 쉬웠기에 공격성이 약해진 거지요. 여기서 두 번째 경우는 사람이 가축화를 했다기보다는 늑대가 사람과 상호작용하는 과정에서 자기가축화가 일어났다고 봐야 합니다. 결국 늑대는 인위적인 가축화와 자기가축화가 동시에 일어나면서 지금의 개가 된 것이라고 할 수 있습니다. 이처럼 자기가축화는 대개 공격성과 난폭한 성질이 생존이나 번식에 불리할 때 발생하는 경우가 많습니다.

유인원인 보노보Bonobo도 자기가축화된 동물입니다. 보노보는 겉으로는 침팬지와 거의 비슷하지만 성격은 침팬지보다 훨씬 온순합니다. 침팬지는 성격이 워낙 난폭해서 먹이를 두고 갈등이 생기면 서열이 가장 높은 침팬지가 폭력을 휘둘러서 먹이를 차지하는 경우가 다반사인데요. 보노보는 먹이를 서로 사이좋게 나누어 먹으며, 다툼이 벌어져도 서로 섹스를 해서 화해합니다. 화해 방법이 섹스라면 동성 간에는 어떻게 화해하냐고

| 보노보

물으시겠지만(!) 보노보는 이성이든 동성이든 상관없이 섹스를 즐기는 특성이 있답니다. 덕분에 보노보 사회에서는 큰 다툼이 일어날 일이 거의 없죠. 침팬지 사회랑 비교하면 더없이 평화로운 사회라고 할 수 있습니다. 이왕이면 침팬지처럼 난폭하게 사는 것보다는 보노보처럼 평화롭게 사는 게 더 나아 보이지요.

사람도 자기가축화가 일어난 종입니다. 몇 백 만 년 전의 인류의 손가락 화석을 보면 지금의 인류보다 약지의 길이가 훨씬 길다는 것을 알 수 있습니다. 이게 왜 그런지 아시나요? 테스토스테론Testosterone과 같은 남성 호르몬이 지금보다 많이 분비되었기 때문입니다. 자궁 속 태아 시절에 남성호르몬의 영향을 많이 받을수록 약지가 길어지는 경향이 있거든요. 남성호르몬은 분비량이 많아질수록 근육량이 증가하고, 골격이 튼튼해지며, 전투적인 성격을 띠게 하고, 위험이나 고통에 대한 감수성도 줄이는 특징이 있습니다. 한 마디로, 당시의 인류는 지금의 인류보다 근육량이 많았고, 골격이 더욱 튼튼했으며, 전투적인 성격이었고, 위험이나 고통에 대한 감수성이 적었다는 말이 됩니다.

그런데 이러한 특성들이 과연 얼마나 도움이 되었을지 한 번 생각해 봅시다. 당시 사람들은 집단을 이루고 다같이 사냥을 나가기도 하면서 협력하며 살았습니다. 이런 와중에 다른 사람들에게 공격적으로 행동하고 싸움을 벌이거나 심하면 홧김에 살인을 저지르기도 하는 사람이 집단에 도

움이 되었을까요? 당연히 전혀 도움이 되지 않았겠죠. 오히려 집단에 해만 끼쳤을 겁니다. 게다가 성격이 더럽다(...)는 인상을 주기 쉬우니 이성의 선택을 받기도 어려웠겠죠. 그래서 인류는 시간이 지날수록 남성호르몬의 분비량이 감소했고, 지금과 같이 공격성이 감소하고 온순해진 것입니다.

만약 사람들이 여전히 공격성이 높아서 서로 치고받고(...) 싸우기만 했다면 어떻게 되었을까요? 아마 인류는 절대로 지금처럼 번성할 수 없었을 겁니다. 지금 이 순간에도 다른 사람들의 식량을 약탈하고, 서로 죽고 죽이며 피폐하게 살아갔겠죠. 결국 사람들이 지금과 같이 문명을 형성하며 풍족한 삶을 누릴 수 있는 것은 자기가축화 덕분입니다. 과거에 비해 골격이 약해진 것은 어찌 보면 쇠퇴했다고 볼 수 있지만 결과적으로 보면 크게 성공한 셈이죠. 사방에 맹수들의 위협이 도사리던 당시 환경에서 스스로를 더욱 약하고 온순하게 만든 것은 정말 위험한 선택이었을 것 같은데요. 지금 생각해 보니 장기적인 미래(?)를 보고 고른 최고의 선택이었던 것 같습니다.

우리 인류는 자기가축화로 상생과 협력, 더 나아가 평화를 추구하며 사람답게 살게 되었습니다. 그러나 지구의 반대편에서는 여전히 내전과 전쟁이 수도 없이 벌어지고 수많은 사람들이 목숨을 잃습니다. 참 슬프고 안타깝지요. 자기가축화로 진화를 거듭해온 우리들의 조상들에게서 알 수 있듯이, 우리들은 서로 총을 겨누고 싸울 것이 아니라 서로 돕고 협력해야 진정으로 번영할 수 있습니다. 언젠가 머지않은 미래에 모든 인류가 서로 돕고 협력하며 공영하는 시대가 오길 바랍니다.

인종

우리는 모두 같은 사람? 아니면 서로 다른 사람?

모든 사람이 동일한 인종, 신념의 사람이라는 것을 알게 된다면
우리는 편견을 갖기 위한 또 다른 이유를 찾을 것이다.
- 조지 에이킨 (미국의 정치인) -

인종이란 사람을 신체적 특성을 바탕으로 구분한 것을 말합니다. 18세기 독일의 해부학자였던 블루멘바흐Johann Blumenbach는 사람을 각각 유럽에 주로 분포하는 코카소이드Caucasoid와 아시아에 분포하는 몽골로이드Mongoloid, 아프리카에 분포하는 니그로이드Negroid로 분류했습니다. 여기서 코카소이드는 백인을, 몽골로이드는 황인을, 니그로이드는 흑인을 의미합니다. 지금까지도 이용해 오고 있는 가장 보편적인 인종 분류법이죠. 이처럼 당시 유럽의 많은 과학자들은 피부색을 시작으로 두개골 크기, 얼굴 골격과 같은 인종간 간의 차이를 비교하고 분석했습니다. 하지만 이러한 연구 과정에서 나온 결과는 오직 하나였습니다. 바로 세 인종 중에서 백인이 가장 우월하다는 거였죠. 예를 들어 블루멘바흐는 인종별로 두개골의 형태를 분석하고 백인이 가장 이상적인(?) 두개골을 가졌다는 결론을 내렸습니다. 과학적인 연구라고 하기에는 황당하죠. 당시의 연구는 일

단 백인을 우월하다고 가정하고, 그 다음에 그 근거들을 찾아 끼워 맞추는 것에 가까웠습니다. 그럼에도 이러한 연구들은 백인 이외의 다른 인종들이 차별받고 박해받을 근거를 뒷받침했습니다.

인종차별이 본격적으로 시작된 것은 19세기경 유럽 국가들이 세계 곳곳을 식민지로 삼고 식민지민들을 차별하고 박해하기 시작하면서부터입니다. 당시 유럽인들은 백인 외의 인종들은 지능이 떨어지고 열등한 존재라고 생각했습니다. 본인들이 식민 지배를 하는 것도 다른 지역을 지배할 수 있을 만큼의 우월한 존재이기에 가능한 거라 여겼지요. 아예 대놓고 합법적으로 인종차별을 하며 백인과 그 외의 인종들을 공간적으로 분리하기도 했습니다.

우리나라도 예외는 없었습니다. 일본의 식민 지배를 받으면서 일본인들은 조선인들보다 우월한 민족이라는 인식이 퍼졌거든요. 당시 일본인들은 수많은 근거를 들어가며 일본인들이 조선인들보다 우월하다고 여겼는데요. 대표적인 근거 중에 하나가 바로 일본인은 조선인보다 혈액형 A형

호모 사피엔스의 유전적 다양성 |

이 더 많으므로(?) 조선인보다 우월하다는 것이었습니다. 왜 A형이 많으면 우월하다고 생각했냐고요? 당시 세계의 패권을 잡았던 유럽 백인들은 A형의 비율이 가장 높았기 때문입니다(...). 지금 생각해보면 정말 황당하고 기가 막히는 연구결과이지만 당시에는 상당히 설득력이 있는 주장이었습니다.

그렇다고 해서 백인들 사이에서는 인종차별이 없었다고 생각하면 오산입니다. 백인들 사이에서도 만만치 않았거든요. 이것을 가장 잘 보여주는 사례가 바로 1차 세계대전 이후의 독일입니다. 당시 독일의 수상이었던 아돌프 히틀러는 게르만족 우월주의자였습니다. 게르만족 이외의 민족은 모두 열등하다고 여기고 유대인을 차별했죠. 결국 독일은 히틀러의 주도하에 2차 세계대전을 일으켜 게르만족의 유럽 정복이라는 야망을 드러냈고 600만 명의 유대인들을 학살했습니다. 다행이도 2차 세계대전은 독일의 패배로 끝났지만 전 세계 사람들은 인종차별이 대량 학살로 이어졌다는 사실에 큰 충격을 받았습니다. 결국 1950년 프랑스 파리에서는 모든 사람들은 같은 종이며, 모든 인류는 하나라는 유네스코UNESCO의 성명이 발표되었습니다. 미국과 유럽에서 인종차별 정책이 폐지되고 인권에 대한 중요성이 부각되기 시작한 것도 이때부터랍니다. 물론 아직도 세계 곳

| 빌 클린턴

곳에 인종차별이 남아있기는 하지만 차차 개선되고 있죠.

과학자들도 흐름에 동참하여 인종차별을 없애기 위해 많은 노력을 기울였습니다. 이러한 노력이 잘 드러났던 때가 바로 인간 유전체 프로젝트Human genome project가 한창 진행되고 있던 때입니다. 인간 유전체 프로젝트란 1990년부터 2005년까지 사람의 유전자를 모두 해독하는 것을 목표로 했던 연구 프로젝트입니다. 전 세계 과학자들의 주도로 아주 활발하게 진행되었죠. 이때 인종과 관련해서 나온 결론이 있었습니다. 그건 바로 전 세계 사람들의 유전자는 서로 99.9%나 일치하며, 우리 인류는 모두 인종적으로 동일하다는 것이었습니다. 이 사실은 미국의 대통령이었던 빌 클린턴Bill Clinton의 연설로 더욱 유명해졌습니다.

하지만 사람들 사이에 0.1% 유전적 차이가 존재한다는 것은 부정할 수 없는 사실이었습니다. 모든 사람들이 동일하다고 결론 짓기에는 절대로 무시할 수 없는 차이죠. 많은 과학자들은 이 0.1%의 차이에 주목하여 사람들 간의 유전적인 차이를 밝혀냈습니다. 백인, 황인, 흑인 간의 차이 뿐 아니라 국가 간 또는 민족 간의 생물학적 차이까지도요. 그 중 가장 획기적인 연구 성과는 특정 지역의 사람들이 특정 질병에 잘 걸린다는 사실을 밝혀냈다는 겁니다. 한국인들의 위암 발병률이 특정한 유전자 때문에 다른 국가보다 높다는 연구결과가 대표적입니다. 이처럼 과학자들은 모든 사람들이 같은 종이라는 사실에는 동의하면서도, 사람들 간의 인종적 차이에 대한 연구를 꾸준히 진행해 오고 있습니다.

말이 나온 김에 지금까지 과학이 밝혀낸 인종별 특징을 살펴봅시다. 백인, 황인, 흑인의 분류기준이 피부색이다 보니까 피부색 외에는 인종 간에 큰 차이가 없을 것이라고 생각하기 쉬운데요. 사실 차이점이 생각보다 많답니다. 일단 황인부터 살펴볼까요? 아시다시피 우리 한국인들은 황인종으로 분류됩니다. 백인, 흑인과 비교되는 황인의 가장 큰 특징은 팔다리가 짧고 코나 귀와 같이 돌출된 신체부위의 크기가 작다는 것입니다. 황인 남성은 심지어 페니스조차도 다른 인종보다 크기가 작죠(...). 이것은 추운 환경에서 노출 부위를 최대한 줄여서 체온 이탈을 막도록 진화한 것입니다. 황인은 인류의 발상지인 아프리카를 떠나 빙하기의 추위를 뚫고 동아시아, 동남아시아 등으로 옮겨 오면서 지금에 이른 인종입니다. 맹혹한 추위에도 살아남을 수 있도록 진화할 수밖에 없었죠. 실제로 시베리아, 그린란드, 알래스카와 같이 날씨가 매우 추운 지역에서 사는 원주민들은 모두 황인입니다. 추운 지역에 사는 황인일수록 팔다리나 페니스와 같이 돌출된 신체부위가 작아지는 경향이 있지요.

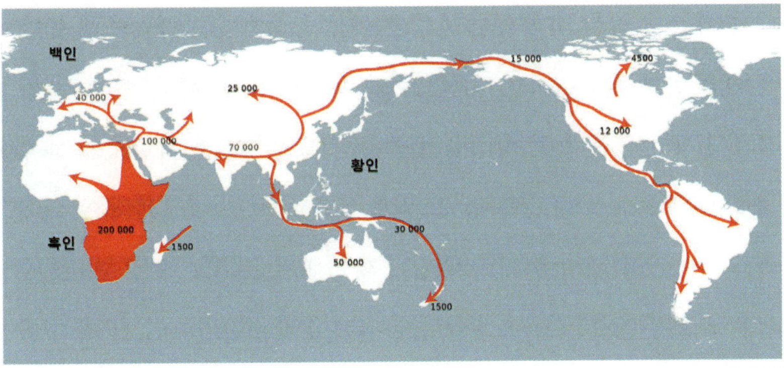

호모 사피엔스의 이동 |

| 한국인 (황인종)

흑인은 이주하지 않고 계속 아프리카에 머무른 인류입니다. 원래 인류는 모두 한때 흑인이었답니다. 피부가 검은 이유는 멜라닌 색소 때문입니다. 왜 흑인에게 멜라닌 색소가 많은지 아세요? 햇빛이 강하고 날씨가 더운 아프리카에서 살아남으려면 자외선으로부터 몸을 보호하고 세균감염을 최대한 막아야 했기 때문입니다. 멜라닌 색소는 자외선을 차단하고 세균을 죽이는 성질이 있어서 피부에 멜라닌 색소가 많을수록 아프리카에서도 잘 살아남을 수 있었습니다.

백인은 서아시아와 유럽으로 이주한 인류입니다. 두드러지는 특징은 피부가 매우 하얗다는 점이죠. 아프리카를 떠나 농경이 시작되고 비타민 D 섭취가 급격하게 줄면서 피부가 하얗게 된 것입니다. 비타민 D는 피부에서 자외선을 받으면 합성할 수 있는데, 멜라닌 색소가 적은 하얀 피부는 자외선을 받기가 훨씬 유리하거든요. 황인에게도 흰 피부가 필요했지만 피부를 하얗게 만드는 데에 관여한 돌연변이 유전자가 서로 달라서 약간 다르게 진화했답니다.

이처럼 지금까지 밝혀진 인종 연구들을 보면 꽤나 흥미롭고 재미있는 점이 많습니다. 다행이도 현대의 인종 연구는 전 세계의 사람들이 어떠한 차이점을 가지는지 알아내는 것이 주가 되기에 인종차별 문제로 번지는 경우는 거의 없답니다. 백인의 우월함이나 흑인의 열등함을 구분하는 연구가 주가 되었던 과거의 인종 연구랑은 확실히 다르지요. 이렇게 인종 연구가 활발해지면서 지금은 더욱 세부적인 인종 분류법이 필요하다고 여기는 과학자들도 많습니다. 현재의 인종 분류법은 분류기준이 오직 피부색 하나뿐이라 너무 범위가 넓고 생물학적으로도 딱히 큰 의미가 없거든요. 실제로 같은 인종끼리도 사는 지역에 따라서 생물학적 차이가 크기도 하고요. 당장 한국인만 봐도 같은 황인인 베트남인, 태국인과도 꽤 큰 차이가 있지요.

그런데 모든 과학자들이 인종 분류에 찬성하는 건 아닙니다. 일부 과학자들은 분류법을 굳이 만들 필요가 없다고 주장하거든요. 미국의 고생물학자였던 스티븐 굴드Stephen Gould가 이러한 주장을 했던 대표적인 과학

| 인종차별 반대 시위

자 중 한 명입니다. 여러분은 사람을 인종으로 분류하는 것에 대해서 어떻게 생각하시나요? 제 개인적으로는 적어도 과학에서만큼은 사람들 간에 인종 분류를 할 필요가 없다고 봅니다. 사람들 간의 유전적 차이는 연속적인 패턴을 보이고 있거든요. 막상 인종을 분류하자니 경계선을 어디로 잡아야 할지, 나누는 기준을 어떻게 정할지부터가 애매한 거죠. 여차저차해서 경계선과 기준을 정하더라도 이게 생물학적으로 의미가 있을지도 알 수 없고요.

물론 인종을 분류하는 게 꼭 나쁘지만은 않습니다. 특정 민족이나 특정 지역의 사람들에게 잘 걸리는 질병이나 잘 드는 약에 대한 연구를 해두면 의학의 발전에 도움이 될 테니까요. 하지만 여기에는 커다란 허점이 하나 있습니다. 바로 같은 인종끼리도 유전적 차이가 있어서 정확도가 떨어진다는 겁니다. 모든 한국인이 위암에 걸리는 건 아니듯이 말이죠. 그러므로 차라리 인종 단위로 유전적 특성을 분석하기보다는 사람 한 명 한 명의 유전적 특성을 분석해서 걸릴 위험이 높은 질병을 예측하고 적절한 약과 치료기술을 제공하는 게 낫습니다.

무엇보다도 인종을 분류하면서 생겨나는 가장 큰 문제는 따로 있습니다. 인종차별은 본인들이 속한 인종적인 특징이 우월하다는 잘못된 인식에서부터 비롯됩니다. 과학적으로 인종을 분류하고 인종마다의 특징을 나누는 것은 이러한 인식을 더욱 심각하게 만들 여지가 있습니다. 비록 지금은 인종 연구가 그리 큰 문제가 되고 있지는 않지만, 나중에는 모를 일입니다. 어쩌면 차별까지는 아니더라도 인종 간의 보이지 않는 장벽이 생겨날 수도 있습니다. 이에 대해 여러분들의 생각은 어떠한가요?

호르몬

사춘기와 갱년기는 다 그만한 이유가 있다?

나는 한때 내가 이 세상에 사라지길 바랬어
온 세상이 너무나 캄캄해 매일 밤을 울던 날
- 볼빨간사춘기의 노래 『나의 사춘기에게』 -

어린 아이들에게 부모님은 절대적인 존재입니다. 아빠는 세상에서 가장 잘생기고 힘이 가장 강한 슈퍼맨(?)이고, 엄마는 가장 아름다운 슈퍼우먼(!)이죠. 어떤 사람이든지 간에 이렇게 부모님을 동경의 대상으로 여겼던 어린 시절이 있을 거라 생각합니다. 그런데 어린 아이들이 언제까지나 부모를 이런 시선으로 바라보는 건 아닙니다. 10~14살쯤 되면 마음의 변화가 찾아오기 시작하거든요. 부모님을 잘 따르고 순종적이었던 아이들이 갑자기 부모님을 싸늘하게 대하며 반항하고 대들기 시작하는 거지요. '다들 늦게까지 노는데 왜 저는 저녁시간까지 집에 와야 해요?' 와 같은 말은 기본이고 '친구들은 다 최신 스마트폰을 가지고 있는데 왜 저는 아직 허접(...)한 2G폰을 써야 하죠?'나 '다른 친구들은 부모님들이 컴퓨터 게임 하는 걸로 뭐라 안하는데 우리 집은 왜 그래요?'처럼 부모님에게 바라는 요구사항과 불만도 증가합니다. 아이의 갑작스러운 변화와 요구에

어린 아이들에게 부모님은 절대적입니다. |

깜짝 놀란 부모들은 아이를 설득하려 하지만 아이는 부모의 말을 듣지 않고 결국 싸움으로 번지게 되죠.

사춘기 자녀를 둔 가정에서 흔히 벌어지는 익숙한 일들입니다. 이 때 아이들은 어른들에게 반항심이 생겨나고 누가 뭐라 하면 예민하게 굴며 쉽게 화냅니다. 심지어는 자신이 생각하는 모든 것들이 옳으며, 어린 시절에는 무조건 옳다고 여겨 왔던 부모님의 생각이 틀렸던 것이라고 생각하기 시작합니다. 질풍노도의 시기라는 말이 아주 잘 어울린다고 할 수 있지요. 사춘기가 되면 성욕이 생기는 것도 절대로 빼놓을 수 없는데요. 남자는 여자에게, 여자는 남자에게 관심이 생기고, 동성애자들은 본인의 성 정체성을 깨닫게 됩니다.

여러분은 이러한 현상이 일어나는 이유가 뭔지 아시나요? 바로 호르몬 때문입니다. 사춘기 전까지는 거의 분비되지 않던 테스토스테론Testostrone이나 에스트로젠Estrogen 같은 성호르몬들이 갑작스럽게 많이 분비되면서 신체와 감정의 변화가 발생하는 것입니다. 자녀의 이러한 변화는 부모님에게는 당황스럽겠지만, 사실은 누구나 겪는 일이죠. 사춘기를 겪고 있는 아이가 밉더라도 심하게 혼내기보다는 사랑으로 보살펴줘야 하는 이유입니다. 만약 사춘기 아이가 심경의 변화를 표출하지 못하고 부모에 의해 억눌린 채 살게 된다면 나중에 성인이 되었을 때 정신질환에 시달릴 수 있습니다.

| 사춘기를 겪는 청소년기의 아이들

어떤 의사 분은 사춘기의 청소년을 분갈이를 앞둔 식물로 묘사하시더군요. 작은 화분에 있던 식물이 무럭무럭 자라다가 어느 순간부터 비좁은 화분에서 벗어나 지금보다 더욱 큰 화분에서 자라고 싶어 한다는 거죠. 만약 이럴 때 분갈이를 해 주지 않으면 식물에게 어떤 일이 일어날지는 예상이 되시죠? 아마 영양분을 충분히 공급받지 못해 크게 자라지 못하거나 결국 죽고 말 겁니다. 이처럼 아이에게 사춘기가 왔다는 것은 부모님의 품에서 조금이나마 벗어나서 하나의 인격체로서 존중받아야 할 만큼 컸다는 것을 의미합니다. 물론 아직 경험이 부족하기에 올바르지 못한 생각을 할 수도 있지만 수많은 시행착오의 과정을 통해 진정한 성인으로 거듭나는 거지요.

성호르몬은 사춘기가 끝나고 성인이 된 이후에도 꾸준히 분비됩니다. 사춘기는 성호르몬의 분비가 본격적으로 시작되어 갑작스럽게 찾아온 변화에 적응하는 단계라고 보시면 된답니다. 어느 정도 적응을 마치고 안

정이 찾아왔을 때가 사춘기가 끝났음을 의미하죠. 여기서 비추어 봤을 때 사춘기 이후에 생겨나는 감정들은 성인이 되어서도 꾸준히 조절하고 극복해 나가야 하는 것들이 아닐까 하는 생각도 듭니다.

우리는 여기서 호르몬이 우리에게 어떤 물질인지 짐작할 수 있습니다. 호르몬을 단순히 우리 몸의 상태를 조절하는 물질 정도로만 생각하면 곤란합니다. 지금까지 과학자들이 밝혀낸 많은 연구들에 따르면, 호르몬은 우리의 욕구와 감정, 심지어는 생각에도 관여합니다. 어쩌면 '관여'라는 표현보다는 '지배'한다는 표현이 더 어울릴 수도 있죠.

사람에게 가장 숭고하고 고귀한 감정 중의 하나로 여겨지는 사랑도 호르몬에 의해 생겨난답니다. 대표적인 사랑 호르몬이 바로 옥시토신 Oxytocin입니다. 옥시토신은 상대에게 호감을 느끼거나 매력을 느낄 수 있게 해 주지요. 친구들이나 가족들과 함께 감정적인 교류를 하는 데에도 도움을 준답니다. 이 호르몬 덕분에 사람은 사랑을 할 수 있을 뿐 아니라 다른 사람들과 친밀감과 믿음을 형성할 수 있지요. 부모가 어린 자녀를

| 옥시토신은 사랑 호르몬의 일종입니다.

돌보거나 보호할 때에도 옥시토신이 분비되는데요. 덕분에 부모님들은 자녀를 키운다는 사실에 대한 좋은 감정과 충분한 보상을 느낄 수 있습니다. 사랑 호르몬은 옥시토신 외에도 다양한 종류가 알려져 있고, 다른 동물들에게 이런 사랑 호르몬들을 주입해도 사람과 유사한 증상을 보입니다.

그런데 이런 성호르몬이나 사랑 호르몬들이 사춘기 이후부터 죽을 때까지 계속 왕성하게 분비되는 건 아닙니다. 40~50대쯤이 되면 성호르몬을 분비하는 생식기관들이 노화해서 성호르몬의 분비가 빠르게 감소하거든요. 이로 인해 성욕이 감소하는 것은 물론이고 사랑이 주는 행복감도 줄어들고 수많은 증상이 발생하기 시작하는데요. 이런 시기를 갱년기라고 합니다.

갱년기 증상은 사춘기 증상보다 더욱 심각합니다. 일단 여자는 몸에 발열이 지속되어 일상생활에 상당한 지장이 생깁니다. 발열이 너무 심하면 쉽게 잠에 들지 못하고 밤을 새는 경우도 많아지죠. 게다가 감정기복이 심해져서 갑자기 눈물을 흘리기도 하고, 사소한 것에도 짜증과 스트레스를 느낍니다. 갱년기를 겪는 여자들은 남편이나 자녀의 얼굴만 봐도 이유 없이 짜증(...)이 난다는 농담 반 진담 반의 이야기도 있죠. 만약 이런 증상들이 심각해지면 우울증이나 공황장애와 같은 정신질환이 일어나기도 한답니다.

남자에게도 갱년기가 있습니다. 그런데 여자와는 조금 다릅니다. 여자는 갑작스럽게 호르몬 분비가 감소하는 40~50대 사이에 증상이 확연히 나타나는데요. 남자는 30대 이후부터 호르몬 분비가 천천히 감소하다 보니 증상이 천천히 나타나서 인지하지 못하는 경우가 많거든요. 본격적으로 증상이 나타나는 시기는 여성과 비슷한 40~50대쯤으로, 근육량이 감소하고 체력이 약해지며 뱃살이 생깁니다. 그 외에 증상들도 여자와 상당히 유사한 점이 많지만 감정기복의 변화나 짜증, 스트레스 등은 여자에 비해 덜한 편이랍니다. 그러나 심할 경우에는 성욕을 아예 잃어버리는 일도 있고, 이로 인해 남자로서 성기능을 하지 못한다는 정신적인 충격이 더해지면 여성과 마찬가지로 정신질환이 생기기도 합니다. 무엇보다 알코올 중독자가 되는 경우가 많은 것으로 알려져 있죠.

사춘기를 겪고 있는 청소년기 자녀에게 부모님의 관심과 사랑이 필요하듯이 갱년기를 겪는 분들에게도 많은 관심이 필요합니다. 가족들과 꾸준히 대화하는 것이 제일 중요하고 꾸준한 여가생활과 운동을 하는 것도 필

| 갱년기의 부부

요하죠. 무엇보다도 갱년기는 사춘기와는 다르게 나이가 들어 일어나는 증상이라서 박탈감과 상실감이 유독 심한 편인데요. 우리나라의 평균 수명이 80세나 된다는 사실을 명심하고 갱년기를 건강한 마음가짐으로 잘 넘겨야 그 이후에도 건강하게 잘 살아갈 수 있답니다.

지금까지 호르몬에 의해 일어나는 사춘기와 사랑의 감정, 그리고 갱년기에 대해서 알아보았습니다. 우리는 여기에서 사람의 일생은 절대 물 흐르듯 조용히 흘러가지 않는다는 것을 알 수 있죠. 사람은 태어난 이후부터 호르몬에 의해 계속 생각과 감정이 오락가락(...)합니다. 결국 우리의 자아는 뇌 뿐만 아니라 호르몬에 의해서도 지배되고 있는 셈이죠. 사람들은 흔히 스스로가 뇌로 생각을 하고 감정을 느낀다고 생각하는데요. 알고 보면 전혀 그렇지 않습니다. 이것은 사람 뿐 아니라 다른 동물들도 마찬가지랍니다. 사람이 호르몬에 의해 생각을 하고 감정을 느끼듯이 동물들도 똑같이 호르몬에 의해 생각을 하고 감정을 느끼지요.

우리가 여기서 배울 수 있는 사실이 하나 있습니다. 바로 사람은 사람이기 이전에 동물이라는 겁니다. 사람은 모든 동물들이 가지는 특성이나 본능을 동일하게 가지고 있지요. 사람과 동물의 차이점을 굳이 찾자면 뇌가 다른 동물들에 비해 크고 지능이 높다는 것 정도입니다. 그러므로 사람이 스스로를 만물의 영장으로 치켜세우는 것은 과학적인 관점에서는 오만하다고 할 수 있습니다.

많은 사람들은 스스로를 지구상에 있는 존재들 중에서 가장 특별한 존재로 여깁니다. 하지만 과학의 발전은 사람들이 이런 오만한 착각에서 빠져나올 수 있게 만들었습니다. 덕분에 우리는 사람이든 동물이든 다 같은 생물들이고, 다 같은 지구의 공동체라는 깨달음을 얻었죠. 이것이 우리가 과학을 배워야 할 또 다른 이유가 아닐까요?

과학은 우리의 일상 뿐 아니라 사람들의 생각과 가치관, 심지어는 세계관까지도 바꿔 놓았습니다. 이처럼 과학의 영향력이 워낙 크다 보니 과학이 아닌데 과학인 척 하는 녀석들도 등장하고 있죠. 그럴수록 우리에게 과학은 점점 알쏭달쏭해져만 갑니다. 과학이 녀석은 도대체 정체가 뭐길래 우리들의 구석구석을 이렇게 들쑤시고 다니는 걸까요? 그리고 우리는 이런 과학을 어떻게 다뤄야 할까요?

6 장

과학 넌 도대체 정체가 뭐니?

과학의 발전이 만든 독특한 것들

사회진화론

과학이론으로 정당화시킨 부당한 노사관계?

유럽의 백인이 다른 지역의 사람들을 다스리는 건 당연한 일이다.

– 알프레드 테니슨 (영국의 시인) –

과학은 사회에 정말 많은 영향을 미칩니다. 대부분의 사람들이 잘 알고 있는 명백한 사실이죠. 그런데 이번 장에서는 조금 독특한 사례를 다뤄볼까 합니다. 과학이 때로는 사람들의 사상과 사회 이론들을 과학적으로 뒷받침하는 근거가 되기도 하거든요.

그 중에 하나가 바로 '사회진화론'입니다. 사회진화론이란 자본가와 노동자 간의 부당한 관계를 정당화하는 이론을 말합니다. 자본가는 강자이고 노동자는 약자이므로 자본가가 노동자를 함부로 대해도 상관이 없다는 의미가 담겨있지요. 넓은 의미에서는 강대국의 약소국 침략을 정당화하는 이론이기도 하답니다. 정리하면 강자가 약자를 함부로 대하는 것은 자연의 섭리이고, 사람도 마찬가지라는 게 사회진화론의 핵심입니다. 놀랍게도 이 이론은 다윈의 진화론에서 영감을 얻어 생겨났습니다. 진화론을 주장했던 다윈의 의도와는 전혀 상관없이 말이죠. 도대체 왜 이런 일이 발생했는지 진화론의 탄생부터 차근차근 살펴보도록 합시다.

찰스 다윈 |

19세기 영국은 식민지를 건설하기 위해 세계 이곳저곳을 향해하고 있었습니다. 당시 영국의 동물학자였던 다윈Charles Darwin도 운 좋게 비글호에 탑승할 기회를 얻고 남아메리카 대륙과 태평양, 아프리카의 생물들을 관찰하며 시간을 보냈죠. 그렇게 다윈은 5년간의 긴 항해를 마치고 고향으로 돌아갔습니다. 그리고 그동안 채집했던 생물 표본을 살펴보다가 남아메리카 인근 갈라파고스 제도에서 채집했던 작은 새들이 모두 핀치새라는 사실을 깨닫고 깜짝 놀랍니다. 모두 핀치새라기에는 새들마다 부리의 모양이 너무 천차만별이었거든요. 딱딱한 열매를 먹는 핀치새의 부리는 뭉툭하고 튼튼하고, 곤충을 잡아먹는 핀치새의 부리는 틈새에 숨은 곤충을 잡아먹을 수 있도록 뾰족한 모양인 식이었습니다. 이후 다윈은 갈라파고스 제도에 분포해 있는 섬들의 각기 다른 환경이 핀치새들의 부리 모양을 다양하게 만들었다는 사실을 알게 되었습니다. 원래는 한 종의 핀치새였다가 주어진 환경에 맞게 다양한 종의 핀치새로 진화했다는 거지요. 그렇게 탄생한 이론이 바로 '모든 생물들은 주어진 환경에 살아가기에 적합하도록 진화한다'는 진화론입니다.

핀치새 |

한편 비슷한 시기 영국은 막대한 자본

을 소유한 자본가와 자본가들에게 노동력을 제공하는 노동자들 간의 격차가 매우 극명하던 시기였습니다. 영국의 사회학자 스펜서Herbert Spencer는 이러한 사회현상에 대해 연구하고 있었고, 우연히 다윈의 진화론을 접하게 됩니다. 그 후로 그는 생물들 사이에서 강자만이 살아남아 종족번식에 성공하고 번성하듯이, 사람들의 사회에서도 강자가 자본가가 되고 약자가 노동자가 되는 것이라는 생각을 하게 되었습니다. 그렇게 만들어진 게 바로 사회진화론입니다. 진화론이 과학의 영역을 이탈해서 사람 사회에 적용된 것입니다. 지금 생각해보면 허무맹랑하고 말도 안 되는 이론이지만 당시 유럽 사회에서는 꽤나 유명하고 각광받는 사회이론 중에 하나였습니다.

하지만 사회진화론은 사람들에게 각광받은 것과는 별개로 수많은 사회문제들을 일으켰습니다. 그 중 하나는 가난한 사람들이 경쟁에서 도태될 수밖에 없는 하찮은 존재로 각인되기 시작했다는 겁니다. 이로 인해 국가가 개입하여 가난한 사람들을 구제하는 사회보장제도들이 잘못된 것들이라고 여겨지기 시작했습니다. 가난한 사람들을 돕는 것은 자연의 순리에 어긋난다고 여겼던 거지요(...). 한 발 더 나아가서는 강대국이 약소국을 침공하고 식민지배하는 제국주의 사상이 발전하는 결과를 낳기도 했습니다. 결국 다윈의 진화론은 당시의 제국주의자와 자유방임주의자들의 사상을 과학적으로 정당화할 수 있는 좋은 근거를 제시해준 거지요. 당시 유럽 사회에서 자본가가 노동자들을 함부로 대하고, 강대국들이 약소국을 침공해 식민지배를 하는 와중에 다윈의 진화론은 너무나 매력적인 가설이었습니다.

그런데 여기에서 끝이 아니었습니다. 사회진화론은 시간이 지날수록 더욱 극단적으로 치닫았고 결국 우생학이라는 신생학문을 탄생시키기에 이르렀습니다. 여기서 우생학Eugenics이란 사람의 유전형질을 개량해서 우수한 형질을 가진 사람을 증가시키는 학문을 말합니다. 우생학은 학문으로 잘 알려져 있고 '~학'으로 끝나지만 사실 학문이라기보다는 사상에 가까웠습니다. 당시 길거리에는 빈민이 너무 많았고, 사람들은 이들을 사회에 해를 끼치는 존재로 여겼는데요. 우생학은 빈민의 비율을 줄이기 위

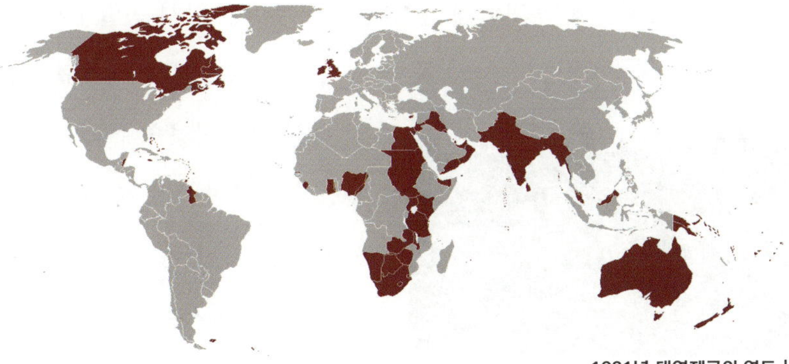

1921년 대영제국의 영토 |

해 우수한 사람들을 많이 탄생시켜야 한다는 사상이었습니다. 어떻게 탄생시키냐고요? 높은 능력을 가진 전문직 계층은 서로 결혼시켜서 아이를 낳게 하고, 빈민은 거세를 시켜서 출산율을 조절하는(...) 방식으로요. 지금 같았다면 엄청난 비판을 받았을 만한 끔찍한 주장이지만 당시 우생학은 생명과학의 응용학문으로써 과학자들 사이에서 크게 각광받았답니다. 2차 세계대전이 막바지에 이른 1940년대까지 말이죠.

우생학이 쇠퇴하게 된 계기는 유전학이 발전하면서입니다. 사람의 높은 지능과 같은 우수한 형질이 오직 한 가지 유전자에 의해서가 아니라 수많은 유전자들에 의해 결정된다는 사실이 밝혀진 거죠. 사람들의 우수한 형질이나 열등한 성질이 그렇게 간단하게 정해지는 게 아니었던 겁니다. 그리고 유전자 하나가 사람의 여러 가지 형질에 동시에 영향을 미친다는 사실이 밝혀진 것도 한몫했습니다. 많은 유전자들이 열등한 형질들에 영향을 미치다가도, 우수한 형질들에 영향을 미치기도 하니까요. 결국 우생학을 연구할 과학적 근거는 없어졌습니다.

하지만 과학적 근거가 없어지는 것만으로는 부족했습니다. 무엇보다도 우생학이 완전히 몰락하게 된 결정적인 계기는 당시 독일제국이 아우슈비츠 수용소에서 저질렀던 유대인 학살 때문이었습니다. 나치가 유대인을 학살한 것도 유대인을 열등한 형질을 가진 존재로 여겼다는 우생학적 인식에서부터 출발하는데요. 단지 열등하다는 이유로 어마어마한

| 아우슈비츠 수용소

사람들을 학살했다는 것은 설령 우생학자라도 엄청난 충격으로 다가왔을 겁니다.

당시 사회가 정말 피폐하다 못해 절망적으로까지 보이는데요. 그래도 당시에 희망이 아예 없었던 것은 아닙니다. 모든 사람들이 사회진화론이 옳다고 주장했던 건 아니거든요. 꽤 많은 개혁가들이 사회진화론이 잘못되었다는 사실을 잘 알고 있었습니다. 여기서 개혁가들이란 자본가와 노동자의 부당한 관계를 타파하고 사회보장제도를 확립시키려고 했던 사람들을 말합니다. 이들의 주장은 지금까지도 현대 국가에서 사회보장제도가 왜 실시되어야 하는가에 대한 근거로 거론되고 있지요. 대표적인 인물이 바로 헉슬리Thomas Huxley라는 동물학자입니다. 그는 다윈의 진화론을 열렬하게 지지했지만 사회진화론을 거세게 비판했던 사람입니다. 사회진화론이 진화론을 기반으로 발전한 건데, 정작 진화론을 지지했던 과학자가 사회진화론에는 반대하다니 좀 웃기지요. 그만큼 사회진화론은 허점이 많은 이론입니다.

토머스 헉슬리는 만약 진화론을 사람 사회에 그대로 적용한다면 사회에 큰 혼란이 야기될 것이라고 여겼습니다. 그리고 사회가 발전하기 위해서는 사람들이 자연의 질서에 대항해야 한다고 말하기도 했습니다. 여기서 자연의 질서란 서로 끊임없이 경쟁하면서 성공하는 개체와 도태되는 개체가 발생하는 진화 현상을 말합니다. 한마디로 말하면, 자본가와 노동자의 부당한 관계가 정당화되고, 강대국이 약소국을 침공하려 한다면 사회는 발전할 수 없다는 겁니다.

비록 사람은 자연에서 태어났지만 높은 지능을 바탕으로 도덕적으로 판

| 사회적 약자들을 함부로 하는 게 과연 옳을까요?

단하고, 문화와 규범, 법을 만들고 고찰하고 개선해 나갈 수 있는 존재입니다. 자연의 질서를 어느 정도 통제하고 이성적으로 판단할 수 있다는 겁니다. 실제로 우리 인류는 오랜 역사를 거치며 천천히 자연의 질서에서 벗어나 왔지요. 그럼에도 불구하고 우리 사회를 자연의 현상과 동일시하는 것은 사람들이 오랜 역사를 통해 쌓아 온 수많은 문화나 문명을 거부하고 다른 동물들과 별 다를 것 없이 살겠다는 의미와 다르지 않습니다. 자고로 우리가 사람이라면 강자가 약자를 함부로 대할 것이 아니라 돌보고 감싸는 게 옳지 않을까요? 애초에 약자를 보호하는 게 자연의 질서를 거스르는 행위인지 아닌지는 전혀 중요하지 않습니다. 옳고 그름에 따라 판단할 뿐이죠.

사회진화론의 문제점은 여기서 다가 아닙니다. 현대 들어서 사회진화론은 다윈의 진화론을 왜곡했다는 점에서도 큰 비판을 받고 있답니다. 진화론을 깊이 파 보면 사회진화론과는 다른 점이 많거든요. 무엇보다도 진화론은 사회진화론에서 말하는 것처럼 생물들 사이에서 강자와 약자를 가

리는 이론이 아닙니다. 진화론에서는 진화가 주어진 환경에 살기 적합한 방향으로 일어나는 것이라고 말하죠. 호랑이와 펭귄을 비교해보면 호랑이가 훨씬 강해 보이지만 사실 호랑이는 밀림에서나 왕으로 군림할 뿐입니다. 호랑이는 펭귄처럼 남극에서는 절대로 살 수 없습니다. 호랑이는 밀림에 살기 적합하도록, 펭귄은 남극에서 살기 적합하도록 진화했기 때문입니다.

우리가 사회진화론에서 배워야 할 점은 과연 무엇일까요? 그건 바로 과학을 잘못 사용하면 안 된다는 겁니다. 강대국들의 식민지배, 자본가의 노동자 착취, 민족 대학살 등 당시 사회문제들이 대부분 사회진화론을 기반으로 생겨났습니다. 인류가 사회진화론이라는 잘못된 이론 하나로 한 세기 동안 엄청난 대가를 치룬 것입니다. 이처럼 과학은 본질이 왜곡되거나 자본가 등의 특정 계층, 그리고 특정 민족과 집단을 위해 이기적으로 사용되면 항상 좋지 않은 결과를 야기합니다. 과학이 자칫 잘못 뒤틀리면 사람들을 고통스럽게 혹은 불행하게 만들 수도 있다는 좋은 사례지요.

비록 새로운 지식을 발견해나가는 사람들은 과학자이지만 그렇게 만들어진 지식들을 어떻게 사용할지는 바로 우리 사회구성원들이 결정합니다. 우리는 과학을 민족, 국적, 계층, 인종, 종교를 막론하고 모든 사람들을 위해 올바르게 사용해야 할 것입니다. 사회를 피폐하게 만드는 과학이 아닌, 인류와 사회의 발전에 기여하는 과학이 될 수 있도록 하려면 말이죠. 비록 당시의 사람들은 사회진화론에 맥 없이 쓰러졌지만, 현대 사회에서는 더 이상 이런 일이 없기를 바랍니다.

유사과학

과학 너마저... 가짜가 있는 거니?

당신이 정말 진리를 추구한다면 생애에 한 번쯤은
모든 것을 깊게 의심해 볼 필요가 있다.
- 르네 데카르트 (프랑스의 철학자) -

2002년에 『물은 답을 알고 있다』라는 과학교양서가 베스트셀러로 인기를 끌었던 적이 있습니다. 이 책에서는 물에게 좋은 말을 해줬을 때의 물 결정 사진과 나쁜 말을 해줬을 때의 물 결정 사진들이 등장합니다. 좋은 말을 들려준 물 결정은 예쁘고 아름답지만 나쁜 말을 들려준 물 결정은 대부분 망가져 있지요. 저자는 이런 물 결정 사진들을 보여주면서 사람들은 좋은 말을 하며 살아가야 한다는 교훈을 전합니다. 우리 몸의 70%는 물로 이루어져 있으니 좋은 말을 해야 건강하게 살아갈 수 있다고 해요.

물 결정 |

물론 '사람은 좋은 말을 해야 한다'는 책의 주제는 좋습니다. 아마도 이런 좋은 교훈 덕분에 이 책이 베스트셀러가 될 수 있

었던 것이겠지요. 그런데 이 책에는 심각한 결점이 하나 있습니다. 뭔지 아세요? 그건 바로 물에게 좋은 말을 들려준다고 해서 정말로 물 결정이 아름다워지지는 않는다는 겁니다. 혹시 여러분도 그렇게 생각하시나요? 물이 전 세계에 있는 모든 언어를 듣고 좋은 말과 나쁜 말을 구분하는 것이 가능할까요?

일단 이 책의 저자가 어떤 근거로 물의 모양이 변한다고 주장하는지부터 살펴봐야 할 것 같습니다. 그는 물 스스로가 좋은 말을 할 때의 파동과 나쁜 말을 할 때의 파동을 인식해서 다른 모양을 띠게 된다고 주장합니다. 그런데 조금 이상하지 않나요? 전 세계에 있는 말들 중에서는 한국인들에게 욕처럼 들리지만 그 나라 사람들에게는 일상적인 대화이거나 칭찬인 경우가 꽤 있습니다. 중국어로 '밥 먹었니你吃饭了吗, 니츠판러마'나 일본어로 '훌륭해すばらしい, 스바라시이'가 좋은 예시입니다(...). 물이 이렇게 비슷하게 들리는 단어들을 파동만으로 구분할 수 있을까요? 사람도 외국어를 배워야만 가능한데 물이 가능할 리가 없죠. 무엇보다 물은 애초에 지능도

없고 귀도 없어서 소리를 듣고 판단을 할 수 없습니다. 완전히 말도 안 되는 거죠.

이처럼 과학이 아니지만 과학인 척 하며 사람들 사이에 퍼져 있는 잘못된 지식을 유사과학Pseudoscience이라고 부릅니다. 특정 부류의 사람들만 믿는 과학이라고 생각하기 쉽지만 전혀 그렇지 않습니다. 우리 일상 속에도 꽤 깊이 침투해 있거든요. 우리가 알고 있는 평범한 상식 중에서도 유사과학 상식들이 꽤 많습니다.

말이 나온 김에 몇 가지를 살펴볼까요? 아마 비가 내리는 날에는 대부분의 사람들이 우산을 쓰고 바깥으로 외출할 것입니다. 우산 없이 밖으로 나가면 주위 사람들에게 산성비 때문에 대머리(...)가 될 것이라는 우려 섞인 목소리를 듣기 쉽지요. 산성비가 금속과 대리석을 녹이는 성질 때문일까요? 많은 사람들은 산성비를 머리에 맞으면 머리카락이 빠진다고 생각합니다. 정말로 그럴까요? 절대 그렇지 않습니다. 우리나라에서 내리는 비의 pH산도는 4.3~5.8정도입니다. 사람이 고작 pH 4.3~5.8의 산성에

유황온천의 pH는 무려 2~3에 달합니다.

| 비 오는 날의 해외 도시 풍경 (우산을 쓰지 않은 사람들이 꽤 많습니다.)

대머리가 된다면 우리는 절대로 샴푸로 머리를 감아서도, 온천욕을 즐겨서도 안 됩니다(!). 샴푸의 pH는 3 정도이고, 유황온천의 pH는 2~3나 되거든요. pH가 1이 내려갈 때마다 산도가 10배씩 증가하니까 샴푸는 비보다 산도가 최소 10~100배나 더 높은 겁니다. 당연히 유황온천은 훨씬 더 높고요. 그러므로 사람이 고작 산성비만으로 머리가 빠진다면 샴푸로 매일 머리를 감는 사람은 얼마 지나지 않아 대머리가 되어야 정상입니다(...). 그런데 우리는 샴푸로 머리를 감아도 머리카락에 아무 문제도 안 생기죠. pH가 자그마치 2~3나 되는 유황온천에서 목욕을 했을 때에도 마찬가지고요.

산성비를 맞으면 대머리가 된다는 속설은 특이하게도 우리나라에만 있는 유사과학 중에 하나입니다. 실제로 북미나 유럽으로 여행을 가면 비가 내려도 우산을 쓰지 않는 현지인들의 모습을 쉽게 볼 수 있죠. 대부분의 외국인들은 비가 너무 많이 내리는 날이 아니라면 우산을 잘 쓰지 않습니다. 앞으로 가끔씩은 대머리에 대한 걱정을 덜고 시원하게 비를 맞는 것도 좋을 것 같네요.

돼지껍데기를 먹으면 피부가 좋아진다는 속설도 유사과학입니다. 사람의 피부는 콜라젠Collagen으로 이루어졌으니 콜라젠이 많이 함유되어 있는 돼지의 피부인 돼지껍데기를 먹으면 피부가 좋아진다고 여기는 것 같습니다. 돼지껍데기를 판매하는 식당에서도 피부미용(?) 하러 오라며 손님들에게 홍보를 하죠. 하지만 콜라겐을 먹는 것과 피부미용은 아무런 관련이 없습니다. 음식으로 먹은 콜라겐은 소화 과정에서 아미노산으로 분해된 다음에, 아미노산이 필요한 신체 기관으로 이동합니다. 아미노산의 일부가 콜라젠으로 합성되어 피부를 이루게 될 수도 있긴 하지만 아주 미미한 양이죠. 돼지껍데기는 쫄깃하고 부드러운 식감을 즐길 수 있는 먹거리일 뿐입니다.

콜라젠이 함유된 화장품도 마찬가지입니다. 콜라젠을 피부에 바르는 것은 피부미용에 아무런 도움이 되지 않거든요. 콜라젠은 단백질 중에서도 크기가 아주 큰 단백질입니다. 우리의 피부에는 콜라젠 같이 크기가 큰 단백질을 흡수할 만큼의 큰 구멍이 없습니다. 만약 사람의 피부가 콜라젠을 흡수할 수 있다면 바이러스도 피부로 쉽게 침투할 수 있게 될 것입니다. 만약 이런 피부를 가진 사람이라면 온갖 피부질환에 걸리며 고통받을 겁니다.

지금까지 산성비와 콜라젠 두 가지 유사과학을 살펴보았는데요. 사실 콜라젠과 산성비 외에도 우리 주변에 퍼진 유사과학은 셀 수 없이 많습니다. 혈액형이 성격을 결정한다거나, 식물에게 좋은 말을 해주면 더 잘 자

| 양파 키우기

란다거나, 게르마늄 팔찌를 착용하면 건강이 좋아진다거나, 육각수를 마시면 몸에 좋다는 속설이 대표적이죠. 이 중 식물에게 좋은 말을 해주면 잘 더 자란다는 내용의 유사과학은 국어 교과서(...)에 버젓이 실려서 심각한 논란이 되었던 적이 있습니다. 일부 초등학교에서는 좋은 말 양파와 나쁜 말 양파를 키워보는 방학숙제를 냈는데요. 자녀와 함께 방학숙제를 하던 부모님들 중 몇 분들은 나쁜 말 양파가 너무 잘 자라서(...) 당황스러워 하기도 했습니다.

그래도 여전히 많은 사람들은 '유사과학? 뭐 잘못 알면 어때?'라고 생각합니다. 하지만 유사과학이 일으키는 문제들은 생각보다 심각하답니다. 유사과학을 미신과 비슷하다고 생각하시면 오산입니다. 미신은 우리가 과학적 사실이 아니라고 쉽게 판단할 수 있지만 유사과학은 마치 진짜 과학처럼 그럴싸해 보이거든요. 그러다 보니 사람을 속여서 올바르지 않은 제품을 구매하게 하거나, 사회 구성원 전체에 피해를 주기도 한답니다. 아마 이 정도 설명만으로는 유사과학의 위험성이 잘 와닿지 않으실 것 같은데요. 유사과학이 얼마나 위험하고, 우리에게 얼마나 심각한 피해를 끼치는지 살펴보도록 합시다.

1990년대 말 일본에서 갑자기 음이온이 건강에 좋다는 유사과학이 퍼졌던 적이 있습니다. 일본 공장에서 만들어지는 각종 제품들에 음이온이 첨가되기 시작한 때가 아마 이때부터일 겁니다. 일본 제품이 인기가 많았

던 우리나라에서도 2000년대 이후로 일본을 따라 음이온 제품들이 인기를 끌기 시작했죠. 과학자들은 음이온이 건강에 좋다는 과학적 근거가 전혀 없다고 주장했지만 사람들은 과학자들의 말을 듣지 않고 음이온 제품들을 선호했습니다.

그러던 어느 날 음이온 침대를 구매한 한 주부가 침대 앞에서 라돈Radon 측정기를 사용했습니다. 측정 결과를 보니 라돈 수치가 너무 높게 나왔죠. 깜짝 놀란 주부는 라돈 측정기가 고장났다고 생각하고 업체에 전화했는데요. 라돈 측정기는 정상이었습니다. 이를 이상하게 여긴 라돈 측정기 업체는 집 내부를 조사해서 라돈이 발생하는 곳이 어딘지 물색했는데요. 놀랍게도 음이온 침대에 라돈이 대량으로 발생하고 있었습니다. 매트리스에 코팅했던 음이온 가루에 라돈이 대량으로 함유되어 있었던 거죠. 지금까지 사람들이 건강에 좋을 것이라 생각하고 구입했던 음이온 제품들이 모두 방사능 제품(...)이었던 셈입니다. 이 사건이 바로 2018년 있었던 라돈침대 방사능 피폭 사태입니다. 지금까지 음이온 제품을 써오던 사람들은 충격에 빠졌습니다.

이게 다가 아닙니다. 한때 '안아키약 안 쓰고 아이 키우기'라는 유사과학 네이버 카페도 있었습니다. 카페 운영자인 모 한의사는 카페 회원들에게 필수 예방접종 하지 않기, 아토피 아이에게 햇볕 쬐기, 고열로 고통 받는 아이 내버려두기(...), 40℃ 온수로 화상 치료하기(?) 등의 자연치유법을 소개해 왔습니다. 이런 자연치유법으로 치료를 받은 아이들은 예상하다시피 처참했죠. 한의사는 심지어 활성탄 숯가루를 해독제로 판매해서 엄청난 수익을 남겼습니다. 상식적으로 말도 안 되는 치료법이지만 이 카페의 회원 수는 5만 명에 달했습니다. 무려 5만 명이 이런 잘못된 치료법으로 자녀들을 고통스럽게 만든 거지요. 결국 네티즌들은 이 한의사를 아동 학대 혐의로 신고했고, 2018년에 카페가 폐쇄되었습니다.

어떤가요? 정말 무섭지 않나요? 이처럼 유사과학이 사회에 미치는 영향은 상상을 초월합니다. 그럼에도 여전히 사람들이 유사과학에 현혹되어 잘못된 선택을 하는 일이 많이 일어나죠. 이쯤 되면 궁금해집니다. 사람들은 왜 유사과학을 믿을까요? 유사과학에 맞서 싸워 온 미국의 과학 커뮤니케이터 마이클 셔머Michael Shermer는 이에 대한 명쾌한 답변을 했습니다. 셔머에 따르면 과학은 복잡하고 어렵지만 유사과학은 답이 간단하고 직관적이라서 믿기 쉽다고 합니다. 실제로 유사과학은 사람들에게 많은 노력을 요구하지 않습니다. 왜 그런 것인지는 알 필요 없고 그냥 그렇다는 사실만 받아들이면 그만이죠. 심지

| 마이클 셔머

어 이 사실은 쉽게 부정하기 어려울 정도로 희망적이고 이상적이기까지 합니다.

우리가 이런 유사과학에 현혹되지 않으려면 잘못된 지식과 올바른 지식을 구분할 수 있는 눈을 길러야 합니다. 그런 눈은 어떻게 길러야 하냐고요? 우리 주변에 있는 지식들을 비판적으로 바라보는 것이 그런 눈을 기르는 첫걸음이라고 생각합니다. 음이온 제품이 몸에 좋다는 속설이 있다면 음이온이 왜 몸에 좋은 것인지 세심하게 따져보는 방식으로 말이죠. 우리가 지금보다 더 깐깐해진다면, 유사과학은 점점 설 자리를 잃어갈 겁니다.

무신론

신은 과연 우리가 살아가는 세상에 존재할까?

신이 살아있는 유충의 몸속에서 살을 파먹는 맵시벌을
창조했다는 것을 도저히 납득할 수 없다.
- 찰스 다윈 (영국의 생물학자) -

무신론Atheism이란 신의 존재를 믿지 않는 사상을 말합니다. 신을 믿는 유신론Theism과 반대되는 개념이죠. 불과 몇 백 년 전만 해도 거의 모든 사람들은 신화와 종교를 근거로 신의 존재를 믿어 왔습니다. 사람의 힘으로는 설명할 수 없었던 우주와 생명체에 대한 의문을 신을 도입하면서 해소해 왔던 것이죠. 그래서 세계적으로 종교의 힘은 엄청났습니다. 특히 유럽의 문화는 기독교 정신을 근간으로 형성되었죠. 미국의 정치인들도 국민의 지지를 받으려면 스스로 기독교인을 자처해야만 합니다. 미국에서는 정치인이 무신론자라고 밝히면 국민의 지지를 얻기 어렵거든요. 상황이 이렇다보니 미국 유럽 등의 많은 국가에서는 자신을 무신론자라고 하는 사람들이 거의 없다시피 했습니다.

그러던 와중 2000년 미국 뉴욕 한복판에 9.11테러가 일어나면서 변화가 일어납니다. 단 한 번도 본토를 공격당한 적 없는 미국인들에게 9.11

9.11테러 |

테러는 큰 충격이었죠. 이런 충격을 안겨준 사람들은 이슬람 극단주의 세력이었습니다. 미국의 기독교와 반이슬람 성향에 반감을 가지고 이런 일을 저질렀던 거죠. 종교 간의 분쟁이 수많은 사람들의 목숨과 재산을 앗아간 셈인데요. 이 일을 계기로 반종교, 더 나아가 신의 존재를 믿지 않는 무신론자들이 등장하기 시작했습니다.

이들 중에서 가장 유명하고 대표적인 무신론자가 바로 영국의 생물학자 리처드 도킨스입니다. 그는 9.11테러 이후 인류가 종교에 대한 망상에 깨어나야 종교전쟁에 의한 인류의 파멸(...)을 막을 수 있다고 주장했습니다. 도킨스는 자신의 책 『만들어진 신』에서 비틀즈 존 레넌의 노래를 패러디하며 다음과 같이 말합니다.

"상상해보라, 종교 없는 세상을. 자살폭파범도 없고, 9.11도, 런던폭탄테러도, 십자군도, 마녀사냥도, 화약음모 사건도, 인도 분할도, 이스라엘과 팔레스타인의 전쟁도, 세르비아와 크로아티아와 보스니아에서 벌어진 대량학살도, 유대인을 예수 살인자라고 박해하는 것도, 북아일랜드 분쟁도, 명예 살인도, 머리에 기름을 바르고 번들거리는 양복을 빼입은 채 텔레비전에 나와서 순진한 사람들의 돈을 우려먹는 복음 전도사도 없다고 상상해 보라. 고대 석상을 폭파하는 탈레반도, 신성 모독자에 대한 공개처형도, 속살을 살짝 보였다는 죄로 여성에게 채찍질을 가하는 행위도 없다고 상상해보라."

| 세계의 종교 심볼

이처럼 도킨스는 종교와 유신론을 아주 싫어하는 사람입니다. 그의 생각을 살짝 엿보도록 합시다. 많은 사람들은 과학이 지금과 같이 발전하기 전에는 신이 생명체를 창조했다고 믿어 왔습니다. 그런데 다윈의 진화론을 시작으로 생명과학이 빠르게 발전하면서 더 이상 생명현상에 신을 더 이상 도입할 필요가 없어졌습니다. 그럼에도 불구하고 아직도 생명체들이 신에 의해 창조되었다고 주장하는 유신론을 믿는 사람들이 꽤 많이 있는데요. 도킨스는 이런 사람들을 강하게 비판합니다. 도킨스에게 종교와 유신론은 이제 없어져야 할 사상에 불과합니다.

물론 아직 과학이 밝혀내지 못한 사실들이 많기는 합니다. 지구상에 최초의 생명체가 어떻게 생겨났는지, 우주의 끝에는 무엇이 있는지, 우주는 왜 존재하는 것인지 등 아직 과학자들은 많은 질문에 쉽사리 답변하지 못하죠. 그래서 과학자들은 많은 가설을 세우고 실험을 하면서 이러한 질문에 답변하기 위해 노력하고 있습니다. 우리 사회에 과학자가 존재해야 할 이유이기도 하죠. 과학자들이 답을 모르는 것은 당연합니다. 아직 입증해내지도, 밝혀내지도 못했으니까요. 과학자들은 답을 모르면 당당하게 모른다고 말합니다. 과학자들에게 모르는 답은 앞으로 밝혀내야 할 과제입니다.

하지만 종교는 다릅니다. 종교는 오직 성경만 보고 창조론을 주장합니다. 노아의 홍수가 발생한 흔적이 없는데도 노아의 홍수가 있었다고 생각

합니다. 성모 마리아가 하늘로 올라갔다는 증거가 없어도 성모 마리아가 하늘에 올라갔다고 생각합니다. 신의 존재를 증명할 수 없어도 믿음 하나만으로 무조건 사실이라고 생각하는 거지요. 특히 이슬람 국가 같이 폐쇄적인 국가에서는 이렇게 허무맹랑한 사실들이 진리처럼 받아들여집니다. 의문을 품을 기회조차 주어지지 않죠. 이런 잘못된 믿음은 언젠가 극단주의로 이어져 전쟁과 테러를 일으킵니다. 그러므로 모든 종교는 과학으로 대체되어야 합니다. 여기까지가 도킨스가 무신론을 주장하는 근거들이랍니다.

도킨스의 주장에 대해서 여러분은 어떤 생각이 드시나요? 예상하시겠지만 도킨스의 주장은 많은 사람들에게 비판받고 있습니다. 심지어 무신론자들에게도 말이죠. 종교인들 중에서는 테러를 일으키는 극단적인 종교인도 소수 있지만 좋은 일을 하는 종교인도 많습니다. 하지만 도킨스는 아예 종교 전체를 전쟁과 테러를 일으키는 것들로 싸잡아서 비난하고 있죠(!). 조용히 선한 일을 하며 살아오던 종교인들까지도 공격하고 있는 것

| 우주는 신이 창조한 것일까요?

입니다. 그냥 무신론을 주장하는 것이랑 유신론을 믿는 사람들은 잠재적 테러범이라고 주장하는 것은 엄연히 다릅니다. 만약 도킨스가 종교의 잘못된 점을 지적하고 무신론을 주장하는 정도였다면 무신론자들까지 도킨스를 비판하지는 않았을 것입니다.

도킨스는 굉장히 공격적이네요. 이제는 모든 무신론자들이 온건하게 주장하는 보편적인 의견들을 살펴봅시다. 대부분의 무신론자들은 일단 신이 있다는 증거가 전혀 없으므로 신이 없다고 주장합니다. 정말 신이 우주와 생명체를 창조했다면 과학자들에 의해 조금의 흔적이라도 발견되었어야 합니다. 하지만 수많은 과학자들이 몇 백 년에 걸쳐 우주와 생명체를 연구했음에도 불구하고 신이 있다는 증거가 될 만한 것들은 지금까지 전혀 없었습니다. 유신론자들은 성경을 그 증거로 삼기는 하지만 성경은 과학적인 증거가 전혀 되지 못합니다. 성경 이외의 신빙성 있는 증거가 뒷받침되어야 하죠. 하지만 유신론을 뒷받침해줄 수 있는 근거는 오직 성경뿐입니다.

신은 그 지역의 문화를 닮습니다. |

그리고 사람이 신을 만들어 냈다는 증거가 너무 많습니다. 지금까지 인류는 최소한 1만 가지(...) 이상의 종교를 믿어 왔고 종교의 개수보다 더 많은 신을 섬겨 왔습니다. 종교가 이렇게 많은 이유는 지역에 따라서 모시는 신이 각자 달랐기 때문입니다. 만약 신이 정말로 있다면 이 1만 명 이상의 신들이 모두 실제로 존재하는 신일까요? 아니면 이 1만 명 이상의 신들 중에서 오직 1명만이 실제로 존재하는 신일까요? 둘 중 어떤 것이든 납득하기 어려워 보입니다.

결정적으로 모든 신의 역할이나 성격, 외형은 지역의 문화를 닮습니다. 농사를 짓는 지역에서는 비와 햇빛을 내려주는 신을 섬깁니다. 사막에 사는 사람들은 가혹하고 근엄한 신을 섬깁니다. 오랜 기간 동안 나라 없이 고통 받았던 사람들은 자비로운 신을 섬깁니다. 우리나라의 신을 볼까요? 저승사자는 검은색 두루마기와 갓을 쓰고 있죠. 두루마기와 갓은 옛날에 한국인들이 즐겨 입었던 옷(...)입니다. 삼신할머니는 아이를 점지해준다고 알려진 신입니다. 우리나라는 불과 몇 백 년 전만 해도 자녀를 많이 낳는 게 제일 중요했습니다. 농사를 지으려면 많은 노동력이 필요했고, 노동력을 충족시킬 수 있는 가장 좋은 방법은 자녀를 많이 낳는 것 뿐이었거든요. 그래서 과거 우리나라의 부부들은 다산을 기원하며 삼신할머니께 기도를 드리곤 했습니다. 삼신할머니도 농경사회였던 우리나라의 문화와 맞물려 만들어진 신입니다.

재미있는 이야기를 해 볼까요? 신생아 엉덩이에 있는 몽고반점은 삼신할머니가 아기의 엉덩이를 때려 세상 밖으로 내보내면서 생겨났다고 합니다. 2018년에 우리나라에서는 하루에 약 800~1000명 정도의 신생아가 태어났는데요. 만약 삼신할머니께서 정말로 계신다면 주말 없이 매일 800~1000명이나 되는 아기들의 엉덩이를 때려서 밖으로 내보내는 고된 노동을 하셔야 합니다(...). 비슷한 예로 전 세계에 기독교를 믿는 사람은 약 25억 명인데 이들의 기도를 하나님이 모두 듣고 계시는 게 가능할까요? 하나님께서 전지전능하다면 뭐든 가능하겠지만 과학적으로는 불가능해 보입니다.

그렇다면 무신론과 유신론에 대한 과학의 입장은 어떨까요? 아쉽게도 과학은 아직 신이 존재하는지, 존재하지 않는지 확실하게 결론을 내리지는 않았습니다. 지금까지 신이 있다고 말할 만한 증거가 발견되지 않았기에 신은 없을 거라고 생각하지만 100%라고 단정하지는 않았다는 거죠. 그냥 알 수 없다고 말하는 과학자들도 있습니다. 이처럼 신이 존재하는

지 존재하지 않는지 확실히 알 수 없다는 사상을 불가지론Agnosticism이라고 합니다. 현대의 무신론자들도 사실상 무신론적 불가지론자들에 가깝답니다. 일단 신은 없는 것 같지만 확실하지는 않다고 생각하는 사람들이 바로 무신론적 불가지론자들입니다. 도킨스도 스스로를 무신론에 가까운 불가지론자라고 주장하지요. 과학은 모든 가능성을 열어 두어야 하는 학문입니다. 그러므로 무신론이 맞다고 무조건 단정하는 것도 옳다고 할 수 없을 것입니다. 저도 스스로를 무신론자라고 생각하지만, 과학자라면 모든 가능성을 염두해 둘 필요는 있다고 생각합니다.

무신론을 믿든, 유신론을 믿든 선택은 여러분의 몫입니다. 이런 개인적인 생각을 타인에게 강요할 권리는 없다고 생각합니다. 그래도 이 책은 과학교양서니까 이런 말씀은 드려야겠네요. 과학은 지금까지 신의 존재 증거를 전혀 발견하지 못했고, 앞으로도 찾아내려는 시도를 딱히 하려고도 하지 않으며, 신의 존재 가능성에도 별로 관심을 가지지 않습니다(...). 과학은 그저 수많은 실험과 관찰을 통해 새로운 과학적 사실들을 발견해 나갈 뿐입니다.

창조과학

성경에 있는 내용을 과학적으로 증명한다고?

진화론은 지구가 태양 주위를 도는 것만큼이나 명백한 사실이다.
- 에른스트 마이어 (미국의 생물학자) -

2017년은 대통령 선거 이후 정부 부처를 이끌어 나갈 장관 후보자들이 하나 둘 지명되었던 시기입니다. 그런데 이들 중 중소벤처기업부의 장관 후보자가 창조과학회의 이사로 활동했다는 사실이 밝혀지면서 논란이 됐습니다. 인사청문회에서는 지구의 나이를 묻는 국회의원의 질문에 자신은 신앙적으로 지구의 나이가 6000년이라 믿는다고 말하기도 했습니다. 현대 과학이 밝혀낸 지구의 나이 46억 년(...)과 비교해보면 터무니없이 젊은 나이죠. 논란은 더욱 심해졌습니다. 결국 장관으로서는 부적합하다는 의견이 담긴 청문보고서가 채택되었고 과학기술계의 반대 목소리가 이어지면서 후보자가 스스로 사퇴하고 맙니다.

이 사건을 두고 사람들의 의견은 크게 두 가지로 분류되는데요. 첫 번째로 종교의 자유는 보장받을 권리가 있고 종교적 신념과 장관으로서의 직무 수행 능력은 별개라는 것입니다. 두 번째로 창조과학은 과학이 아니며

이런 사람이 과학기술과 관련이 깊은 벤처기업 정책을 담당한다면 큰 문제가 생길 수 있다는 것입니다. 아마 이 후보자가 왜 장관으로 부적합한 사람이었는지 충분히 납득하지 못하는 분들이 꽤 있을 거라 생각합니다. 우리나라는 엄연히 종교의 자유가 보장되는 나라인데 말이죠.

하지만 이 사태는 개인의 종교관과 종교의 자유에 관한 문제로 보기는 어렵습니다. 후보자가 창조과학회 이사로 활동했다는 경력 때문이죠. 창조과학Scientific creationism은 성경에 있는 내용이 '과학적'으로 증명된 사실이라고 주장하는 사이비 과학을 말합니다. 과학의 발전이 이루어 낸 수많은 성과들을 무시하고 과학적 사실들을 왜곡한다고 해서 쓰레기 과학Junk science이라고 부르기도 하죠. 종교적인 신념으로 창조론을 믿는 것과는 전혀 다른 개념입니다. 기독교를 믿는 과학자들조차도 창조과학을 혐오할 정도거든요.

창조과학 지지자들이 과학적 사실이라고 주장하는 내용들을 살펴보면 실제 과학자들의 말과는 딴판이거나 연구 방법이 과학과는 거리가 있다

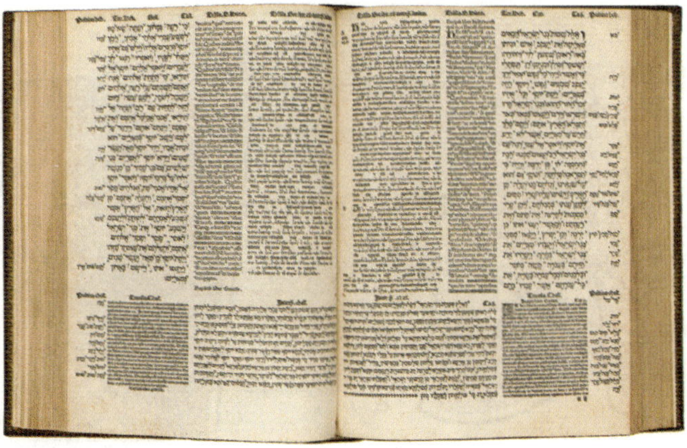

| 구약성경

는 사실을 알 수 있습니다. 몇 가지를 살펴볼까요? 이들은 지구의 나이를 6000년으로 봅니다. 6000년은 구약성경의 족장설화에 등장하는 인물들의 나이로 추정해서 나온 것입니다. 한 마디로 종교 경전을 분석해 보니 지구의 나이가 6000살이 나온 거지요. 과학자들이 방사능 연대 측정법으로 지구의 나이가 46억 년이라는 사실을 밝혀냈다는 것에 대한 반론으로는 지구가 노아의 홍수를 겪으며 노화했다거나, 지구는 창조되었을 때부터 나이가 45억 년(?)이었다고 말하고 있습니다. 방사능 연대 측정법이 잘못된 방법이라고 주장하는 사람들도 있죠. 방사능 연대 측정법 외에 다른 방법을 사용해도 6000년도 훨씬 전에 만들어진 물질들이 많이 발견되는데 말이에요.

이들은 우주도 지구와 함께 만들어졌다고 보고 있습니다. 구약성경의 창세기에서 하나님이 6일 간 천지를 창조했다고 쓰여 있는 것을 근거로 말이죠. 또 우주가 필요 이상으로 넓은 것은 하나님의 힘이 그만큼 위대하다는 것(...)을 보여주는 것이라고 합니다. 하지만 과학자들은 우주의 나이가 6000년이라면 지구에서 6000광년보다 먼 거리에 있는 별들은 지구에서 관찰할 수 없다고 주장합니다. 1광년은 빛이 1년 동안 이동하는 거리를 의미합니다. 우주의 나이가 6000년이라면 6000광년 이상 거리에 있는 별의 빛이 지구에 도달하려면 몇 년을 더 기다려야 하죠. 7000광년 거리에 있는 별은 앞으로 1000년을 더 기다려야 하는 식입니다. 지구에서는 수억~수십억 광년이나 떨어져 있는 거리의 별도 관찰 가능하니까 우주의 나이가 6000년이라는 것은 말도 안 되죠. 그럼에도 불구하고 창조과학 지지자들은 하나님이 우주를 창조했을 때 빛이 이미 지구로 도달했다거나 과거에는 빛의 속도가 지금보다 빨랐을 것(...)이라고 반박합니다.

화가 에드워드 힉스의 노아의 방주 |

무엇보다 창조과학 지지자들이 가장 부정하는 것은 진화론입니다. 이들은 지구상의 생명체는 하나님이 6일 간 천지를 창조하는 동안 함께 만들어져 지금까지 같은 모습으로 이어져 왔다고 주장합니다. 공룡 같은 생물들은 노아의 홍수 시기 때 멸종했으며 현재 생존해 있는 생물들은 노아의 방주에 탑승했기에 지금까지 살아 있는 거라고 하네요. 지질시대 지층별로 다른 화석이 발견된다는 것은 생물들이 당시 환경에 맞게 꾸준히 진화해 왔다는 진화론의 좋은 증거이지만 이들은 이러한 증거조차 부정하고 있습니다. 화석은 노아의 홍수가 발생했을 때 익사한 생물들이 묻혀 만들어졌다는 게 창조과학을 지지하는 사람들의 생각입니다.

이쯤 되면 창조과학의 가장 큰 문제점이 뭔지 아실 수 있을거라 생각합니다. 바로 창조과학은 성경을 절대 비판적인 시각으로 바라보지 않는다는 겁니다. 성경은 완전무결한 신의 말씀을 담은 것이므로 오류가 절대로 있을 수 없다는 전제에서 시작합니다. 창조과학을 지지하는 사람들이 주장하는 과학의 근거는 오직 성경뿐입니다. 사실이라고 생각하는 이유를 물어보면 성경을 보면 알 수 있다는 답만 반복합니다. 성경과 다른 내용의 과학적 사실들은 부정하거나 조작하고 그 외 사실들은 성경에 끼워 맞춘 것이 창조과학이라고 보시면 됩니다. 결론을 미리 내린 후 결론에 유리한 증거들만 골라내고 불리한 증거는 아예 조작해 버리는 창조과학을 과연 과학이라고 할 수 있을까요?

과학은 새로운 가설을 세우거나 기존 가설에 문제점을 제기한 후 여러 번의 실험을 거쳐 검증하는 학문입니다. 이미 사실이라고 판명된 명백한 사실도 진리가 아닐 수 있고 오류가 있을 가능성을 염두에 둡니다. 그러다 보니 대부분의 사람들이 사실이라고 생각했던 것이 나중에 사실이 아니라고 밝혀지기도 합니다. 현재 사실이라고 받아들여져 교과서에 있는 과학 지식들도 수많은 과학자들의 비판적인 사고와 검증을 통해 지금에 이른 것입니다.

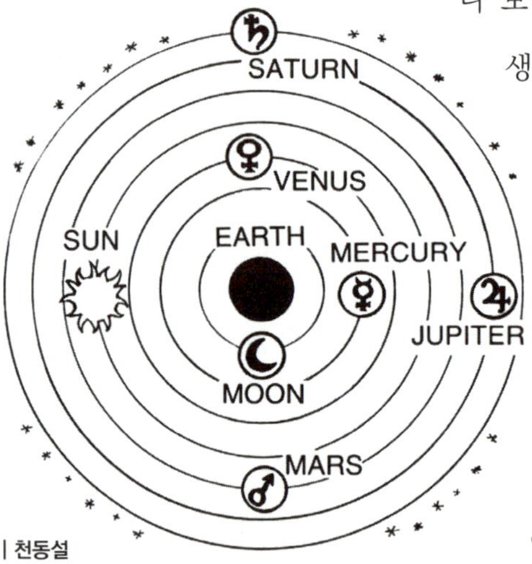

| 천동설

예를 하나 살펴볼까요? 현대인들

코페르니쿠스 |

은 누구나 지구를 포함한 행성이 태양의 주위를 돈다는 것을 잘 알고 있습니다. 하지만 과거에는 우주의 중심에 지구가 정지해 있고 태양, 달, 행성이 지구의 주위를 돈다고 여겨졌습니다. 이를 천동설이라고 부르죠. 천동설은 2세기 때부터 16세기까지 무려 1400여 년 동안 사람들의 생각을 지배해 온 강력한 가설이었답니다. 당시 사람들이 천동설이 옳다고 생각할 수밖에 없었던 이유는 단순합니다. 지구의 움직임이 전혀 느껴지지 않으니까요.

그런데 천동설로 설명할 수 없는 천문 현상들은 너무 많았습니다. 이를 이상하게 여긴 코페르니쿠스Nicolaus Copernicus는 지구와 행성들이 태양의 주위를 돌 것이라는 가설을 세웠죠. 그 결과 천동설로는 설명할 수 없었던 천문 현상들이 하나 둘 설명되기 시작했습니다. 이후로 코페르니쿠스는 지동설을 믿게 되었죠. 코페르니쿠스 이후에도 갈릴레오 갈릴레이가 본인이 직접 제작한 망원경으로 지동설을 입증하고, 뉴턴과 케플러가 다양한 천문 현상들을 지동설로 설명하면서 천동설은 빠르게 입지를 잃어갔습니다. 코페르니쿠스는 당시에 진리처럼 믿어온 천동설에 반박하여 지동설을 주장한 최초의 과학자로 역사에 남게 되었죠.

만약 코페르니쿠스가 비판적인 시각을 가지지 않았다면 지동설을 생각할 수 있었을까요? 한 번 생각해 볼 문제가 아닐까 합니다. 비판적이고 회의적인 시각은 과학자라면 반드시 갖춰야할 것 중 하나거든요. 본인이 세운 가설은 물론이고 사람들 사이에서 진리처럼 여겨지는 가설조차도 말이죠. 과학의 이러한 특징은 성경에 전혀 비판적이지 않은 창조과학과의 가장 큰 차이점이기도 합니다. 어쩌면 우리가 교과서에서 당연하다고 여기며 배운 지식들도 먼 훗날에는 천동설처럼 사실이 아니라고 밝혀질지도 모를 일입니다.

그런데 창조과학의 문제점은 이렇게 과학의 본질을 왜곡하는 것뿐만이 아닙니다. 창조과학은 미처 예상치 못한 사회적 문제를 일으키기도 합니다. 그 중 하나는 바로 국가의 정책 결정 과정에 영향을 미친다는 겁니다. 실제로 미국에서는 한때 창조과학 지지자들에 의해서 교과서에 진화론을 넣는 것을 금지(…)하는 반진화론법이 제정된 적이 있답니다. 다행이도 지금은 반진화론법이 폐지었지만 이 일은 지금까지도 미국 교육 정책의 가장 큰 실수 중에 하나로 거론되고 있지요.

우리나라에서도 비슷한 일이 있었습니다. 한국창조과학회가 2012년에 '교과서개정추진위원회'라는 단체를 조직해서 과학교과서에 진화론과 관련된 내용을 모두 없애려 했거든요. 당시 교육과학기술부는 교과서개정추진위원회의 청원을 받아들이고 과학교과서에 있는 진화론 내용을 정말로 삭제(!)하려 했습니다. 과학자들 입장에서는 굉장히 충격적이고 황당한 일이었죠. 이 일 이후로 외국 과학계는 한국이 창조과학을 지지하는 사람들에게 굴복했다며 한국을 조롱했습니다. 세계적으로 지적 수준이 높은 나라인 한국에 실망했다는 의견도 있었죠.

우리나라의 과학자들은 가만히 있을 수 없었습니다. 생물학자들은 과학교과서에 진화론 내용이 삭제되는 일을 막기 위해 공식 반론문을 작성해 배포했습니다. 여기에 과학계도 학생들에게 진화론을 반드시 가르쳐야

한다며 힘을 보탰죠. 다행이도 교육과학기술부가 과학계의 의견을 받아들이기로 하면서 사태가 일단락되었습니다. 추후에는 오히려 진화론 내용이 보완되어 교과서에 실리기로 최종 결정되었죠. 그런데 만약 한국 과학자들이 이렇게 적극적으로 대처하지 않았다면 진화론이 정말 과학교과서에서 사라졌을지도 모를 일입니다. 앞으로는 정책 결정 과정에 이런 쓰레기 과학이 개입하는 일이 절대 벌어져서는 안 되겠지요.

오해하시는 분들이 있을까봐 말씀드리지만 과학과 종교의 갈등을 이야기하는 게 아닙니다(...). 과학과 종교는 각자의 영역 안에서 각자의 방식대로 진리를 탐구하고 서로를 존중한다면 싸울 일이 없죠. 하지만 창조과학은 반과학적인 성향을 가진 극소수의 종교인들이 과학의 발전과 업적을 무시하고 과학의 영역을 존중하지 않으면서 생겨난 것입니다. 결국 과학의 영역에 종교적 신앙을 억지로 도입하면서 종교의 문화를 망가뜨리고 말았죠. 창조과학은 종교적 관점에서도, 과학적 관점에서도 결코 옳다고 할 수 없답니다.

현대 사회에서는 과학과 종교가 서로 다름을 인정하고 존중해야 합니다. 지금까지 서로가 몇 백 년 간 논쟁을 거치면서 깨달은 교훈이기도 하죠. 과학과 종교가 지금보다 더 성숙하게 서로를 존중하고 인정하는 사회가 오길 바랍니다.

과학자의 책임

과학자의 역할이 연구뿐이라는 말은 옛말!

이제 우리 모두 개X끼(sons of bitches)들이야.
- 케네스 베인브리지 (핵개발에 참여한 미국의 물리학자) -

'과학기술은 가치중립적인 학문이다.'라는 말이 있습니다. 과학에 관심이 있는 분들이라면 한 번쯤은 들어본 적이 있을 거라 생각합니다. 여기서 가치중립이란 특정한 가치관이나 태도에 치우치지 않고 중립을 유지하는 것을 말합니다. 그러므로 과학기술이 가치중립적이라는 말의 의미는 과학기술은 진리를 추구하며 새로운 사실을 발견해나가는 학문일 뿐, 그 이상의 다른 의미나 가치를 지니지 않는다는 겁니다. 그러므로 과학자는 실험실에서 열심히 연구에 몰두하는 것만으로도 충분히 과학자로써의 책임을 다하는 것이 됩니다. 실제로 많은 사람들이 생각하는 과학자에 대한 이미지가 이렇기도 하고요. 과연 이 말은 맞는 말일까요? 아니면 틀린 말일까요?

불과 몇 십 년 전까지만 하더라도 과학기술이 가치중립적이라는 사실은 모든 과학자들에게 맞는 말처럼 받아들여졌습니다. 그 이유 중에 하나는

과학 연구를 할 수 있는 사람들이 특정 계층으로 한정되어 있었기 때문입니다. 현대 사회가 오기 전까지 과학자들은 극소수를 제외하면 모두 시간적으로, 금전적으로 여유가 있는 사람들이었습니다. 이들에게 과학은 실험을 통해서 새로운 사실을 발견해 내는 취미일 뿐이었죠. 그러다 보니 근대 과학을 발전시켰던 대부분의 과학자들은 귀족이거나 성직자 출신들이 많았습니다. 최초로 유전법칙을 발견한 멘델Gregor Mendel은 생물학자로 잘 알려져 있지만 원래 직업은 성직자였고, 상대성 이론을 발견한 아인슈타인Albert Einstein도 사실 스위스 특허청(!)에서 근무하는 직장인이었습니다. 이들이 과학을 연구했던 이유는 세상만물에 대한 순수한 호기심 때문이었습니다. 돈을 벌기 위해서, 혹은 생계를 위해서 과학 연구를 하는 사람들은 적었죠. 게다가 과학 연구에 의해 새로운 사실이 밝혀졌어도 이러한 사실들이 사람들의 삶에 미치는 영향은 미미했습니다. 과학기술이 가치중립적일 수밖에 없었던 분위기였던 것이죠.

그런데 갑자기 과학이 사회에 영향을 미치는 사례들이 빠르게 늘어나기 시작했습니다. 생활에 유용한 발명품을 만들 때 과학기술이 사용되기도 하고, 전쟁에 승리하기 위해서 과학기술로 더욱 강한 무기를 만들기도 했습니다. 과학기술은 사람들이 모르는 사이에 천천히 일상 속으로 스며들었답니다.

오펜하이머 |

파인만 |

보어 |

그렇게 시간이 흐르고 2차 세계대전이 일어났습니다. 당시 미국은 유럽 전역을 전쟁터로 만들어 버린 독일이 핵무기 개발을 시작한다는 정보를 입수했습니다. 하지만 이런 상황에서 미국이 그냥 가만히 있었을 리가 없겠죠. 미국은 독일에 맞대응하기 위해 핵무기 개발을 시작했습니다. 오펜하이머Julius Oppenheimer, 파인만Richard Feynman, 보어Niels Bohr, 베인브리지Kenneth Bainbridge 등 당대를 주름잡던 최고의 과학자들이 미국의 핵무기 개발에 참여했습니다. 이들 외에도 상당수의 과학자들을 포함해 무려 13만 명에 달하는 엄청난 인력이 투입되었습니다. 하지만 핵무기 개발에 참여했던 대부분의 과학자들은 자신들의 연구가 왜 진행되는 것인지 전혀 알지 못했답니다. 알았던 사람들은 제가 위에 언급한 과학자들과 그 외 몇 명 정도였습니다. 대부분은 그냥 본인들의 일에 충실할 뿐이었죠.

얼마 지나지 않아 미국의 핵무기 개발은 성공합니다. 수많은 과학자들과 자원을 투입했기에 가능한 일이었지요. 개발을 했으니 이제 직접 사용을 해야 할 텐데요. 미국은 때마침 일본과 태평양 전쟁을 치르고 있었기에 일본 본토에 핵무기를 투하해서 전쟁을 끝내기로 합니다. 이에 깜짝 놀란 과학자들은 미국의 결정에 반대했습니다. 본인들이 개발한 핵무기로 무고한 일반인들이 대량으로 학살되는 것을 바라지 않았기 때문이죠. 하지만 미국 정부는 과학자들의 반대를 무릅쓰고 히로시마와 나가사키에 핵무기를 투하했습니다. 결국 핵무기에 의해 히로시마에 14만 명, 나가사키에 5~7만 명의 사람들이 목숨을 잃고 말았죠. 원래 미국은 히로시마와 나가사키의 핵무기로 인한 사망자가 2만 명이 될 거라고 예상했지만 이러한 예상을 훌쩍 뛰어넘는 엄청난 수치였습니다.

결국 미국의 핵무기 공격으로 일본은 큰 충격에 빠지고 미국에게 항복했습니다. 하지만 충격에 빠진 것은 일본만이 아니었답니다. 핵무기를 투하한 미국 정부와 핵무기 개발에 참여했던 과학자들도 크나큰 충격과 죄책감에 빠지게 되었죠. 본인의 결정에 의해 자그마치 수 만 명의 무고한 민간인들이 목숨을 잃었기 때문입니다. 특히 과학자들은 본인들의 연구가 이런 끔찍한 결과를 낳았다는 사실에 크게 괴로워했습니다.

이 사건 이후로 전 세계의 과학자들 사이에서 큰 변화가 일어나기 시작합니다. 원래 과학자들은 자신이 수행하는 연구가 사회에 어떠한 영향을 미치는지 알 필요가 없었습니다. 소수의 과학자들을 제외하면 굳이 알려고 하지도 않았죠. 과학자들의 책임은 오직 실험실에서 연구에 몰두하는 것 하나뿐이었으니까요. 하지만 히로시마와 나가사키에 핵무기를 투하해

핵실험 |

20만 명이 사망한 이 엄청난 사건은 과학자들이 연구에 대한 책임 뿐 아니라 사회적 책임에 대해서도 생각할 수 있는 기회를 제공했습니다. 과학자들이 본인들 스스로가 하는 연구가 사회에 미치는 영향이 얼마나 큰지 체감한 것이죠.

이후 과학기술이 정말 가치중립적인지에 대한 의문 또한 제기되기 시작했습니다. 만약 과학기술이 정말 가치중립적이라면 핵무기 개발에 참여한 과학자들은 무고한 일반인들이 목숨을 잃은 것에 아무런 책임도 없는 셈이니까요(...). 과학자들은 본인들이 해야 할 연구를 충실히 했고 핵무기도 성공적으로 개발했기에 충분히 책임을 다한 것입니다. 이에 대해 여러분의 생각은 어떠신가요? 핵무기를 사용할지 말지는 정치인들이 결정하니까 과학자들은 책임을 질 필요가 없을까요? 아니면 과학자들은 본인이 개발한 핵무기에 책임을 져야 할까요? 만약 책임을 져야 한다면 얼마나 책임을 지는 것이 옳을까요?

아마 이 질문에 확실한 답변을 드리기는 어려울 것 같습니다. 하지만 한

| 과학자들의 책임은 과연 어디까지일까요?

가지만큼은 확실합니다. 과학자들에게도 사회적 책임이 아예 없다고 할 수는 없다는 것이죠. 어찌 됐든 과학기술이 우리 일상에 미치는 영향이 지대한 것은 사실이니까요. 과학기술이 인류에게 많은 영향을 미치고 있다면 과학자들도 그만큼의 무거운 책임을 지는 것은 당연합니다. 아마 우리 일상에서 과학기술이 차지하는 비중이 점점 커질수록 과학자들의 사회적 책임도 점점 더 커질 것입니다. 그러므로 과학자는 앞으로 연구에 최선을 다하는 것만으로는 본인의 역할을 해냈다고 할 수 없을 것입니다. 연구에 최선을 다하면서 사회적 책임을 다해야만 본인의 역할을 충실히 해냈다고 당당히 말할 수 있겠지요.

하지만 과학자들이 사회적 책임을 지는 것이 아직까지는 꽤 어려운 과제처럼 보이기도 합니다. 왜냐고요? 쉬운 설명을 위해 우리나라에 있었던 사건 하나를 사례로 들어보겠습니다.

1986년 북한이 북한강 상류에 금강산댐을 건설했습니다. 우리나라 정부는 이 댐이 서울을 공격하기 위해 만든 것으로 간주했습니다. 만약 북한이 금강산댐을 폭파시키면 어마어마한 양의 물이 흘러들어와서 서울이 물바다가 될 거라고 말이죠. 여기에 한 술 더 떠서 우리나라 유수의 토목공학자들과 과학자들이 TV에 출연해서 금강산댐 폭파에 대처해야 한다고 강조했습니다. 이 시대에 살았던 분이라면 당시의 공포가 얼마나 극에 달했는지 잘 알고 계실 겁니다. 결국 금강산댐 폭파에 대응할 만한 거대한 댐이 화천에 지어졌는데요. 이 댐이 바로 평화의 댐입니다. 하지만 당시 우리나라 정부가 평화의 댐을 건설했던 진짜 이유는 북한 때문이 아니었습니다. 국민들의 관심을 북한의 위협으로 돌리기 위해서였죠. 그래야만 국민들의 민주화 요구가 위축될 수 있을 것이라 판단했던 겁니다. 실제로 그렇게 되기도 했고요.

여기서 우리는 금강산댐 폭파에 대응해야 한다고 주장했던 토목공학자들과 과학자들에 대해 생각해 보아야 합니다. 아마 이들은 댐 분야의 전문가였기에 금강산댐 폭파 위협이 과장되었다는 사실을 잘 알고 있었을 겁니다. 그럼에도 불구하고 왜 솔직하게 말을 하지 않았던 것일까요? 그 이유는 바로 토목공학자들과 과학자들이 정부에게 고용된 피고용인이었기 때문입니다. 어쩔 수 없이 정부 입맛에 맞는 말을 해야 하는 상황이었던 거죠. 결정적으로 당시 우리나라는 군사정권이었기 때문에 정부의 강압적인 요청을 거부하기 어려웠을 겁니다. 괜히 군사정권에게 밉보여서 좋을 게 없으니까요(...).

아무래도 특정 집단 내에서 피고용인으로 일하는 사람들은 집단을 위해 행동하는 것이 제일 중요합니다. 그러다 보니 사회적 책임을 다하기가 어

렵지요. 게다가 집단을 위해 하는 일이 어쩔 수 없이 사회적 책임을 저버리는 일도 흔합니다. 한 번 생각해 보세요. 정말 어렵게 좋은 직장에 취업했는데, 불이익을 감수하고 정직하게 입을 열 수 있는 사람들이 과연 얼마나 될까요?

그리고 당시 토목공학자들과 과학자들은 정부가 왜 평화의 댐을 건설하려고 하는지 몰랐을 것입니다. 당시 정부 입장에서 이들에게 댐 건설의 진짜 목적을 알려줘 봤자 좋을 게 없으니까요. 그러므로 이들은 '필요하니까 댐을 건설하려는 거겠지.' 정도로만 생각했을 겁니다. 만약 알았다고 하더라도 자세히는 몰랐을 가능성이 높습니다. 이들이 본인의 책임이 얼마나 컸는지 잘 몰랐다는 말과도 같죠. 그러므로 이들에게 막상 책임을 물으려 한다면 어떻게 물어야 할지가 애매합니다.

결국 과학자들이 사회적 책임을 다하지 못하는 데에는 과학자들이 처한 상황도 무시할 수 없습니다. 하지만 이것은 연구만 할 줄 아는 무책임한 과학자들의 면죄부가 되지는 못합니다. 과학자는 어떤 상황이든지 간에 본인들이 짊어진 사회적인 책임에 적극적으로 임해야 할 의무가 있습니다. 이를 위해서는 과학자들 스스로가 본인이 하는 연구가 사회에 어떠한 영향을 미칠지 파악하는 게 제일 중요합니다. 연구에만 전념할 것이 아니라 본인이 하는 연구가 어떤 연구인지는 알아야 한다는 것이죠. 지금 우리는 과학기술에 많은 것을 의존하는 시대에 살고 있기에 과학자들의 이러한 노력들은 매우 중요하고 의미 있는 노력이 될 것입니다.

과학자 분들 혹은 과학자를 꿈꾸는 학생 분들에게는 너무 무거운 짐을 지게 한 채로 글을 마무리하는 것 같아 미안하기도 합니다. 그래도 본인이 진정한 과학자가 되기를 바란다면 연구 성과가 좋은 과학자가 되기 이전에 책임감 있는 과학자가 되었으면 하는 바램입니다.

기술만능주의

과학기술은 우리에게 풍족한 미래를 보장할 것인가?

과학의 목적은 사람이 생존하며 겪는 어려움을 덜어주는 것이다.
과학자는 항상 대다수의 사람을 먼저 생각해야 한다.
- 갈릴레오 갈릴레이 (이탈리아의 물리학자) -

스웨덴 출신의 발명가 노벨Alfred nobel은 무려 355개에 달하는 발명품을 남긴 천재입니다. 가장 대표작으로 손꼽히는 발명품은 바로 다이너마이트죠. 다이너마이트는 토목, 건설, 광산 등지에서 폭약으로 쓰였습니다. 발명되자마자 알프스 산맥에 터널을 뚫거나 수에즈 운하를 건설할 때 쓰이는 등 엄청난 양이 팔려나갔죠. 덕분에 노벨은 유럽의 산업 발전에 지대한 공헌을 합니다.

한편 노벨은 어린 시절부터 전쟁이 없는 세상을 꿈꿔 오기도 했습니다. 그래서 전쟁을 없애기 위해 기존의 다이너마이트보다 훨씬 강한 다이너마이트를 개발하기도 했습니다(?). 노벨은 가공할 힘을 가진 폭약이 생겨난다면 앞으로 전쟁이 일어나지 않을 것이라 확신했었거든요. 폭약이 너무 강하면 사람들이 공포를 느끼고 전쟁을 피하게 될 것이라고 생각했던 것이죠. 결국 노벨은 기존의 다이너마이트보다 훨씬 성능이 높은 고성능

노벨 |

다이너마이트를 개발하는 데 성공합니다. 그리고 얼마 지나지 않아 이 고성능 다이너마이트는 전 세계 곳곳에 수출되면서 노벨은 유럽 최고의 부자가 되었습니다.

그러나 다이너마이트의 발명은 노벨의 의도대로 평화를 가져다주지 않았습니다. 오히려 다이너마이트가 전쟁에 도입되면서 수많은 사람들의 목숨을 앗아가고 말았거든요. 노벨은 자신의 다이너마이트가 전쟁에 사용되는 모습을 보고 큰 충격에 빠졌습니다. 이제 와서 다이너마이트의 개발을 취소할 수도 없는 노릇이었죠. 노벨은 고민 끝에 다이너마이트로 벌어들인 전재산을 인류에게 공헌한 사람들에게 주기로 결심하고 재단을 만들었습니다. 재단에서는 지금도 매해마다 과학 분야에서 선구적인 발명을 한 사람이나 세계 평화에 기여한 사람에게 상을 주고 있는데요. 이것이 바로 노벨상입니다. 하지만 노벨상과는 별개로 다이너마이트는 여전히 전쟁터에서 살상무기로 사용되고 있습니다.

노벨의 사례는 과학기술이 우리에게 좋기만 하지는 않다는 사실을 잘 보여줍니다. 하지만 과학기술의 이런 어두운 이면은 사람들 사이에서 쉽게 가려지곤 합니다. 과학기술의 어두운 이면을 보기에는 과학기술이 우리의 삶을 너무 윤택하게 바꿔 놓았거든요. 우리는 과학기술

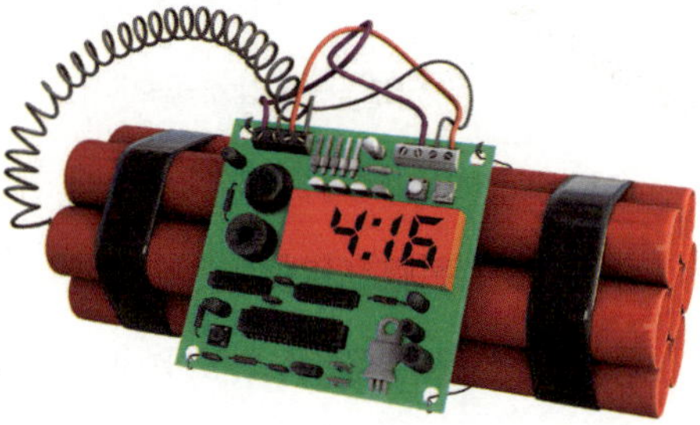

다이너마이트 |

덕분에 스마트폰이나 컴퓨터로 멀리 있는 사람들과도 연락을 주고받을 수 있습니다. 자동차나 전철을 타면 걸어서 가는 것보다 훨씬 빨리 원하는 목적지에 도착할 수 있습니다. 생명과학과 의학 기술은 사람들의 건강을 증진시키고 질병을 치료해 수명을 연장시켰습니다. 우리의 삶은 과학기술과 함께 하고 있다고 해도 과언이 아니지요. 앞으로도 과학기술이 더욱 발전한다면 우리는 지금보다 더욱 윤택해질 것만 같다는 느낌도 드는데요. 이처럼 과학기술이 모든 사회문제들을 해결할 것이라고 믿는 태도를 '기술만능주의'라고 합니다.

기술만능주의는 현대 사회에서 당연하게 받아들여집니다. 대부분의 현대인들은 기술만능주의자들이지요. 특히 우리나라는 과학기술의 발전이 경제 발전에 결정적인 역할을 했기 때문에 기술만능주의가 더욱 강하게 나타납니다.

하지만 반드시 짚고 넘어가야 할 것이 있습니다. 우리가 겪고 있는 많은 문제들 중 일부는 오히려 과학기술의 발전으로 생겨났다는 것입니다. 위에서 언급했듯이 다이너마이트는 산업현장에서 주로 쓰이지만 전쟁터에서 사람들을 죽이는 용도로도 사용되죠. 다이너마이트로 인해 전쟁이 더 잔혹해졌다는 사실은 부정할 수 없습니다. 어디 그뿐일까요? 석유나 석탄과 같은 자원을 사용하면서 지구온난화가 발생했습니다. 지구온난화가 지금처럼 계속된다면 인류가 스스로를 파멸의 길로 몰 수 있다고 합니다. 하지만 지금으로써는 지구온난화를 막을 방법이 전혀 없습니다. 나중에 과학기술의 발전으로 석유와 석탄이 다른 자원으로 대체되어도 이미 증가한 이산화탄소를 원래 상태로 줄이기는 어렵습니다.

최근에는 과학기술이 사람의 정상적인 생활을 침해하는 문제도 발생하고 있습니다. 스마트폰은 2007년 미국 기업 애플에 의해 처음으로 만들어졌죠? 스마트폰은 우리 앞에 모습을 드러낸 지 얼마 되지 않아 일상생활에 없어서는 안 될 중요한 장치가 되었습니다. 문제는 많은 사람들이 하루 종일 스마트폰을 손에서 놓지 않고, 스마트폰이 잠깐이라도 손에 없

스마트폰을 하는 학생들 |

으면 불안해한다는 것입니다. 스마트폰이 일상의 상당 부분을 차지하면서 친구들과 만나 대화를 나누는 시간, 가족들과의 시간, 여가시간 등도 대폭 감소했습니다. 물론 스마트폰을 하는 것은 본인의 선택이지만 일상생활을 망칠 정도로 스마트폰을 하는 것은 문제가 있죠. 윤택한 삶을 위해서는 스스로 스마트폰의 사용량을 조절할 줄 알아야 하지만 아이든 어른이든 쉽지가 않은 듯합니다.

컴퓨터 게임도 마찬가지입니다. 컴퓨터 게임은 우리에게 재미를 제공해주지만 과도하게 하면 일상에 영향을 미칩니다. 일부 학생들은 아예 학교에서는 하루 종일 자고 집에서 밤새도록 게임을 하기도 하죠. 게임에 심각하게 빠지면 현실에서 친구를 전혀 사귀려 하지 않고 게임에서만 친구를 사귀기도 합니다. 게임에서 만나는 사람들은 자신의 실력을 알아보고 인정해준다며 말이죠. 특히 부모님의 관심이 부족하고 사회적으로 소외된 학생들일수록 이러한 경향이 강해서 사회적인 문제로 대두되고 있습니다. 우리나라에서는 이런 문제를 해결하기 위해 학생들의 게임 사용시간을 규제하기도 했지만 좋은 방법은 아닙니다. 사실 우리나라 학생들은 게임 이외에 다른 취미를 갖기가 어렵죠(...). 학생들이 게임을 좋아하는 것은 당연합니다. 아무래도 게임과 스마트폰은 역사가 짧다 보니 부작용을 줄이려면 앞으로 많은 연구가 필요할 것 같습니다.

이처럼 현대 들어 과학기술이 야기하는 문제점들은 기술만능주의가 올바른 태도가 아니라는 것을 잘 보여줍니다. 과학기술은 언제나 사람들이 원하는 이상적인 방향으로만 발전하지 않습니다. 긍정적인 면과 함께 부작용이 발생하기도 하고 과학기술을 개발한 사람들의 의도와는 완전히 다른 방향으로 흘러가기도 하죠. 앞으로 개발될 과학기술들도 우리의 삶을 더욱 풍요롭게 해주겠지만, 그와 동시에 부작용을 야기할 가능성이 높습니다. 과학기술의 발전이 사회의 발전으로 이어진다는 이론은 이미 수많은 사례를 통해 틀렸다고 밝혀진지 오래되었습니다.

우리나라는 기술만능주의로 큰 상처를 입은 나라이기도 합니다. 2005년 우리나라에 있었던 황우석 사태를 아시나요? 황우석 사태는 한국인들이 기술만능주의에 얼마나 빠져 있는지 잘 보여주는 사례입니다. 황우석 교수는 2005년에 환자의 치료에 사용할 줄기세포복제배아줄기세포를 성공적으로 만들었다는 연구결과를 발표했습니다. 전 세계적으로 엄청난 화제가 되었고, 황우석 교수는 줄기세포를 이용한 질병 치료 가능성을 대대적으로 선전했습니다. 우리나라 사람들은 황우석의 말만 듣고 줄기세포의 효능에 열광했습니다. 머지않아 줄기세포를 이용해서 수많은 병들이 치료될 것이라는 희망을 가지기 시작했죠. 그 누구도 황우석의 줄기세포를 의심하지 않았습니다. 그런데 얼마 지나지 않아 의혹이 하나 둘 제기되기

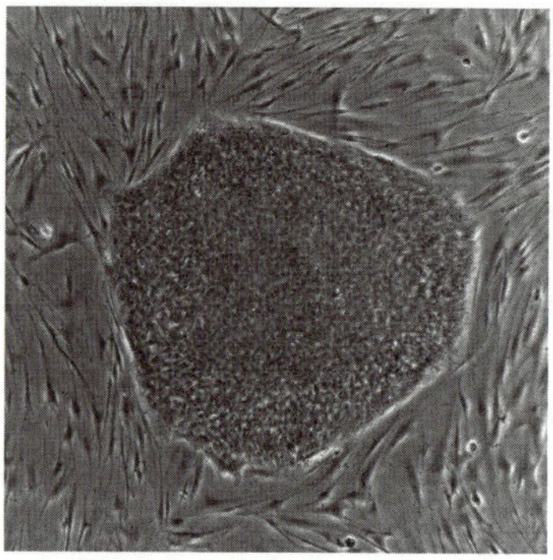
| 줄기세포

시작했고, 결국 황우석의 연구결과는 조작(!)이라는 사실이 밝혀지고 맙니다. 줄기세포 치료에 대한 희망으로 부풀어 있던 사람들을 완전히 속인 대국민 사기극이었습니다.

황우석의 연구결과가 조작이 아니었다 해도 지금쯤 줄기세포로 수많은 병들이 치료되지는 않았을 겁니다. 2006년에 황우석의 줄기세포보다 만드는 방법이 간편한 줄기세포가 개발되었지만 여전히 줄기세포를 이용한 치료법들이 상용화되지 않은 상태니까요. 사실 줄기세포를 다룰 수 있는 기술은 지금도 한참 부족합니다. 황우석 사태는 당시 우리나라 사람들이 잘못된 희망에 놀아난 것에 가깝답니다(…). 황우석이 잘못한 것은 맞지만 과학기술을 무조건 신뢰하고 좋은 것으로 믿어 왔던 우리 국민들에게도 책임이 있죠.

우리들은 과학기술을 무조건 좋은 것이고 옳은 것이라고 가볍게 생각해서는 안 됩니다. 과학기술이 올바르게 사용되고 있는지, 잘못된 연구는 아닌지, 좋은 점이 과도하게 포장된 것은 아닌지, 사람들에게 악영향을 끼치지는 않는지, 사회적 문제를 일으키지는 않는지 비판적으로 바라보아야 합니다. 이것은 과학기술의 혜택을 누리고 살아가는 사람들로써 가져야 할 의무입니다.

런던정경대학의 바우어Martin bauer 교수는 앞으로 우리 인류가 가장 우려해야 할 것은 기술만능주의라고 말했습니다. 과학기술은 발전하면 발전할수록 더욱 가공할 만한 위력(!)을 갖추고 우리 앞에 모습을 드러낼 것입니다. 시간이 지날수록 강력해질 과학기술들을 어떻게 올바르게 사용할 것인지는 바로 우리 사회구성원들의 몫입니다.

과학은 우리에게 밝은 미래를 보장해주지 못합니다. 오직 과학을 소비하는 우리 모두의 올바른 지혜만이 우리를 밝은 미래로 이끌어 줄 수 있을 것입니다.

네오 러다이트 운동

과학기술은 사람들의 일자리를 빼앗을 것인가?

기계가 거의 모든 업무에서
사람보다 훌륭한 성과를 내는 시대가 올 것이다.
- 모셰 바르디 (미국의 컴퓨터공학자) -

산업혁명을 아시나요? 19세기 영국에서 시작된 산업혁명은 인류의 삶을 더욱 풍족하게 해 주었습니다. 하지만 그 과정은 절대로 순탄하지만은 않았습니다.

18세기 초만 해도 영국의 산업은 수공업 위주였습니다. 그래서 공장에서는 많은 노동자들을 필요로 했지요. 그런데 갑자기 기계가 널리 보급되면서 노동자를 대신해 일하기 시작했습니다. 이게 바로 산업혁명의 시작입니다. 기계는 노동자 몇 명보다 훨씬 많은 제품을 생산했고 일의 속도도 엄청 빨랐습니다. 기계를 사용하면 많은 돈을 들여서 노동자를 고용할 필요가 없었습니다. 결국 기계의 위력에 밀려난 수많은 노동자들은 길바닥에 나앉고 말았습니다. 순식간에 실직자가 된 것입니다. 이들 노동자 중에서는 산업혁명 전까지만 해도 각광받는 직종이었던 숙련공이나 장인도 포함되어 있었습니다.

러다이트 운동 |

이 때 실직자가 된 노동자들은 그냥 가만히만 있었을까요? 그럴 리가 없죠. 그들은 살기 위해서는 무엇이라도 해야 했습니다. 결국 그들은 자신들의 일자리를 빼앗은 공장의 기계들을 파괴하기 시작합니다. 밤이 되면 몰래 공장으로 가서 기계를 고장 내거나 불태웠죠. 이렇게 기계 파괴 운동을 벌였던 실직자들은 스스로를 러다이트Luddites라고 불렀습니다. 러다이트들은 수 년에 걸쳐 수 천 개에 달하는 공장을 불태우고 기계를 부쉈습니다. 사람들은 이 운동을 러다이트 운동Luddite Movement이라고 불렀지요. 러다이트 운동은 과학기술의 발전이 기존에 있던 일자리들을 대폭 줄여버리면서 발생한 사회운동입니다.

영국은 러다이트 운동으로 큰 충격을 받았습니다. 이후로 영국은 과학기술의 발전으로 생겨나는 실직자들을 줄이기 위해서 많은 노력을 기울이게 되는데요. 대표적인 사례가 바로 자동차가 등장했을 때 만들었던 법

| 마부

입니다. 사람들은 자동차가 등장하기 이전에는 먼 곳으로 이동을 할 때 마차를 타고 이동했습니다. 그런데 자동차가 등장하면서 마부들이 대량으로 실직될 위기에 처합니다. 그래서 영국 정부는 마부들의 실직을 막기 위해서 새로운 법을 제정했습니다. 이 법은 바로 자동차를 몰기 위해서는 반드시 운전사와 기수를 고용해야 한다는(?) 내용의 법이었습니다. 운전사가 차를 운전하고 있을 때, 기수는 운행 중인 자동차 앞에서 깃발을 들어야 했지요. 마부들이 취업할 수 있는 새로운 직장을 마련해준 셈입니다. 하지만 이 법은 금방 사라지고 맙니다(…). 자동차 기술의 발전으로 운전이 점점 간편해지면서 운전사랑 기수를 고용할 필요가 없어졌기 때문이지요.

이처럼 과학기술의 혁신은 항상 직업의 소멸로 이어졌다고 해도 과언이 아닙니다. 정부가 노력을 기울여도 마찬가지였지요. 사람은 지금까지 과학기술이 가지고 있는 높은 효율성을 따라잡은 적이 없습니다. 그런데 요즘 들어 19세기 산업혁명 때처럼 사람들이 기계에게 일자리를 빼앗기는 일들이 다시 벌어지고 있습니다.

첫 시작은 2010년에 우버Uber라고 불리는 모바일 애플리케이션이 등장한 이후입니다. 우버는 승객과 택시기사를 연결해 주는 혁신적인 애플리케이션이었습니다. 하지만 택시기사들은 우버를 반대하며 유럽 전역에서 시위를 벌였습니다. 우버의 등장으로 원래 있었던 택시기사들의 수입이

우버 반대 시위 |

감소했기 때문이죠. 게다가 우버의 택시기사들은 기존의 택시 기사들처럼 택시 면허도 필요 없었습니다. 당시 사람들은 택시기사들의 시위가 마치 러다이트 운동과 비슷하다고 해서 네오 러다이트 운동Neo luddite movement이라고 불렀습니다. 이전에는 없었던 모바일 애플리케이션의 등장으로 일자리를 위협받게 된 택시기사들이 벌인 시위였기 때문이죠.

과학기술의 발전으로 직업이 사라진 일은 외국에만 있을까요? 절대 그럴 리가요. 우리나라에도 많습니다. 특히 우리나라는 매우 짧은 기간에 빠른 경제발전을 경험한 나라입니다. 다른 나라보다 심했으면 심했지 덜하진 않답니다. 가장 대표적인 직업이 바로 버스 안내원입니다. 버스 안내원은 버스 안에서 승객들에게 다음 정거장을 알려주고 버스비를 거슬러 주는 직업입니다. 우리나라에 버스가 처음으로 도입된 이후부터 80년대 후반까지 있었던 직업이었죠. 사람들 사이에서는 흔히 안내양이라고 불렸습니다. 그런데 안내양은 어느 시점부터 빠르게 모습을 감추기 시작했습니다. 안내방송과 하차벨이 버스 안내원이 할 일을 대신하기 시작했거든요.

우리나라도 상황이 이런데 유럽처럼 네오 러다이트 운동이 벌어지지 않았을 리가 없습니다. 사실 유럽에서 우버의 등장으로 발생한 택시기사들의 반발은 우리나라에도 있었습니다. 차이가 있다면 유럽은 택시기사의

반발에도 불구하고 우버가 성공적으로 진출했지만 우리나라에서는 진출하지 못했다는 겁니다. 현재 한국 우버는 지극히 한정된 서비스만 제공하고 있지요. 한국 정부가 우버와 택시기사들 사이에서 택시기사들의 편을 들어 주면서 넘어간 것입니다. 하지만 이것은 일시적인 방편에 불과했습니다. 당장 우버의 진출을 막더라도 시간이 지나면 더욱 혁신적인 신기술이 등장할 테니까요.

결국 우리나라에는 2018년에 타다TADA라는 모바일 애플리케이션이 등장하게 됩니다. 우리나라에서도 본격적으로 네오 러다이트 운동이 벌어질 신호였죠. 타다는 승객이 모바일 애플리케이션으로 자동차를 빌리면 운전기사가 함께 탑승하여 원하는 곳으로 이동시켜 주는 서비스입니다. 승차 거부가 전혀 없고 좌석이 많은 차도 이용할 수 있어서 출시되자마자 사람들의 호평을 얻으며 빠르게 성장했습니다. 결국 출시 2년 만인 2020년에 회원이 170만 명을 돌파했지요. 하지만 타다는 택시기사들에게는 일자리를 위협하는 적이었습니다. 가만히 있었을 리가 없죠. 결국 택시기

타다 차량 |

사들은 2019년에 타다를 법적으로 고발합니다. 타다의 운전기사들이 택시 면허 없이 불법으로 택시 영업을 했다고 말이죠. 그리고 광화문광장에서 타다 서비스의 중단을 요청하는 대규모 집회를 벌였습니다. 급기야 집회 도중에는 70대 택시기사 한 명이 분신해 사망하는 끔찍한 사건까지 벌어지고 말았습니다.

네오 러다이트 운동이 너무 극단적으로 치닫은 것 같다고요? 안타깝게도 이건 시작일지도 모릅니다. 지금 이 순간에도 무인기술, 인공지능, 모바일 애플리케이션의 발전으로 수많은 사람들이 실직 위기에 처해 있습니다. 그리고 앞으로 이런 일은 시간이 지날수록 더욱 심각해질 것으로 예상되고 있지요.

그런데 일부 사람들은 앞으로 다가올 과학기술 발전에 의한 실직을 그리 걱정할 필요가 없다고 말합니다. 그 이유로 19세기 산업혁명의 사례를 드는데요. 당시에 일자리가 사라지기는 했지만 사라진 일자리만큼 새로운 일자리가 생겨났거든요. 그러므로 21세기 네오 러다이트 운동 이후에도 사라진 일자리만큼 새로운 일자리가 생겨날 것이라고 전망하는 것이지요. 하지만 실제로 그럴 확률은 거의 없습니다. 19세기 때의 과학기술 발전과 21세기의 과학기술 발전은 그 양상이 다릅니다.

어떻게 다르냐고요? 19세기 산업혁명 때 기계로 대체된 일자리들은 대부분 같은 일을 반복하는 단순노동이나 육체노동이 주를 이뤘습니다. 기

계가 사람들의 모든 일자리들을 대체하지는 않았다는 것이지요. 사람들은 여전히 지능이 필요한 일을 할 수 있었습니다. 덩달아 공교육이 발전하면서 사람들은 노동보다는 지능이 필요한 일들 위주로 할 수 있게 되었죠. 하지만 최근의 과학기술은 사람의 지능까지도 기계로 대체하려고 하고 있습니다. 이것은 사람이 할 수 있는 거의 모든 일이 기계로 대체될 수도 있다는 것을 뜻합니다. 실제로 많은 전문가들이 전망하는 미래의 모습이기도 하지요. 전문가들에 따르면 앞으로는 택배기사, 약사, 파일럿, 미용사, 간호사, 사회복지사는 물론이고 의사, 변호사, 판사까지 사라질 것이라고 합니다. 실제로 이미 의료 분야에서는 정밀함을 요구하는 수술을 할 때 로봇을 사용하고 있습니다.

그렇다면 가만히 있으면 안 되겠지요. 이대로 가면 앞으로는 19세기 산업혁명 때보다 훨씬 많은 일자리들이 사라질 겁니다. 이 문제를 어떻게 해결해야 할까요? 지금 가장 필요한 것은 당장 사라질 위기에 처한 직업을 가진 사람들이 재취업을 할 수 있도록 돕는 것입니다. 그리고 시대의 변화를 따라가기 어려운 저소득층들을 적극적으로 지원하는 것도 필요합니다. 이 책의 무인기술 장에서 언급했던 기본소득제도도 좋은 방법일 것입니다.

다른 방법은 없냐고요? 한 가지 편리한 방법이 있기는 합니다. 과학기술의 발전을 외면하고 막는 것입니다(...). 이 방법을 사용하면 당장 일자리 소멸 문제는 발생하지 않을 것입니다. 대신 시대의 흐름에 뒤처지는 처참한 결과를 가져오겠지요. 눈앞의 문제를 해결하기 위해서 앞으로의 발전된 미래를 버리자는 건데요. 좋은 방법이라고 하기는 어렵습니다. 미래 사회의 낙오자가 되는 지름길이니까요. 그러므로 우리는 발전된 미래 사회를 맞이하면서 일자리 소멸에 의한 문제점을 줄이기 위해 노력해야 합니다. 아무리 어렵고 복잡한 길이라도 말입니다. 명심하세요. 미래는 오직 준비하는 자들의 것입니다.

과학기술과 전쟁

과학기술은 수많은 전쟁을 거쳐 발전한 것이다?

과학자는 전방에서 총을 쥐고 있는 군인과 다를 바 없다.

– 프리츠 하버 (독일의 화학자) –

전쟁 하면 인류 역사상 가장 큰 규모의 전쟁이었던 2차 세계대전을 많이들 떠올리실 거라고 생각합니다. 아메리카 대륙을 제외한 거의 모든 지구 전역이 전쟁터가 되었고, 이후의 세계 역사와 세계질서를 결정지었기에 지금도 중요한 전쟁으로 거론되고 있죠. 실제로 2차 세계대전을 기점으로 수많은 국가들이 생겨나거나 사라졌고 일부 국가의 정치 체제가 바뀌고, 정권이 교체되기도 했습니다. 마찬가지로 우리나라가 일본으로부터 독립할 수 있었던 것도 2차 세계대전에서 일본이 패배했기 때문이었습니다.

하지만 2차 세계대전이 세계 역사와 세계질서에만 영향을 미쳤던 것은 아닙니다. 과학기술에도 많은 영향을 미쳤거든요. 사실 과학기술은 이 전쟁에서 그 어떤 것들보다도 가장 큰 수혜를 입었습니다. 보다 효율적이고 빠르게 적군을 물리치기 위해 전쟁무기를 개발하는 과정에서 막대한 수

의 과학자들과 자원이 투입되었고, 그 결과 과학기술이 엄청나게 발전했기 때문이죠. 당시 과학기술은 인류의 복지와 번영을 위해 사용되는 것이라기보다는 전쟁에서 승리하고 강대국이 되기 위해 사용되는 것(...)이라는 인식이 더욱 강했었거든요. 그래서인지 2차 세계대전에서 승리를 거둔 국가의 1등 공신은 과학자였다는 말도 있지요.

2차 세계대전 때 가장 발전한 과학기술을 하나만 꼽자면 바로 항공기술이 아닐까 싶습니다. 2차 세계대전에서 전투의 승패를 갈랐던 제일 중요한 전쟁무기는 비행기였습니다. 전쟁을 벌였던 나라들은 어쩔 수 없이 항공기술에 많은 과학자와 자원을 투입해야 했죠. 특히 현재 거의 모든 비행기에 장착되는 제트엔진은 비행기의 속도를 높이기 위해 2차 세계대전이 벌어지던 와중에 개발된 것입니다. 이 엔진을 장착한 비행기는 전장에서 사용되었던 그 어떤 비행기보다 속도가 월등했기에 빠르게 다른 위치로 이동하거나 적들을 포격할 수 있었죠. 특히 피스톤 엔진으로 비행기의 속도를 높이는 데에 한계가 오고 있던 시점에서 제트엔진은 비행기의 속

| 2차 세계대전 때 사용되었던 폭격기

도를 더욱 빠르게 할 수 있는 획기적인 방법이었답니다.

2차 세계대전 당시의 과학자들은 제트엔진의 발명으로 비행기의 속도를 높이는 것으로 그치지 않고 탑승자의 편의를 높이는 기술들을 개발하기도 했습니다. 2차 세계대전과 관련된 영화를 보시면 비행기에 탑승하는 승무원들이 산소마스크를 끼고 추위에 떠는 모습을 볼 수 있습니다. 비행기가 운행되는 10km 상공은 온도가 -56℃에 달하고 기압도 지상의 25%밖에 되지 않기 때문에 벌어지는 일이죠. 하지만 2차 세계대전 막바지에는 엔진의 공기압축기에서 공기를 비행기 내부로 집어넣는 기술이 개발되면서 상황이 달라졌습니다. 비행기 내부의 기압과 온도를 높일 수 있게 된 건데요. 덕분에 비행기 조종자가 기압이나 온도로 고통 받지 않고 전투에 집중할 수 있게 되었습니다. 이 기술들 덕분에 지금 우리는 비행기를 타고 매우 빠른 속도로 지구 반대편으로 이동할 수 있고, 비행기를 탈 때에도 기압과 온도 때문에 고통 받을 필요가 없죠. 이런 기술들은 전쟁이 없었다면 개발이 최소 100년도 더 넘게 걸렸을 만한 기술(!)들이지만 전쟁 과정에 수많은 과학자들과 막대한 자원이 투입되면서 몇 년 만에 빠르게 개발되어 빛을 보게 되었답니다.

한편 항공기술이 발전하지 못했던 다른 국가들은 비행기들의 공격에 대처해야 했습니다. 이를 위해서는 비행기의 위치를 파악하는 것이 필수였죠. 그래서 일부 국가에서는 비행기의 이동을 감지하는 레이더를 개발하

비행기 탑승객들은 기압이나 온도로 고통받을 필요가 없습니다. I

기 위해 수많은 과학자와 자원을 투입했는데요. 그렇게 발견된 전파가 바로 마이크로파입니다. 마이크로파는 초기에는 레이더에만 사용되었지만 시간이 흘러 무선 통신 기술이 발전하면서 지상파 디지털 TV 방송, 자동차 리모컨 키, LTE, 와이파이, 블루투스 등에 광범위하게 사용되고 있지요. 만약 마이크로파를 지금까지 발견해 내지 못했다면 우리는 지금과 같이 무선 통신이 발전된 세상에 살 수 없을 겁니다.

마이크로파의 용도는 무선 통신 뿐이 아닙니다. 전자레인지로 음식을 데울 때 사용되는 전파도 마이크로파거든요. 전자레인지가 발명된 계기도 참 특이한데요. 비행기에 장착할 레이더를 개발하던 한 과학자가 주머니 속에 있던 초콜릿이 녹는다는 사실을 발견한 것이 시작이었습니다. 주변에 열이 있는 것도 아닌데 초콜릿이 녹는 것을 신기하게 여긴 과학자는 마이크로파가 초콜릿을 녹였다는 사실을 알아내고 전자레인지 개발에 착수합니다. 그렇게 1947년에 최초의 전자레인지가 개발되었죠. 그리고 얼

| 레이더

| 대부분의 가정에는 전자레인지가 있습니다.

마 지나지 않아 거의 모든 가정에서 전자레인지를 사용하는 시대가 오게 됩니다. 전쟁 때 만들어진 과학기술이 현재 우리에게 미치는 영향이 상당히 크지요?

전쟁 이야기를 하다 보니 우리나라에서 있었던 6.25전쟁도 빼놓을 수 없습니다. 아시다시피 우리나라는 세계적으로 손꼽히는 의료 강국인데요. 우리나라가 이렇게 의료 강국이 될 수 있었던 데에는 6.25전쟁의 공(?)이 컸습니다. 우리나라가 6.25전쟁을 겪는 과정에서 의학 기술이 빠르게 발전했거든요. 이것이 가능했던 이유는 당시 전쟁통의 한국이 우리나라 의사들에게는 사실상의 의료 실습 장소나 다름없었기 때문입니다. 전투에서 상처를 입은 부상병과 민간인들이 끊임없이 쏟아져 나오는 상황이니 어찌 보면 당연하지요. 게다가 유엔군의 이름으로 지원을 온 선진국들의 의사들이 우리나라 의사들과 함께 부상병들과 민간인들을 돌보면서 선진국의 의료 기술도 빠르게 습득할 수 있었습니다. 그렇게 길었던 전쟁이 끝나고 우리나라의 의사들은 전쟁에서의 경험을 바탕으로 대학교에서 의대생들을 가르치거나 병원을 개업해 우리나라를 의료 강국으로 만드는 데 일조하게 됩니다.

전쟁에 의한 의학 발전이 우리나라에서만 있었던 것은 아닙니다. 2차 세계대전을 일으켰던 당시의 일본은 전쟁 포로를 대상으로 한 무자비한 생체 실험으로 의학을 획기적으로 발전시켰습니다. 그런데 이들은 의학을 발전시키기 위한 목적으로 벌인 짓은 아니었습니다. 원래 목적은 최소한의 자원과 군사력으로 거대한 중국 대륙을 장악하기 위해서였죠. 이를 위해서는 생물화학무기가 필요했습니다. 효과적인 생물화학무기를 개발한다면 많은 노력을 들이지 않아도 적군이 독가스나 세균, 바이러스에 의해 스스로 죽어나갈 테니까요. 하지만 생물화학무기를 개발하기 위해서는 사람을 대상으로 생체 실험을 해야 했습니다.

당시 일본군이 생물화학무기를 개발하기 위해 저질렀던 만행은 말로 표현하기 힘들 정도로 끔찍했습니다. 이들은 아무런 죄책감 없이 온갖 수단과 방법을 가리지 않고 전쟁 포로들에게 약 30가지 종류의 잔인한 실험을 진행했습니다. 대표적인 실험 중에 하나가 전쟁 포로들에게 각종 세균들을 주사하거나 먹였던 것입니다. 마스크를 쓴 사람과 쓰지 않은 사람을 방에 가둬 놓고 독가스를 뿌려 몇 분 후에 죽는지를 관찰하기도 했지요. 사람이 실험용 쥐와 별 다를 게 없었던 것입니다.

그 외에도 사람이 질식할 때까지 걸리는 시간을 알아보기 위해 목을 매달고, 동물의 혈액을 사람에게 주사해 어떠한 효과가 일어나는지 관찰하고, 바닷물을 주사해 바닷물이 생리식염수를 대체할 수 있는지 확인하기도 했습니다. 심지어는 사람을 매우 뜨거운 방 안에 넣고 수분을 증발시켜 인체의 70%가 물이라는 사실을 증명해 냈습니다. 우리가 과학 교과서에서 쉽게 볼 수 있는, 인체의 70%가 물이라는 사실도 일본군의 실험에 의해 밝혀진 것이죠(...). 이렇게 생체 실험으로 죽은 사람들은 최소 1만

| 전쟁으로 발전한 과학기술은 우리의 부끄러운 역사 중 하나입니다.

명에 달했습니다.

전쟁은 결국 일본의 패배로 끝나고 말았습니다. 하지만 당시 전 세계의 과학자들은 일본군이 남긴 생체 실험 자료를 그냥 두지 않았습니다. 인체에 관한 수많은 정보가 담겨 있는 중요한 자료였거든요. 덕분에(?) 해외의 과학자들과 의사들은 일본군의 생체 실험 자료를 바탕으로 세계적으로 의학 기술을 빠르게 발전시킬 수 있었습니다. 그리고 다소 화가 나는 내용이지만, 생체 실험을 저질렀던 일본의 의사들도 세계 각국의 의학 연구소로 진출하거나 병원을 개업하면서 의학의 발전에 기여했습니다. 이처럼 현대 의학 기술은 수많은 전쟁 포로들에게 잔인한 생체 실험을 하면서 발전한 것입니다.

우리가 이러한 피 묻은 역사를 통해 얻을 수 있는 결론은 불행하게도 전쟁이 과학기술을 발전시킨다는 겁니다. 우리가 지금과 같이 건강한 삶을 누릴 수 있는 이유 중에 하나가 전쟁 덕분이라는 사실도 부정할 수 없죠.

오죽하면 전쟁이 인류를 후퇴시키는 것이 아니고 인류를 오히려 발전시킨다는 말까지도 나올 정도니까요. 하지만 우리는 지금과 같은 과학기술 시대가 오기까지 얼마나 많은 사람들이 전쟁에서 끔찍하게 목숨을 잃었는지를 잊어서는 안 됩니다. 전쟁은 우리 인류가 다시는 반복해서는 안 될 부끄러운 역사이지, 발전의 역사라고 하기에는 어렵습니다. 전쟁의 결과로 과학이 발전한 것은 사실이지만 그 과정을 생각해보면 결코 올바른 과정은 아니었으니까요. 인류가 오직 과학기술의 발전을 위해서만 행동한다면 전 세계는 영원히 피로 얼룩지고 인권은 바닥으로 추락해야 할 겁니다. 이런 과정을 발전이라고 하기엔 어렵겠죠.

그럼에도 불구하고 가끔 정치인들이 '우리는 국방 분야에 과학기술 투자를 해야 한다'와 같은 발언이나 '과학기술과 전쟁은 서로 긴밀하고 중요한 관계이다'와 같은 발언을 하는 모습을 보면 씁쓸하고 안타깝습니다. 물론 현실적인 요소를 고려하면 어쩔 수 없는 부분도 있겠지만 말이죠. 하지만 진정한 과학자라면, 그리고 과학기술시대를 살아가는 참된 시

민이라면 과학기술을 전쟁 무기의 발전보다는 인류의 지속가능한 발전을 위해 사용하도록 해야 한다고 생각합니다.

물론 아직은 넘어야 할 산이 너무나도 많기는 합니다. 그래도 앞으로 우리 인류가 과학기술을 오직 인류의 평화와 공영을 위해 사용할 수 있을 만큼 차근차근 성숙하길 바랍니다. 과학기술이 평화로운 일상 속에서 발전한다면 더욱 의미 있고, 우리 후손들에게도 부끄럽지 않은 역사를 물려줄 수 있을 것입니다.

패러다임 시프트

과학기술은 패러다임의 전환을 겪으며 발전한다!

모든 획기적인 발전은
기존의 사고방식을 깨뜨림으로써 생겨났다.
- 토머스 쿤 (미국의 과학철학자) -

이번에는 과학의 발전에 대해서 이야기해보려고 합니다. 여러분은 과학기술이 어떠한 과정을 거쳐서 발전하는 거라고 생각하시나요? 아마도 대부분의 사람들은 과학기술의 발전은 새로운 사실들이 꾸준히 발견되고 그에 따라 지식이 축적되면서 이루어진다고 생각할 겁니다. 하지만 정말로 그럴까요? 미국의 과학철학자인 토머스 쿤Thomas Kuhn의 주장은 다릅니다.

토머스 쿤에 따르면 과학의 발전은 기존의 패러다임이 새로운 패러다임으로 교체되면서 이루어집니다. 여기에서 패러다임Paradigm이란 어떤 한 시대의 사회 구성원들이 서로 공유했던 믿음이나 가치, 사실들을 말합니다. 과학의 역사를 살펴보면 과학자들 사이에서 사실이라고 인정되었던 이론들은 시기별로 차이가 있었습니다. 예를 살펴볼까요? 우주의 중심이 지구라는 사실이 당연하게 받아들여진 때가 있었습니다. 그리고 사람은

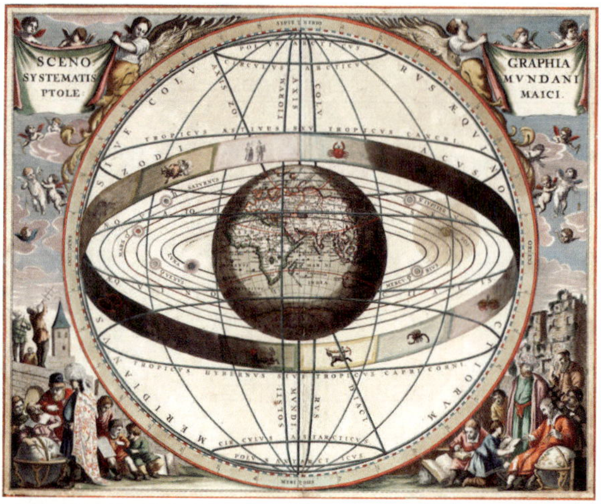

| 인류는 우주의 중심이 지구라고 생각했던 시절이 있습니다.

동물과는 다르게 신의 선택을 받은 특별한 존재라는 사실이 당연하게 받아들여진 때도 있었습니다. 이런 수많은 이론들은 모두 특정한 시대를 대표하는 패러다임이었습니다.

사람들은 오직 당대의 패러다임을 통해 세상을 바라보았습니다. 그리고 당대의 과학자들은 이러한 패러다임들을 입증하기 위해 수많은 연구와 실험을 해 왔죠. 쿤은 과학자들이 패러다임을 입증하기 위해 수행했던 연구와 실험들을 정상과학Normal science이라고 불렀습니다. 예를 들어 우주의 중심이 지구라는 사실이 당연하게 받아들여지는 시대의 과학자들은 우주의 중심이 지구라는 사실을 증명하는 수많은 연구와 실험을 해 왔다는 것이죠. 이러한 연구와 실험들을 정상과학이라고 하는 것이고요. 하지만 과학자들의 정상과학 활동은 새로운 지식을 창출하는 활동과는 거리가 멀었습니다. 기존에 새로 밝혀진 지식의 입지를 더욱 튼튼하고 정교하게 만드는 데에 초점이 맞춰졌으니까요.

그런데 가끔씩은 과학자들의 연구나 실험결과가 기존의 패러다임과 맞지 않는 일이 발생했습니다. 이 때 과학자들은 어떻게 했을까요? 기존의 패러다임을 조금 변형시켰습니다. 그러나 기존의 패러다임과 맞지 않는 실험결과들이 한 두 개도 아니고 계속 쏟아지기 시작하면 상황이 달라졌습니다. 어쩌면 기존의 패러다임이 맞지 않을 수도 있다는 것이니까요. 이럴 때에는 어떤 혁신적인 과학자(!)가 기존의 패러다임에 문제를 제기하고 기존의 패러다임을 부정하기 시작했습니다. 그리고 새로운 패러다임을 제시했습니다. 이러한 일련의 과정을 패러다임 시프트Paradigm shift라고 부릅니다.

새로운 패러다임은 등장하자마자 수많은 사람들의 격렬한 반대에 부딪힙니다. 사람들이 기존의 패러다임을 아주 오랜 기간 동안 당연한 것으로 믿어 왔으니 어쩔 수 없이 벌어지는 현상입니다. 하지만 어떤 과학자들은 새로운 패러다임에 호기심을 가지고 실험을 해보기도 했습니다. 실험 결과를 보니까 새로운 패러다임은 정말 사실이었음이 밝혀집니다. 다른 과학자들의 실험 결과도 마찬가지였습니다. 이렇게 새로운 패러다임을 뒷받침해줄 수 있는 실험 결과들이 하나 둘 쌓이기 시작합니다. 그리고 새로운 패러다임이 사실이라고 믿는 사람들이 점점 많아지지요. 결국 시간이 지나면 새로운 패러다임은 사회 구성원들 사이에서 당연한 것으로 자리 잡게 됩니다.

이처럼 과학기술의 발전을 이끄는 과학자들은 대부분 기존의 패러다임에 반기를 들고 새로운 패러다임을 제시하는 과학자들인 경우가 많습니다. 우리가 잘 알고 있는 유명한 과학자들도 기존의 패러다임을 깨뜨리고

| 뉴턴

| 아인슈타인

| 허블

새로운 패러다임을 제시했던 과학자들이 주를 이루지요.

여러분들이 잘 알고 있는 과학자들은 누가 있나요? 많겠지만 몇 명만 살펴볼게요. 영국의 물리학자 뉴턴Isaac Newton을 아시나요? 뉴턴은 만유인력의 법칙과 미적분법을 발견하고 시공간을 정의내린 위대한 과학자입니다. 한 시대를 풍미했다고 해도 결코 과언이 아니죠. 17세기는 뉴턴의 시대였습니다. 뉴턴의 물리학은 무려 300년 동안 물리학의 굳건한 패러다임으로 자리를 잡아 왔습니다. 지금도 꽤 많은 우주현상들이 뉴턴의 만유인력의 법칙으로 설명이 가능할 정도이지요. 그리고 미적분은 수학이나 공학 분야를 공부하는 사람이라면 반드시 알아야 할 학문입니다.

그런데 뉴턴의 물리학이 모든 우주 현상을 설명할 수 있었던 것은 아니었습니다. 엄연히 한계점이 있었거든요. 하지만 그 어떤 과학자도 뉴턴의 패러다임을 쉽게 뒤집지 못했습니다. 그렇게 300년이 지나고 뉴턴의 패러다임은 모두가 다 아는 위대한 과학자 아인슈타인에 의해 뒤집히게 됩니다. 아인슈타인은 뉴턴이 정의했던 시공간을 다시 정의하고 '상대성이론'이라는 새로

운 패러다임을 제시했습니다. 물론 아인슈타인의 패러다임도 나중에 가서는 뒤집히게 됩니다(...).

아인슈타인의 패러다임을 뒤집은 엄청난 일을 한 과학자가 바로 허블 Edwin Hubble입니다. 아인슈타인은 상대성이론을 기반으로 우주가 팽창하지 않는다고 주장했던 과학자였습니다. 그리고 대부분의 과학자들도 당시에는 우주가 팽창하지 않고 멈춰 있다고 생각했습니다. 우주의 팽창은 아인슈타인의 상대성 이론으로는 설명하기가 어려웠거든요. 그럼에도 불구하고 에드윈 허블은 우주가 팽창하고 있다는 사실을 발견하고 아인슈타인의 패러다임을 뒤집어 버립니다(!). 허블이 얼마나 위대한 과학자인지 말씀드리자면, 여러분들이 잘 알고 있는 허블망원경이 바로 이 과학자의 이름을 따서 만들어졌답니다. 이처럼 과학은 지식이 축적되면서 발전했던 게 아니라, 새로운 패러다임에 맞지 않는 지식이 폐기되면서 발전했습니다.

그런데 패러다임 시프트를 단순히 사람들이 알고 있는 지식이 변화하던 시기로 생각하신다면 곤란합니다. 패러다임 시프트가 일어났을 때 사람들의 세계관과 문화, 사상이 변화하기도 했거든요. 이를 단적으로 보여주는 사례가 바로 천동설에서 지동설로의 전환입니다. 한때 사람들은 지구 주위에 태양과 행성들이 돈다는 천동설을 믿어 왔습니다. 지금은 어떤가요? 우리는 지동설이 정설로 받아들여지고 있는 시대에 살고 있죠. 지구는 태양의 주위를 도는 작은 행성에 불과합니다. 게다가 태양도 우리은하에 있는 엄청나게 많은 별들 중에 하나밖에 안 됩니다. 사람들이 세상을 바라보는 시각이 지금과는 너무나도 달랐던 것입니다.

세상을 바라보는 시각의 변화는 새로운 변화를 이끌어 냈습니다. 바로 사람들의 문화와 사상에도 영향을 미치기 시작한 것입니다. 사실 천동설은 당시 중세 시대 유럽을 완전히 장악하던 기독교와 맥락을 같이 했습니다. 교회에서도 천동설을 당연한 것으로 가르쳤지요. 그래서 천동설에서 지동설로 패러다임 시프트가 진행되던 시기는 엄청난 사회 변화가 있던 시기이기도 합니다. 신 중심의 중세 시대가 저물고 사람 중심의 르네상스 시대가 오고 있었거든요. 결국 지동설이 사람들 사이에서 인정받으면서 지구와 사람이 우주의 중심이고 지구 위의 천상계는 신의 영역이라고 여겨졌던 기독교적 세계관은 힘을 잃게 됩니다.

| 중세시대는 신 중심 사회였습니다.

패러다임 시프트는 동양의 과학기술과도 관련이 있습니다. 동양 국가들은 서양 국가들에 비해 과학의 발전이 늦게 이루어졌는데요. 그 이유

중에 하나를 패러다임 시프트에서 찾습니다. 패러다임 시프트가 이루어지기 위해서는 누구든지 기존의 사실에 반박할 수 있는 사회적 분위기가 형성되어야 합니다. 그리고 반박한 의견은 다른 사람들로부터 존중받아야 합니다. 하지만 동양 국가들은 이러한 사회 분위기가 형성되기 어려웠습니다. 기존의 질서에 반대하는 사람은 무례하거나 겸손하지 않다는 인상을 주기 쉬웠거든요. 결국 동양 국가에서는 반론에 반론을 거듭하며 발전하는 학문인 과학이 발전하기 어려웠던 것입니다.

많은 사람들은 과학이라 하면 당연하게 여겨지는 진리를 떠올립니다. 하지만 과학의 역사를 들여다보면 사람들이 사실이라고 생각했던 것들은 꾸준히 변화를 거듭해 왔습니다. 이처럼 패러다임은 우리가 현재 당연한 사실이라고 생각하는 지식들이 어쩌면 사실이 아닐 수도 있다는 것을 잘 보여줍니다(...). 이런 이유로, 패러다임은 단순히 과학이 어떻게 발전하는지 뿐만 아니라 과학이 어떠한 학문인지를 잘 보여주는 용어이기도 합니다.

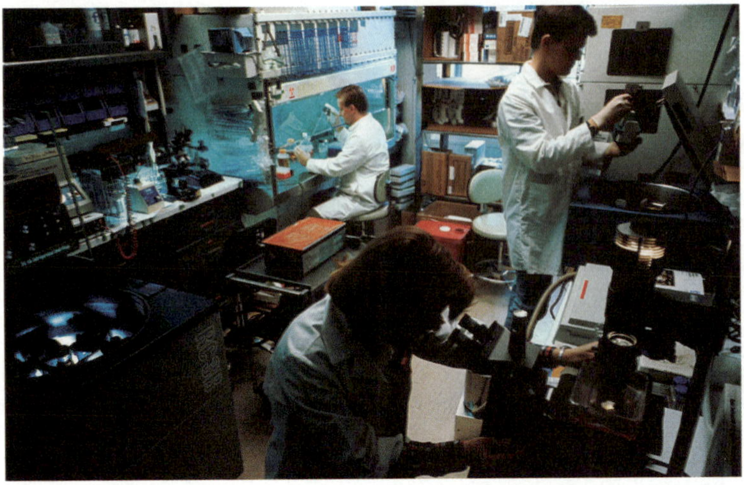

| 과학이란 무엇일까요?

여러분은 지금까지 이 책을 읽으면서 수많은 과학적 사실들과 이론들을 접했습니다. 과학과 조금이나마 가까워진 것 같으신가요? 그럼 이제 과학이란 무엇이고, 어떤 학문인지 답할 수 있어야 하지 않을까요? 저는 이번 장에서 여러분들에게 패러다임의 개념을 설명하면서 과학이 어떤 학문인지 알려드렸습니다. 과학이란 무엇일까요? 일단 사전적 의미로는 진리나 법칙을 발견해 내는 학문이라고 합니다. 그러므로 과학은 논리적이고 과학적인 방법을 통해 진리와 법칙을 발견해 나가는 학문이자, 반론 가능성이 열려 있어서 나중에 얼마든지 사실이 아니라고 밝혀질 수 있는 지식들의 총 집합체라고 말씀드릴 수 있을 것 같습니다. 아마 과학은 앞으로도 끊임없는 의심과 반론을 거듭하고 패러다임 시프트를 거치면서 발전할 것입니다. 혹시 모르지요. 우리가 너무나도 당연하게 알고 있는 지식들 상당수가 몇 백 년 후 우리들의 후손들이 사는 미래에는 사실이 아닌 것으로 밝혀질 지도요.

현재 우리 인류는 과연 진리의 바다에 얼마만큼이나 가까워져 있을까요? 저는 아쉽게도 이 답에 명쾌한 답변을 드리지는 못할 것 같습니다. 하지만 한 가지만큼은 확실하게 말씀드릴 수 있습니다. 우리는 과거보다 지금 진리에 더욱 가까워져 있고, 앞으로도 계속 진리를 향해 나아갈 것이라는 사실을요.

과학을 쉽게 썼는데 무슨 문제라도 있나요

평범한 일상 변화하는 사회 속 유쾌한 과학

초판 1쇄 발행 2020년 8월 28일
초판 2쇄 발행 2025년 6월 12일

지은이 박종현
그림 마그

발행처 도서출판 북적임
출판등록 제2020-000007호
전화 070-8095-9403
이메일 pso1124829@gmail.com

ISBN 979-11-969609-0-2 03400